JN014533

高校
入試

＼実力メキメキ／

合格
ノート

中学理科
[生命・地球]

西村賢治 著

文英堂

はじめに

　最近，知人と中学時代の話をすると，「理科は苦手だった。」「理科の授業は面白くなかった。」という話をよく聞きます。でも，私の中学時代の友人は，だれもが声をそろえて理科が大好きで，授業はとても楽しかったと言うのです。

　もちろん，私もそうでした。これは，中学時代に理科を教えてくださった先生が，シンプルにまとまった板書とともにとてもわかりやすく説明してくれたからだと思います。さらに，家庭学習の方法もきっちり指導してくれたので，だれもがテストでよい点をとれたことも大きいでしょう。

　理科がわかれば授業も楽しくなり，日ごろの生活の中でのできごとにも生かせるようになって，理科を好きになっていくと思いますよ。

　私は，学校や塾で，私の先生の授業に私の経験を加え，わかりやすくて楽しい授業を心がけてきました。すると，ほとんどの生徒が理科の成績を上げることができたのです。この本の中には，このときの経験を生かしたノウハウがギッシリ詰まっています。理科が好きな人はこの本でさらに成績を上げ，理科が苦手だと思う人はこの本で理科の楽しさを知り，理科を大好きになってください。

　この本は，学校のテストや公立高校の入試問題で出題される内容で，「これさえ押さえていれば！」というものをシンプルにまとめています。よって，この本の内容をしっかり身につけるだけで，どの都道府県の公立高校の入試問題でも生命・地球分野で必ず8割の正答率を得ることができます。

　赤色フィルターを使って解説編で学習した後は，解説編をさらにシンプルにまとめた書き込み編の空らんに書き込みます（赤色フィルターで消える色のペンを使って書くことをおすすめします）。書き込み編が完成したら，これを何度もくり返して使うだけでよいのです。ただ，やらされるのではなく，自分からやることがとても重要ですよ！

著者記す

講義テキスト
解説編

➕

整理ノート
書き込み編

🟰

理科が得意なら,
さらに完全マスター!
理科が苦手でも,
高校入試合格レベルへ!

著者の経験が詰まった講義テキスト

● 日常学習から高校入試まで,中学理科の生命・地球分野のポイントをすべてカバーしています。

● 重要な実験や観察についてのポイントは,手順から考察まで,流れにそって身につくようにしています。

自分で完成させる整理ノート

● 空らんを自分でうめる作業によって,書いて覚えることができます。

● 空らんの語句はすべて,解説編に同じ番号でのっています。

解説編

解説編の赤文字と書き込み編の空らんは番号が対応しています。てらし合わせて整理ノートを完成させましょう。

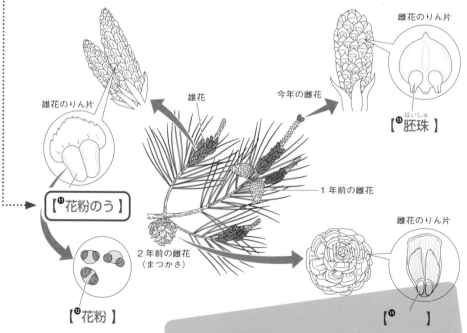

(4) ふつう,1つの花におしべとめしべがありますが(アブラナやエンドウなど),**おしべだけをもつ雄花とめしべだけをもつ雌花**という2種類の花をつける植物(マツ,トウモロコシ,ヘチマなど)もあります。

雌花のりん片

【⓭ 胚珠 】

雄花のりん片

雄花

今年の雌花

1年前の雌花

【⓫ 花粉のう 】

2年前の雌花
(まつかさ)

【⓬ 花粉 】

雌花のりん片

【⓮　　　】

赤色フィルターで重要語をかくしてチェックしましょう。

ついていて,**雄花のりん片**には[⓰　　　]の入った

マツの花には花弁やがくはありません。

また,**雌花には子房がなく,胚珠がむき出しになっています。**

今年の雄花は1年前の雌花のすぐ上についていて,今年の雌花は新しい枝の先端についています。

また,2年前の雌花は「**まつかさ**」とよばれ,胚珠が種子に成長しています。

❶ **知識を確かめる** …… 解説編では赤色フィルターで赤字の重要語をかくして，知識を確認することができます。入試の前には，通して読んでおくと総整理ができます。入試に出るポイントは，かざりわくの中に大きな文字で強調して書いてあります。知識を確かめる勉強に，大いに役立つはずです。

❷ **書き込み編を完成させる** …… 書き込み編の空らんの答えは，すべて解説編にのっています。❶，❷などの番号とてらし合わせれば，書き込み編の整理ノートは完成です。自分で書いてうめることで，要点を整理しながら覚えることができます。

❸ **例題を解く** …… 演習が必要なところでは，解説編に例題をのせています。自分で解くことで，さらに知識を深めることができます。わからなくても，解き方でくわしく解説しているので，ここを読んでしっかり理解しましょう。自分で解けるようになることが大切です。

❹ **読んで勉強する** …… 学習内容が単元ごとにはっきりと分かれていますから，必要なところだけを勉強できます。定期テスト，模擬試験などの前に，試験の範囲をしっかり読んでおきましょう。

書き込み編

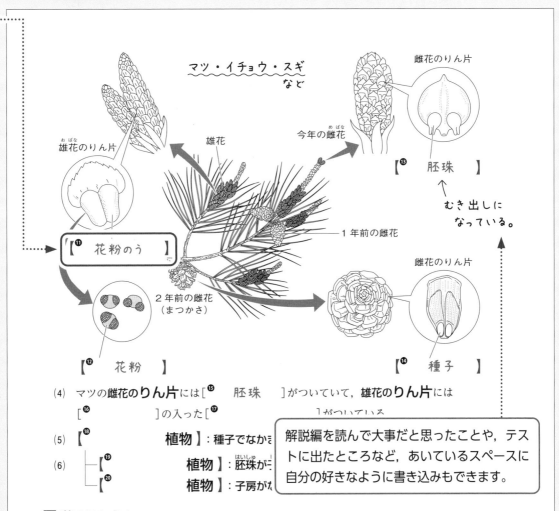

マツ・イチョウ・スギなど

雄花のりん片

雄花

今年の雌花

雌花のりん片

【❶ 胚珠 】

むき出しになっている。

【⓫ 花粉のう 】

1年前の雌花

2年前の雌花（まつかさ）

雌花のりん片

【⓬ 花粉 】

【⓮ 種子 】

(4) マツの**雌花のりん片**には［⓯ 胚珠 ］がついていて，**雄花のりん片**には
　　［⓰ 　　　　　　　］の入った［⓱ 　　　　　　　］がついている

(5) ［⓲ 　　　　　　植物 ］：種子でなかま

(6) ┌［⓳ 　　　　　　植物 ］：胚珠が
　　└［⓴ 　　　　　　植物 ］：子房が

解説編を読んで大事だと思ったことや，テストに出たところなど，あいているスペースに自分の好きなように書き込みもできます。

2 花のはたらき

(1) おしべから出た花粉が，めしべの柱頭につくことを［㉑ 　　　　　　　］という。

もくじ ▶解説編

5

1 ▶ 生物の観察のしかた

➡書き込み編 p.4〜5

スケッチをするときの注意点，ルーペと顕微鏡(けんびきょう)の使い方は重要です。**よく入試で出題されます**
また，双眼実体顕微鏡(そうがんじったい)とステージ上下式顕微鏡のちがいも，しっかり理解しておきましょう。

1 スケッチ

(1) [❶細い線]ではっきりとかき，色の暗い部分はぬりつぶさずに**小さな点**で表します。

　観察の目的を決め，その目的がわかりやすいスケッチをかくことがたいせつです。
　細い線と小さな点ではっきりとかき，**線を二重がきしたり，影をつけたりしてはいけません。**

　コツ 理科の観察のスケッチは，絵がヘタでも大丈夫。
　　　　リアルにかくことではなく，観察物の特徴をわかりやすく表すことに重点を置きましょう。

(2) 観察したときの[❷日付(日時)]や**天気**，まわりのようす，気づいたことなどを記録します。

　図だけではなく，スケッチには観察物の特徴やまわりのようすなど，気づいたことも記録しておきましょう。
　また，観察した**日付**や**天気**も必ず記録しておきます。

　これらのことをふまえて，右下の図のような**観察カード**をつくりましょう。

スケッチのしかた

よい例
- 拡大すると細かい毛がある。
- 細いすじがある。
- 白い綿毛
- 4月23日　晴れ

悪い例
- 線を二重がきしている。
- 影をつけている。
- ぬりつぶしている。
- 観察物以外のものをかいている。

観察カード

観察者　1年7組　山口美咲
- 生物名　アブラナ
- 生育場所
　校庭の南側のかべの所。
　（日当たりがよく，かわいている。）
- 4月23日　晴れ
- スケッチ

果実　花
中に種子が入っている。　黄色

2 ルーペ

(1) ルーペは，必ず[❸目]に近づけて持ちます。

ルーペ

レンズ

　観察するものが動かせるときも動かせないときも，**ルーペは必ず目に近づけて持ちます。**
　ルーペだけを前後に動かすことはありませんよ。

ルーペの使い方は，観察するものが動かせるか動かせないかでちがいます。

① 観察するものが動かせるときは，**観察するものを前後に動かして**ピントを合わせます。

② 観察するものが動かせないときは，**観察するものに自分が近づいて**ピントを合わせます。

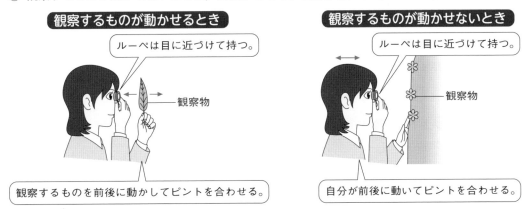

観察するものが動かせるとき
ルーペは目に近づけて持つ。
観察物
観察するものを前後に動かしてピントを合わせる。

観察するものが動かせないとき
ルーペは目に近づけて持つ。
観察物
自分が前後に動いてピントを合わせる。

(2) ルーペの倍率は **10 倍**程度で，小さくて持ち運びしやすいので，花や岩石の観察など，野外の観察に適しています。

厳禁 ルーペで太陽を見てはいけません。失明のおそれがあり，とても危険です。

3 顕微鏡

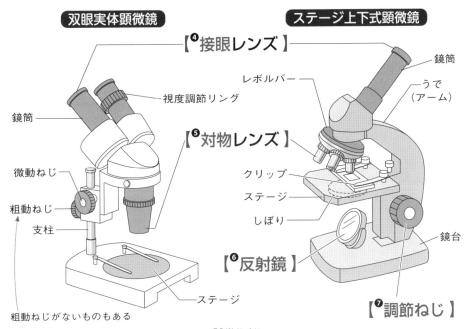

双眼実体顕微鏡

【❹接眼レンズ】
視度調節リング
鏡筒
微動ねじ
粗動ねじ
支柱
ステージ
粗動ねじがないものもある

ステージ上下式顕微鏡

レボルバー
【❺対物レンズ】
クリップ
ステージ
しぼり
【❻反射鏡】
鏡筒
うで（アーム）
鏡台
【❼調節ねじ】

(1) **20〜40 倍**程度で観察するときは，[❽双眼実体顕微鏡]を使います。

> **双眼実体顕微鏡**は**両目で観察**するので，観察物を[❾立体的]に観察できます。

双眼実体顕微鏡では，プレパラートをつくらなくても，観察物を 20〜40 倍程度で立体的に観察できるので，植物の花や葉，小形の生物などのややくわしい観察に適しています。

両目で観察するので，**接眼レンズは左右に 1 つずつあり**，左右の接眼レンズを目の幅に合うように調節し，左右の視野が重なって 1 つに見えるようにします。

(2) **40〜600**倍程度で観察したいときは[❿ **ステージ上下式**<ruby>顕微鏡<rt>けんびきょう</rt></ruby>]（または**鏡筒上下式顕微鏡**）を使います。

顕微鏡の倍率＝接眼レンズの倍率[❶ ×]対物レンズの倍率

顕微鏡の倍率は（双眼実体顕微鏡もふくむ）接眼レンズの倍率と対物レンズの倍率の**積**となります。
たとえば，接眼レンズの倍率が4倍で，対物レンズの倍率が10倍のとき，顕微鏡の倍率は，
　4 × 10 ＝ 40倍となります。

　ステージ上下式顕微鏡では，観察物を40〜600倍程度で観察できるので，細胞などの観察に適しています。
　顕微鏡の倍率が高くなるほど，視野の大きさは[⓬ **小さく**]なり，明るさは[⓭ **暗く**]なります。
　また，倍率の高い対物レンズほど長さが[⓮ **長い**]ので，ピントが合ったときの対物レンズとプレパラートの距離は[⓯ **近く**]なります。

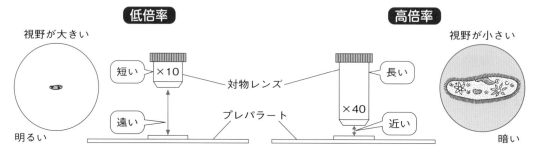

(3) ピントを合わせるときは，

対物レンズをプレパラートから[⓰ **遠ざけ**]ながら，ピントを合わせます。

---

① 対物レンズを最も低倍率のものにして，反射鏡としぼりで明るさを調節する。
② プレパラートをステージにのせ，横から見ながら**対物レンズをプレパラートになるべく近づける**。
③ 接眼レンズをのぞきながら，**対物レンズをプレパラートから遠ざけて，ピントを合わせる**。
④ 高倍率にするときは，レボルバーを回して高倍率の対物レンズにする。
この順番は覚えましょう。**入試に出ます**

注意　接眼レンズをのぞきながら，対物レンズをプレパラートに近づけないようにしましょう。
　　　対物レンズをプレパラートにぶつけて，カバーガラスを割ってしまうおそれがあります。

　プレパラートをつくるときは，下の図のようにして，**空気のあわを入れないようにしましょう**。

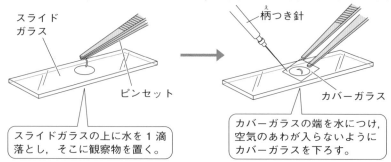

　一般に，顕微鏡の**視野は上下左右が逆**になっているので，プレパラートを動かす向きと視野の動きの向きが逆になります。

観察物が見える向きにプレパラートを動かすと，観察物が視野の中央に近づいてくると覚えておきましょう。

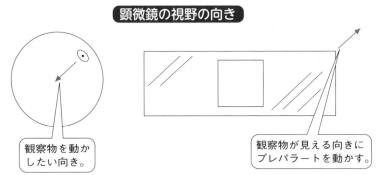

顕微鏡の視野の向き

観察物を動か
したい向き。

観察物が見える向きに
プレパラートを動かす。

※上下左右が逆に見えている。

厳禁　顕微鏡を直射日光の当たる所に置いて使ってはいけません。

日光が目に入ると目をいためてしまいます。

直射日光の当たらない明るい窓際に置いて観察しましょう。

4 水中の小さな生物

　池や川の水の中には，次のような肉眼では見えない小さな生物がいます(ミジンコは，肉眼で見えます)。これらの生物は，顕微鏡で観察します。それぞれ名称を覚えましょう。

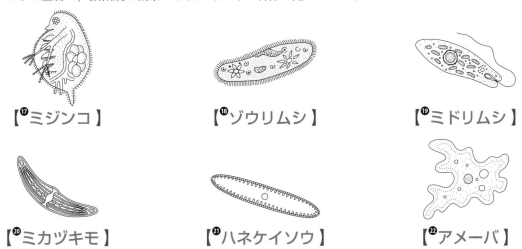

【⑰ミジンコ】　　　【⑱ゾウリムシ】　　　【⑲ミドリムシ】

【⑳ミカヅキモ】　　【㉑ハネケイソウ】　　【㉒アメーバ】

　このような生物は，プランクトンネットやスポイトなどを使って，水といっしょに採集します。採集したものをスライドガラスに1滴落とし，カバーガラスをかけて顕微鏡で観察します。

参考　水の中の生物には，ミカヅキモ・ミドリムシ・ハネケイソウのように葉緑体(**p.37**)をもっていて，光合成(**p.41**)によって栄養分をつくることができるものもいます。

注意　池や川の水を採集するときは，安全に注意し，観察後は手をよく洗いましょう。

2 ▶ 植物の特徴

➡書き込み編 *p.5～7*

花や葉，根のつくりは，植物によってちがいます。どのようなちがいがあるのか，確認していきましょう。

1 花のつくり

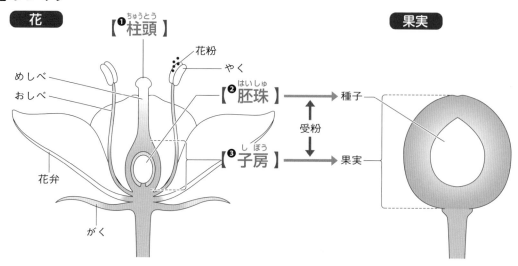

(1) | めしべの先を【④柱頭】，めしべの根もとの**ふくらんだ部分**を【⑤子房】といいます。
子房の中の**小さな粒状のもの**を【⑥胚珠】といいます。

めしべや胚珠の形は，植物の種類によって少しずつちがいます。

めしべは柱頭と子房の部分に分けられ，子房の中には胚珠が見られます。

あとで学習しますが，成長すると，**子房が果実となり，胚珠が種子となります。**

(2) | **おしべの先**の小さな袋を【⑦やく】といい，この中に【⑧花粉】が入っています。

花弁やがくをもつ花は，ふつう1本のめしべと数本のおしべをもちます。

おしべの数は花によってちがいます。

おしべの数は5本のもの（アサガオなど）や6本のもの（アブラナなど）が多いのですが，サクラのようにおしべが20～30本もある花をつける植物もあります。

(3) | 花弁が1枚1枚離れている花を[⑨離弁花]，花弁がたがいにくっついている花を
[⑩合弁花]といいます。

離弁花では，エンドウのように1つの花のなかに異なる形の花弁をつけるものもあります。

おまけ タンポポの花は合弁花

タンポポの花は，花弁がたくさんあるように見えますが，実は花弁のようなものがすべて1つの花なのです。その1つの花は，5枚の花弁がくっついているため，タンポポは合弁花に分けられます。

1つの花

(4) ふつう，1つの花におしべとめしべがありますが(アブラナやエンドウなど)，**おしべだけをもつ雄花とめしべだけをもつ雌花**という**2種類の花をつける**植物(マツ，トウモロコシ，ヘチマなど)もあります。

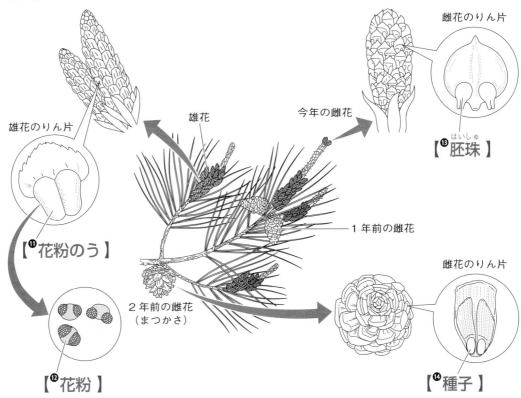

雄花のりん片　　　　　　　　　　　　雄花　　　　　　　今年の雌花　　　　　　　雌花のりん片

【⑪花粉のう】　　　　　　　　　　　　　　　　　　1年前の雌花　　　　　　【⑬胚珠】

【⑫花粉】　　　　2年前の雌花　　　　　　　　　　　　　雌花のりん片
　　　　　　　　（まつかさ）　　　　　　　　　　　　　　【⑭種子】

> マツの**雌花のりん片**には[⑮胚珠]がついていて，**雄花のりん片**には[⑯花粉]の入った[⑰花粉のう]がついています。

　マツの花には花弁やがくはありません。
また，**雌花には子房がなく，胚珠がむき出しになっています。**

　今年の雄花は1年前の雌花のすぐ上についていて，今年の雌花は新しい枝の先端についています。
また，2年前の雌花は「**まつかさ**」とよばれ，胚珠が種子に成長しています。

(5) **種子でなかまをふやす植物**を【⑱種子植物】といいます。

　花(雌花)の中には胚珠があり，胚珠が種子に成長するので，**花をさかせる植物は種子植物である**ということができます。

(6) 種子植物は，**胚珠が子房の中にある**植物の【⑲被子植物】と，**雌花に子房がなく胚珠がむき出しになっている**植物の【⑳裸子植物】となかま分けされます。

被子植物の例：アブラナ，エンドウ，カボチャ，ユリ，アサガオ。
裸子植物の例：マツ，イチョウ，スギ，ソテツ(どれも子房がないので果実はできません)。
おまけ ギンナンはイチョウの種子の一部ですが，まわりのくさい部分は果実ではなく種子の皮です。

2 花のはたらき

(1) 花は，なかまをふやすはたらきをしています。

> おしべから出た花粉が，めしべの柱頭につくことを【㉑受粉】といいます。

> 受粉が行われると，[㉒子房]が成長して果実になり，[㉓胚珠]が成長して種子になります。

(2) スミレなどのように色あざやかな花弁をもち，においや蜜を出す花の花粉は，ミツバチなどの[㉔昆虫]や鳥によって運ばれます。

花弁や蜜には，どのようなはたらきがあるのでしょうか？

花には，色あざやかな花弁をもつものや，においのあるものがあります。

花弁の色や花のにおいは，昆虫や鳥を引きつけるはたらきをしています。

これに引きつけられた昆虫や鳥は，蜜を吸ったり花粉を食べたりします。

このとき，おしべの花粉が昆虫や鳥のからだにつき，別の花のめしべまで運ばれます。

これによって，**受粉を手助けしている**のです。

(3) マツのように花弁をもたない花の花粉は[㉕風]によって運ばれるものが多く見られます。

花粉が風によって運ばれるイネ，マツ，スギなどの花には，花弁やにおいはありません。

マツの花粉には**空気袋**がついていて，風によって運ばれやすくなっています。

さらに，風によって花粉が運ばれる植物の受粉は運まかせなので，スギのように**大量の花粉を放出**して受粉の機会を多くしているものもあります。

> **おまけ** スギの花粉は**花粉症**の原因にもなります。
> 花粉をたくさん飛ばすのは受粉のためにたいせつなことですが，花粉症の人にはつらい話ですね…。

(4) **種子**は，ヤドリギのように鳥などの動物に**食べられて運ばれたり**，タンポポのように[**㉖風**]によって運ばれたりするものが多く見られます。

種子はどのように運ばれるのでしょうか？

ヤドリギの実はキレンジャクなどの鳥に[**㉗食べられて**]，実の中に入っていた種子はキレンジャクのフンとともに排出されることによって生活場所を広げて子孫をふやしていくことができます。

実が動物に食べられて種子が運ばれる植物には，ナンテンなどもあります。

タンポポやススキの実(種子)には**綿毛**のようなものがついていて，風に運ばれやすいようになっています。

小さい頃にタンポポの綿毛をふいて遊んだ人も多いのではないでしょうか？あれはタンポポの種子だったんですね。

また，マツやカエデの種子には**はね**のような部分がついていて，風に運ばれやすいようになっています。

風に運ばれる種子

タンポポ　ススキ

マツ　カエデ

ちなみに その他の種子の運ばれ方には，次のようなものがあります。

・ホウセンカやカタバミ，フジのように**実がはじけて種子を飛ばす**もの。
・オナモミやイノコヅチのように種子が**動物のからだにくっついて運ばれる**もの。
・クヌギやコナラのように**種子が落ちて転がっていく**もの。
　(クヌギやコナラは，リスなどの動物が越冬のために種子を巣穴に蓄えることで運ばれることもあります。)
・ハマオモトなどのように**水によって運ばれる**もの。

ホウセンカ　はじけて飛ぶ　動物のからだにくっつく　オナモミ
落ちて転がる　クヌギ　水に運ばれる　ハマオモト

3 葉のつくり

(1)
> 葉に見られるすじを【^㉘葉脈】といいます。

葉の表面には，たくさんのすじが見られます。

このすじを**葉脈**といいます。

　植物を赤色に着色した水にさしておくと，葉脈が赤く染まります。

これは，葉の表側の葉脈の中を，根から吸収した水や水にとけた養分が通る**道管**が通っているためです。

葉の道管の下（裏側近く）には，葉でつくられた栄養分を運ぶ**師管**が通っています。

葉脈は，根や茎からつながっている**維管束**が枝分かれして，葉の中を通っているところです。

　道管や師管，維管束については，**p.34** でくわしく学習します。

　また，葉脈は，うすい葉の形を保つのにも役立っています。

(2) 葉脈は，植物によってちがいが見られます。

> 平行に並んでいる葉脈を[^㉙平行脈]といいます。

　ツユクサやトウモロコシの葉脈のように，およそ平行に並んでいる葉脈を**平行脈**といいます。

葉脈が平行脈になっている植物は，<u>根がひげ根(**p.15**)</u>となっている[^㉚単子葉類]です。

例：ツユクサ，トウモロコシ，イネ，スズメノカタビラ，ススキ，ユリ。

> 網目状に枝分かれしている葉脈を[^㉛網状脈]といいます。

　ツバキやアジサイの葉脈のように，網の目のように枝分かれしている葉脈を**網状脈**といいます。

葉脈が網状脈になっている植物は，<u>根が主根と側根(**p.15**)</u>からできている[^㉜双子葉類]です。

例：ツバキ，アジサイ，アブラナ，タンポポ，ツツジ，ヒマワリ，エンドウ，サクラ。

平行脈と網状脈

ツユクサ（平行脈）

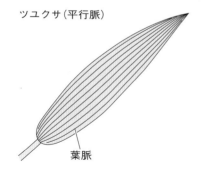

葉脈

ツバキ（網状脈）

葉脈

4 根のつくり

(1) 葉脈が網目状に通る植物の根は，【③③主根】という**太い根**と，そこから枝分かれした
【③④側根】という**細い根**からできています。

　タンポポなど，葉脈が網目状に通る植物の根は，下の左図のように，中心付近に太い**主根**があり，その主根から細い**側根**が枝分かれして出ています。
側根は，枝分かれするほど細くなっていきます。

例：タンポポ，アブラナ，ツツジ，アジサイ，ヒマワリ，エンドウ，ツバキ，サクラ。

参考 「植物のなかま分け」(p.17)でくわしく学習しますが，このように葉脈が網目状に通り，根が主根と側根からできている植物は，発芽のときに出る子葉が2枚なので，**双子葉類**とよばれます。

(2) 葉脈が平行に通る植物の根は，【③⑤ひげ根】という**多数の細い根**が広がっています。

　スズメノカタビラなど，葉脈が平行に通る植物には太い根がなく，下の右図のように，根もとから多数の細い根が広がっています。
このような根を**ひげ根**といいます。

例：スズメノカタビラ，イネ，トウモロコシ，ススキ，ユリ，ツユクサ，チューリップ。

参考 「植物のなかま分け」(p.17)でくわしく学習しますが，このように葉脈が平行に通り，根がひげ根になっている植物は，発芽のとに出る子葉が1枚なので，**単子葉類**とよばれます。

葉脈が網目状に通っている植物の根
タンポポ

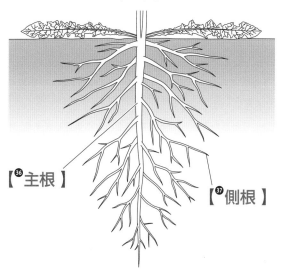

【③⑥主根】　【③⑦側根】

葉脈が平行に通っている植物の根
スズメノカタビラ

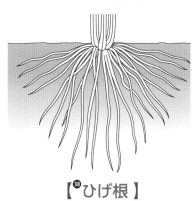

【③⑧ひげ根】

(3) | 細い根の先端近くに生えている小さい毛のようなものを【^㊴根毛】といいます。

　　細い根の先端近くには，小さい毛のようなものがたくさん生えています。
この毛のようなものを**根毛**といいます。
これは，タンポポのような主根や側根でも，スズメノカタビラのようなひげ根でも，共通して見られるつくりです。

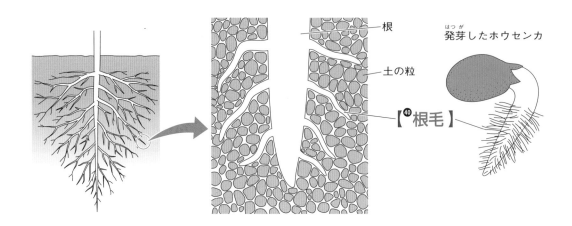

　　では，根毛にはどのようなはたらきがあるのか，見ていきましょう。
根毛には，次の2つのはたらきがあります。
　　① 土の粒の間に入りこんで密着し，**植物を支える。**
　　② **根と土のふれる面積が大きくなり，水や水にとけた養分を吸収しやすくする。**
根毛があることによって根の凹凸が多くなります。
根の凹凸が多くなると，根の表面積が大きくなります。
根の表面積が大きくなるということは，根が土の中の水や水にとけた養分にふれる面積が大きくなるということなので，根から**水や水にとけた養分を効率よく吸収**できます。

参考 ヒトのからだのつくりでも，同じようなしくみで表面積を広くして，物質の吸収や交換を効率よく行えるようになっている器官があります。
　　　次の①，②について，「生物のからだのつくりとはたらき」(**p.55, 57**)でくわしく学習しますが，根毛のしくみとからめて入試で出題されることもあるので，ここでも少し学習しておきましょう。
　　① **柔毛**：小腸の内側には多くのひだがあり，その表面には柔毛という小さな突起がたくさんあります。
　　　　　　柔毛の中には毛細血管とリンパ管が通っていて，消化された栄養分は柔毛から吸収されて毛細血管やリンパ管に入ります。
　　　　　　柔毛があることによって，小腸の内壁の表面積が大きくなります。
　　　　　　小腸の内壁の表面積が大きくなるということは，毛細血管やリンパ管に栄養分が入るところがふえるということなので，消化された栄養分を効率よく吸収できます。
　　② **肺胞**：肺の中は，肺胞という多数の小さな袋に分かれています。
　　　　　　肺胞に分かれていることによって，肺の表面積が大きくなります。
　　　　　　肺の表面積が大きくなるということは，まわりの毛細血管と肺のふれる面積が大きくなるということなので，肺の内部と毛細血管との間で効率よく気体の交換が行えます。

➡書き込み編 *p.8〜11*

まず，**種子植物**のなかま分けができるようになりましょう。

また，種子植物以外では，**シダ植物**と**コケ植物**について学習します。

シダ植物とコケ植物は種子をつくらず，胞子でなかまをふやすことがポイントです。

1 種子をつくる植物のなかま

(1)
> 種子をつくってなかまをふやす植物を【❶ 種子植物 】といいます。

種子植物は**花**をさかせ，**種子**をつくってなかまをふやします。

逆に，花をさかせる植物は，種子をつくる**種子植物**であるといえます。

種子植物は，**被子植物**と**裸子植物**になかま分けされます。

例：アブラナ，エンドウ，アサガオ，ユリ，トウモロコシ，マツ，イチョウ，ソテツ。

(2)
> 種子植物で，**胚珠が子房の中にある**植物を【❷ 被子植物 】といいます。

胚珠は種子に，**子房**は果実になるので，**果実の中に種子ができます**。

被子植物は，**双子葉類**と**単子葉類**になかま分けされます。

例：アブラナ，エンドウ，アサガオ，タンポポ，ユリ，トウモロコシ，イネ。

> 種子植物で，**子房がなく胚珠がむき出しになっている**植物を【❸ 裸子植物 】
> といいます。

胚珠がむき出しなので，**種子**もむき出しになっています。

子房がないので，**果実はできません**。

裸子植物のなかまのひとつであるマツは，被子植物のような目立った花ではありませんが，**雌花**と**雄花**をさかせます。

例：マツ，スギ，イチョウ，ソテツ。

(3)
> 被子植物で，**子葉が 1 枚**のものを【❹ 単子葉類 】といいます。

単子葉類には，次のような特徴があります。

① 葉脈は，およそ平行に通っていて，これを[❺ 平行脈]といいます。

② 根は，[❻ ひげ根]になっています。

例：ユリ，トウモロコシ，イネ，ツユクサ，スズメノカタビラ。

被子植物で，**子葉が2枚のもの**を【^❼双子葉類】といいます。

双子葉類には，次のような特徴があります。
① 葉脈は，網目状に広がっていて，これを【^❽網状脈】といいます。
② 根は，太い【^❾主根】と，そこから枝分かれした【^❿側根】からできています。

例：アブラナ，エンドウ，サクラ，ツバキ，ツツジ，アサガオ，タンポポ，カボチャ。

ポイント 単子葉類と双子葉類を区別するときは，葉脈のようすを思い出しましょう。
根のつくりは，ふつう目にすることがありませんが，葉のようすは目にしていると思うので，思い出しやすいのではないでしょうか。

単子葉類と双子葉類の特徴

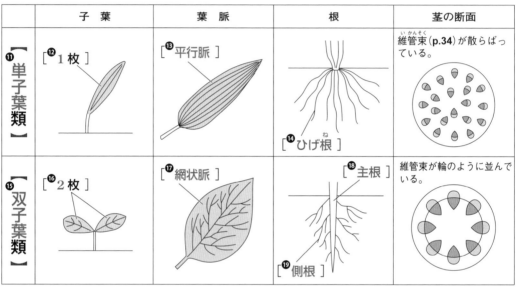

	子 葉	葉 脈	根	茎の断面
【⑪単子葉類】	【⑫1枚】	【⑬平行脈】	【⑭ひげ根】	維管束(p.34)が散らばっている。
【⑮双子葉類】	【⑯2枚】	【⑰網状脈】	【⑱主根】【⑲側根】	維管束が輪のように並んでいる。

茎の断面のようすは中2の範囲ですが，入試ではいっしょに問われることもあるので，合わせて知っておくとよいでしょう。

(4) 双子葉類で，**花弁が1つにくっついている花**をつける植物を【^⑳合弁花類】といいます。

アサガオやツツジのようにもとがくっついているものや，タンポポやキクのように数枚の花弁がくっついて1枚に見えるようになっているものなどがあります。
例：アサガオ，ツツジ，カボチャ，タンポポ，キク，ヒマワリ。

双子葉類で，**花弁が1枚1枚離れている花**をつける植物を【^㉑離弁花類】といいます。

花弁の数が4枚のアブラナのなかま，花弁の数が5枚のサクラやエンドウ，花弁の数が多数のバラなどがあります。
例：アブラナ，ナズナ，サクラ，ウメ，モモ，エンドウ，カタバミ，バラ，ハマナス。

2 種子をつくらない植物のなかま

(1) **種子をつくらない植物**は，【㉒**胞子**】をつくってなかまをふやします。

シダ植物や**コケ植物**などの種子をつくらない植物は，胞子をつくってなかまをふやします。
胞子は，**胞子のう**という袋の中でつくられます。

(2) **イヌワラビ**や**ゼンマイ**などは，【㉓**シダ植物**】のなかまです。

シダ植物は**葉緑体**(p.37)をもっているので**葉の色**は[㉔**緑色**]をしており，**光合成**(p.41)を
行って栄養分をつくることができます。
また，一般に，葉の[㉕**裏側**]に胞子のうをつけ，この中で[㉖**胞子**]がつくられます。

参考 胞子のうが熟すると，はじけて胞子が飛び出します。
胞子のうから出てきた胞子が湿った地面に落ちると，発芽して成長します。
胞子のうを乾燥させても，胞子のうがはじけて胞子を飛ばします。

そのほか，シダ植物には，次のような特徴があります。
① **根・茎・葉の区別**が[㉗**ある**]。(**維管束**(p.34)をもつ。)
② **茎が地中にあるもの**(**地下茎**)が多い。

イヌワラビ

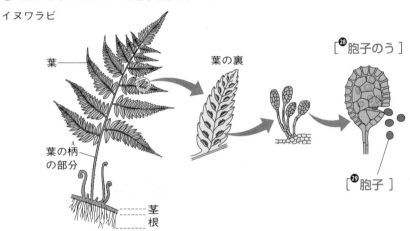

例：**イヌワラビ**，**ゼンマイ**，**スギナ**，ノキシノブ，ヘゴ。
シダ植物の名前は，下線を引いた３つぐらいは覚えておきましょう。

ちなみに 春によく見られるつくしは，スギナというシダ植物の茎が地上に出たものです。つくしには
胞子のうがついています。

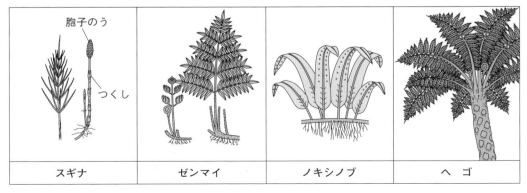

| スギナ | ゼンマイ | ノキシノブ | ヘゴ |

参考 シダ植物の胞子のうから出た胞子が発芽すると，前葉体とよばれるものに成長します。

前葉体では精子と卵がつくられ，その精子と卵が受精すると受精卵になります。

受精卵が成長したものが前葉体からのびていき，若い葉になります。

これが成長して，成体となります。

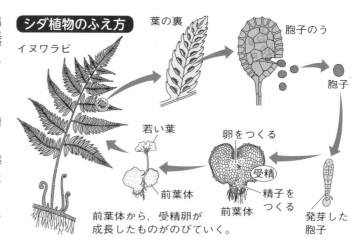

シダ植物のふえ方

イヌワラビ

葉の裏

胞子のう

胞子

卵をつくる

受精

精子をつくる

若い葉

前葉体

前葉体

発芽した胞子

前葉体から，受精卵が成長したものがのびていく。

(3) ゼニゴケやスギゴケなどは，【③⁰コケ植物】のなかまです。

コケ植物も**葉緑体**をもっているので**緑色**をしていて，**光合成**によって栄養分をつくることができます。

例：ゼニゴケ，スギゴケ，ミズゴケ，エゾスナゴケ。

こちらも前の３つくらいは覚えておきましょう。

ゼニゴケやスギゴケは**雌株**と**雄株**があり，胞子は[③¹雌株]の胞子のうにできます。

そのほか，コケ植物には次のような特徴があります。

① **根・茎・葉の区別が**[③²ない]。

根のように見える部分はあるが，これは[③³仮根]とよばれ，おもにからだを地面に固定する役目をしていて，水を吸収するはたらきはない。

② コケ植物は，乾燥に弱く日かげを好むものが多い。

エゾスナゴケのように乾燥に強く日当たりのよい場所に生えるものもある。

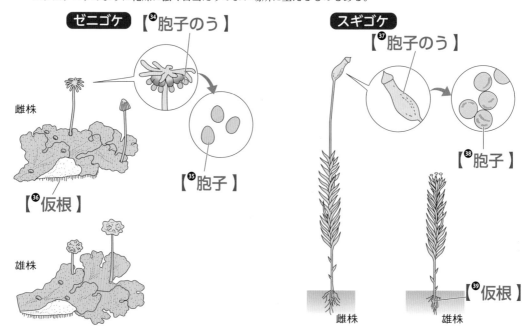

ゼニゴケ【③⁴胞子のう】

雌株

【③⁵胞子】

【③⁶仮根】

雄株

スギゴケ

【③⁷胞子のう】

【③⁸胞子】

【③⁹仮根】

雌株　雄株

20

(4) シダ植物とコケ植物の共通点と相違点をまとめると，次の表のようになります。

シダ植物とコケ植物の共通点と相違点

	シダ植物	コケ植物
共通点	葉緑体をもち，光合成によって栄養分をつくることができる。 種子をつくらず，[❹胞子]によってなかまをふやす。	
相違点	根・茎・葉の区別が[❹ある]。	根・茎・葉の区別が[❹ない]。

くわしく シダ植物は維管束(p.34)をもち，コケ植物は維管束をもちません。

参考 光合成(p.41)を行う生物には，ワカメ，コンブ，ハネケイソウなどのような**藻類**もいます。

藻類はふつう葉緑体(p.37)をもつため，どれも光合成によってデンプンなどの栄養分をつくることができます。

ワカメやコンブなどの海水中で育つ藻類は**海藻**とよばれ，海藻のなかまの多くは，シダ植物やコケ植物と同じように，<u>胞子をつくってなかまをふやします</u>。

海藻以外の藻類としては，川や池の中で育つアオミドロやミカヅキモのなかまもいます。

藻類は，根・茎・葉の区別がなく，維管束をもたないため，からだ全体から水を吸収します。

ワカメやコンブなどの海藻のなかまには根のように見える部分がありますが，これはコケ植物と同じような**仮根**です。

仮根は，おもにからだを岩などに固定するはたらきがありますが，<u>水を吸収するはたらきはありません</u>。

藻類の例
海藻：ワカメ，コンブ，アサクサノリ，ウスバアオノリ，トサカノリ，テングサ。
海藻以外の藻類：アオミドロ，ミカヅキモ，ハネケイソウ，クロレラ，ボルボックス。

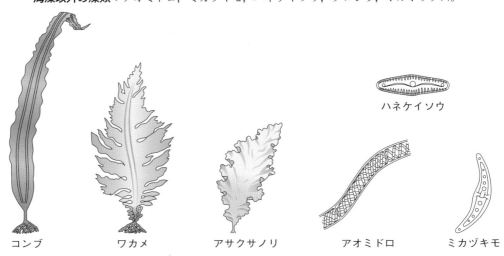

ハネケイソウ

コンブ　　　ワカメ　　　アサクサノリ　　　アオミドロ　　　ミカヅキモ

おまけ 藻類は<u>植物のなかまではありません</u>。以前は植物のなかまとされていましたが，最近の研究により，植物には分類されないと考えられるようになりました。

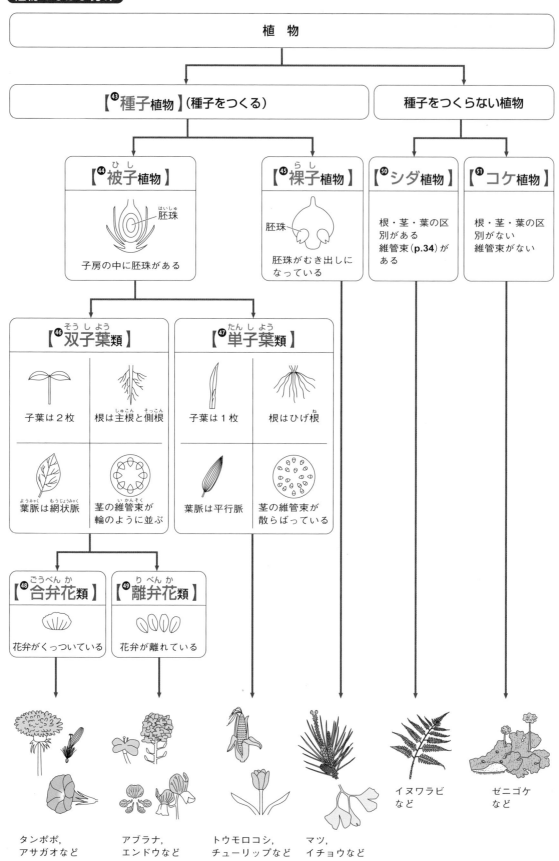

植物のなかま分け

植物

【④③種子植物】（種子をつくる）　　種子をつくらない植物

【④④被子植物】

胚珠

子房の中に胚珠がある

【④⑤裸子植物】

胚珠

胚珠がむき出しになっている

【⑤⓪シダ植物】

根・茎・葉の区別がある
維管束（p.34）がある

【⑤①コケ植物】

根・茎・葉の区別がない
維管束がない

【④⑥双子葉類】

子葉は2枚　根は主根と側根

葉脈は網状脈　茎の維管束が輪のように並ぶ

【④⑦単子葉類】

子葉は1枚　根はひげ根

葉脈は平行脈　茎の維管束が散らばっている

【④⑧合弁花類】

花弁がくっついている

【④⑨離弁花類】

花弁が離れている

イヌワラビ
など

ゼニゴケ
など

タンポポ,
アサガオなど

アブラナ,
エンドウなど

トウモロコシ,
チューリップなど

マツ,
イチョウなど

4 ▶ 動物のなかま分け

➡書き込み編 p.12〜14

　動物は，背骨がある**脊椎動物（セキツイ動物）**と背骨がない**無脊椎動物（無セキツイ動物）**になかま分けされます。

さらに，脊椎動物は，その特徴によって5つのなかまに分けられます。

それぞれのなかまの特徴では，**なかまのふやし方，呼吸のしかた，からだの表面のようす**が特に重要なので，しっかり理解しましょう。

1 草食動物と肉食動物

(1)

> おもに植物を食べる動物を[❶草食動物]といい，おもに他の動物を食べる動物を
> [❷肉食動物]といいます。

　シマウマやウシなどのように，おもに植物を食べる草食動物と，ライオンやネコなどのように，おもに動物を食べる肉食動物では，えさとなる食べ物の影響により，歯のつくりにちがいが見られます。

草食動物のシマウマの歯

先がのみのようにうすくなっていて，草を切るのに適している。 → 門歯

臼のように平たくて大きく，草をすりつぶすのに適している。 → 臼歯

犬歯

肉食動物のライオンの歯

犬歯 ← 大きく発達して先がするどく，獲物をしとめるのに適している。

門歯

臼歯 ← ギザギザしていて肉を切りさくのに適している。

(2) 次に，草食動物と肉食動物の目のつき方のちがいを見ていきましょう。

　動物は，目でものを見たり，耳で音を聞いたりしてまわりのようすをとらえ，敵から身を守ったり，獲物を捕らえたりしています。

たとえば，草食動物の目は顔の[❸側面]についていて，**視野が**[❹広く]**なっているので，敵を見つけやすく，早く逃げることができます。**

これに対して，肉食動物の目は顔の[❺前面]についていて，両目の視野が重なって[❻立体的]**に見える範囲（遠近感がつかめる範囲）が広くなっているので，**獲物までの距離をはかるのに適しています。

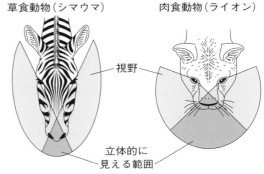

草食動物（シマウマ）　　　肉食動物（ライオン）

視野

立体的に
見える範囲

② 背骨がある動物

(1)　ヒトやイヌなどのように**背骨をもつ動物**を【❼**脊椎動物**】といいます。

　　背骨をもつ動物を**脊椎動物**といいます。
　　脊椎動物はフナなどの[❽**魚類**]，カエルなどの**両生類**，トカゲなどの**は虫類（ハチュウ類）**，ハトなどの**鳥類**，イヌなどの**哺乳類（ホニュウ類）**の５つのなかまに分けることができます。

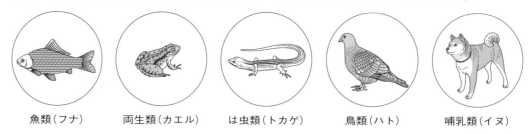

| 魚類（フナ） | 両生類（カエル） | は虫類（トカゲ） | 鳥類（ハト） | 哺乳類（イヌ） |

(2)　脊椎動物の**なかまのふやし方**を見ていきましょう。

　　卵を産んでなかまをふやすふやし方を【❾**卵生**】といいます。

　　脊椎動物で卵生である動物は，**魚類，両生類，は虫類，鳥類**の４つのなかまです。
　　魚類や両生類は水中に卵を産むので，卵に殻がありませんが，両生類の卵は寒天のようなものに包まれています。
　　は虫類や鳥類は陸上に卵を産むので，卵に殻があり，乾燥にたえることができます。
　　は虫類の卵の殻は弾力性をもっていますが，鳥類の卵の殻はかたくて弾力性はありません。
　　また，鳥類は親が卵をあたためることによってふ化（卵がかえること）させて，ふ化した後も自分で食物をとるようになるまでは親が世話をすることが多いのですが，は虫類は親が卵をあたためたり，ふ化した後に親が子の世話をしたりしません。

　　雌が子を体内である程度成長させてから，親と似た姿の子を産んでなかまをふやすふやし方を【❿**胎生**】といいます。

　　脊椎動物で胎生であるのは，[⓫**哺乳類**]だけです。
　　哺乳類は，子を雌のからだの子宮内である程度成長させてから，親と似た姿の子を産みます。
　　産んだ後も，生まれた子に雌が乳を与えて育てます。
　　また，卵生と胎生の両方について，親まで育つ割合の小さい動物ほど，１回の産卵数（産子数）が多いといえます。

(3)　次に，**呼吸のしかた**を見ていきます。

　　魚類は，一生[⓬**えら**]で呼吸します。

　　魚類は口から水をとり入れた後，**えら**を通して体外に排出します。
　　口からとり入れた水がえらを通るとき，水にとけていた**酸素**をえらのまわりの**毛細血管**にとり入れ，毛細血管から**二酸化炭素**を排出し，水といっしょにえらから体外へ出します。

両生類は，子のときは**えら**と**皮膚**で呼吸を行い，成長すると[❸肺]と**皮膚**で呼吸をするように
なります。

　両生類は，子のときは水中で生活するので，**えら**と**皮膚**で呼吸をしています。

成長すると肺と皮膚で呼吸をするようになり，陸上で生活することができるようになります。

　ちなみに　両生類以外にも皮膚で呼吸をしている脊椎動物はいますが，肺での呼吸量とくらべるとごく
　　　　　　わずかなので，高校入試では他の動物の皮膚での呼吸は考えなくて**OK**です。

は虫類，**鳥類**，**哺乳類**は，一生[❹肺]で呼吸します。

　は虫類の肺は，両生類の親の肺より内部が複雑になっていて表面積が広くなっています。
そのため，肺のまわりの血管との気体の交換を効率よく行えます。
鳥類や哺乳類の肺は，は虫類の肺よりも表面積が広くなっており，さらに気体の交換を効率よく
行えます。

魚　類	両生類		は虫類	鳥類・哺乳類
えらで呼吸する。	肺で呼吸する。			
フナ	イモリ(子)	イモリ(親)	カメ	ウサギ(哺乳類)

※皮膚でも呼吸する。　※皮膚でも呼吸する。

(4) **からだの表面のようす**はどのようになっているでしょうか。

　魚類のからだは[❺うろこ]でおおわれていて，1枚1枚がはがれるつくりになっています。

両生類のからだは**うすい湿った**[❻皮膚]でおおわれていて，乾燥に弱く，水辺でしか生活でき
ません。

は虫類のからだは**うろこやこうら**でおおわれていて，からだが乾燥するのを防いでいます。

鳥類のからだは[❼羽毛]で，**哺乳類**のからだは**毛**でおおわれていて，熱や水が逃げるのを防い
でいます。

(5) 次は，**体温の変化**でなかま分けしてみましょう。

体温の変化は中3の範囲ですが，他のなかま分けの特徴と合わせて覚えておきましょう。

> まわりの温度が変化すると**体温が変化する動物**を[⓲ 変温動物]といいます。

魚類，両生類，は虫類は，まわりの温度変化にともなって体温も同じように変化します。
このような動物を**変温動物**といいます。

陸上の変温動物は，まわりの温度が下がると体温も下がるので，日光浴などをして太陽光から熱を受け，体温を保とうとします。

また，冬になると体温が下がるので，活動が急激に低下し，**冬眠**するものもいます。

> まわりの温度が変化しても，**体温をほぼ一定に保つことができる動物**を[⓳ 恒温動物]といいます。

鳥類と哺乳類は，まわりの温度が変化しても，体温をほぼ一定に保つことができます。
このような動物を**恒温動物**といいます。

ペンギンやホッキョクグマなどのように，南極や北極の付近でも生活できるものもいます。

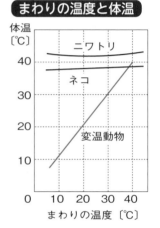

まわりの温度と体温

(6) 脊椎動物の特徴をまとめると，下の表のようになります。
それぞれ特徴を覚え，分類できるようにしておきましょう。

分類 / 特徴	脊椎動物				
	魚 類	両 生 類	は 虫 類	鳥 類	哺 乳 類
子の生まれ方	水中 卵に殻はない	[⓴ 卵生] 陸上 卵に殻がある			[㉑ 胎生]
呼吸器官	[㉒ えら]	子…えらと皮膚 親…肺と皮膚	[㉓ 肺]		
体 表	うろこ	湿った皮膚	うろこ	[㉔ 羽毛]	[㉕ 毛]
体 温	[㉖ 変温]			[㉗ 恒温]	
なかま	コイ メダカ イワシ	カエル イモリ サンショウウオ	ヘビ ヤモリ カメ	ハト スズメ ニワトリ	ウサギ クジラ ヒト

> **おまけ** イモリは**両生類**，ヤモリは**は虫類**です。
> 覚え方は，イモリ「井守」(井戸を守る)→水辺→両生類
> ヤモリ「家守」(家を守る)→陸地→は虫類

❸ 背骨がない動物

(1) | バッタやイカのように**背骨をもたない動物**を【❷⁸ **無脊椎動物** 】といいます。

　無脊椎動物(無セキツイ動物)には，バッタなどの**昆虫類**，エビなどの**甲殻類**，イカなどの**軟体動物**などがありますが，そのほかにもいろいろななかまがいます。

実は地球上の動物の大部分は無脊椎動物です。

(2) | バッタやカブトムシなどのなかまを[❷⁹ **昆虫類**]といいます。

　昆虫類には，次のような特徴があります。

① からだが，**頭部，胸部，腹部**の3つに分かれています。

② 頭部に**目，口，触角**などがついています。

③ 胸部に[❸⁰ **3対**]の**あし**があります。

④ 全身が**外骨格**でおおわれ，からだやあしが多くの**節**に分かれていて，節と節のつなぎ目が曲がるようになっています。

⑤ 胸部や腹部にある**気門**から空気をとり入れ，胸部や腹部の中の気管で呼吸します。

注意 昆虫類には，チョウやバッタのように2対のはねをもつものや，ハエ，カ，アブのように1対のはねしかもたないもの，アリやノミのようにはねをもたないものもいます。

　外骨格とは，からだをおおうかたい殻で，からだを支えたり，内部を保護したりするはたらきがあります。

例：バッタ，カブトムシ，ハチ，チョウ，カマキリ。

(3) | エビやカニなどのなかまを[❸¹ **甲殻類**]といいます。

　甲殻類には，次のような特徴があります。

① からだが，**頭部，胸部，腹部**の3つ，または**頭胸部**と**腹部**の2つに分かれています。

② 頭部，または頭胸部に**目，口，触角**などがついています。

③ 胸部，または頭胸部や腹部に**多数のあし**がついています。

④ 全身が**外骨格**でおおわれ，からだやあしが多くの**節**に分かれていて，節と節のつなぎ目が曲がるようになっています。

⑤ 水中で生活するものが多いのですが，ダンゴムシのように陸上で生活するものもいます。
　水中で生活する甲殻類の呼吸器官はえら，陸上で生活する甲殻類の呼吸器官は気管です。

例：エビ，カニ，ミジンコ，ダンゴムシ，ワラジムシ。

(4) | **昆虫類**や**甲殻類**のように，全身が[❸² **外骨格**]でおおわれ，からだやあしが多くの**節**に分かれている動物を【❸³ **節足動物** 】といいます。

　節足動物は，外骨格の内側に**筋肉**がついていて，これのはたらきで，あしやはねを動かします。また，**卵生**で，**変温動物**です。

外骨格は大きくならないので，成長にともなって**脱皮**し，外骨格を新しい大きなものにとりかえます。

脱皮とは，古い外骨格を脱ぎすてることですよ。

例：昆虫類，甲殻類，クモ類（クモ，サソリ），ムカデ類，ヤスデ類。

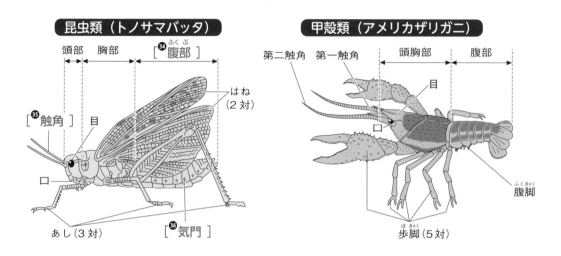

(5) イカやアサリなどのなかまを【㊲**軟体動物**】といいます。

軟体動物には次のような特徴があります。

① あしには骨も節もなく，おもに**筋肉**でできています。

② 水中で生活するものが多く，**えら**で呼吸します。

　ただし，陸上で生活する軟体動物であるマイマイやナメクジは**肺**で呼吸します。

③ 内臓は，筋肉でできた[㊳**外とう膜**]という膜によっておおわれています。

④ **変温動物**で，**卵生**です。

例：アサリ，ハマグリ，イカ，タコ，ウミウシ，マイマイ，ナメクジ。

　アサリのからだのつくり（特に外とう膜，えら，あし）は覚えましょう。**入試に出やすいです**

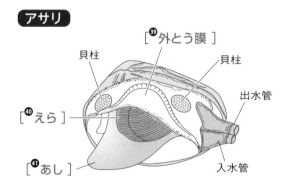

(6) 節足動物や軟体動物以外にも，たくさんの種類の無脊椎動物がいます。

地球上の動物の大部分は無脊椎動物といってもいいでしょう。

例：ウニ，クラゲ，ヒトデ，イソギンチャク，ウズムシ(プラナリア)，ミミズ，ヒル。

(7) 脊椎動物と無脊椎動物のなかま分けをまとめると，下の表のようになります。

分類		なかまの ふやし方	体温の 変化	呼吸のしかた	からだの 表面	骨格	例
脊椎動物	哺乳類	胎生	恒温動物	肺	毛	内骨格	ヒト　イヌ
	鳥類	卵生			羽毛		ツバメ　ニワトリ
	は虫類		変温動物		うろこ		カメ　ワニ
	両生類			えらと皮膚(子) 肺と皮膚(親)	湿った皮膚		カエル　イモリ
	魚類			えら	うろこ		マグロ　メダカ
無脊椎動物	節足動物	昆虫類	卵生	変温動物	からだのつくり		外骨格	カブトムシ　バッタ
		甲殻類			からだやあしには節がある。 からだは外骨格でおおわれている。		エビ　カニ
		その他					クモ　ムカデ
	軟体動物				からだやあしには節がない。 内臓は外とう膜で包まれている。	※	タコ　ハマグリ
	その他				さまざまなつくりをしている。		クラゲ　ヒトデ

※外骨格をもつものと，骨格をもたないものと，さまざまである。

5 ▶ 細胞

➡書き込み編 p.15〜16

植物の細胞と動物の細胞のつくりで共通する部分とちがう部分を理解しましょう。

特に，**核**はほとんどの細胞にある重要なつくりなので，忘れてはいけません。

また，**単細胞生物**と**多細胞生物**のちがい，多細胞生物のつくりについて，おさえておきましょう。

1 細胞のつくり

(1) タマネギの表皮，オオカナダモの葉，ヒトのほおの内側の細胞を観察して比較します。

それぞれの細胞を観察するときは，染色液で[❶ 核]を染めてから観察します。

染色液の種類：酢酸オルセイン溶液…核が赤紫色(赤色)に染まる。

酢酸カーミン溶液…核が赤色に染まる。

酢酸ダーリア溶液…核が青紫色に染まる。

植物と動物の細胞の観察

観察手順

① タマネギの内側にカッターナイフで約 5 mm 四方の切りこみを入れ，うすい皮をはぎとる。

② オオカナダモの若い葉をピンセットでつみとる。

③ 口をよくゆすいでから，ヒトのほおの内側の細胞を綿棒で軽くこすりとる。

④ 酢酸オルセイン溶液で染色し，顕微鏡で観察する。

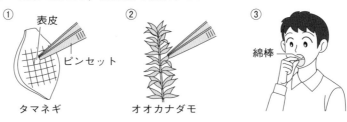

結　果

① すべての細胞に，[❷ 赤紫色]に染まった[❸ 核]が見られた。

② オオカナダモの葉の細胞にだけ，**葉緑体**が見られた。

③ タマネギの表皮の細胞やオオカナダモの葉の細胞の外側には厚い壁(細胞壁)が見られたが，
ヒトのほおの細胞には見られなかった。

①タマネギの表皮の細胞　②オオカナダモの葉の細胞　③ヒトのほおの内側の細胞

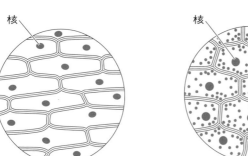
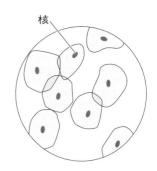

観察結果のスケッチを見て，それぞれどの細胞か，区別をつけられるようにしておきましょう。

また，細胞の大きさや形，数は，生物の種類やからだの部分によってちがいます。

(2) 　細胞には，その内部に **1個**の【**⁵核** 】があります。

　　核は，酢酸オルセイン溶液などの染色液によってよく染まります。

植物の細胞と動物の細胞の共通点は，次の2つです。

① ふつう，細胞の内部に1個の**核**をもちます。

② 細胞のいちばん外側に［**⁶細胞膜** ］といううすい膜があります。

植物の細胞だけに見られる特徴もあります。

① 細胞膜の外側に，［**⁷細胞壁** ］という厚くてじょうぶなしきりがあります。

　　これは，植物のからだを支えるのに役立っています。

② 葉や茎の［**⁸緑色** ］をした部分の細胞には，［**⁹葉緑体** ］という小さな粒がたくさんあります。

　　光合成はここで行われます。

③ 多くの細胞の中には，［**⑩液胞** ］とよばれるものが見られます。

　　この中には不要な物質や色素がとけた液体がたくわえられています。

　　成長した植物の細胞ほど，大きい液胞が見られます。

核以外の部分を細胞膜もふくめて［**⑪細胞質** ］といいます。

実は 核と細胞壁以外の部分をまとめて細胞質というので，細胞膜や葉緑体，液胞も細胞質の一部なんですよ。

植物の細胞と動物の細胞のつくり

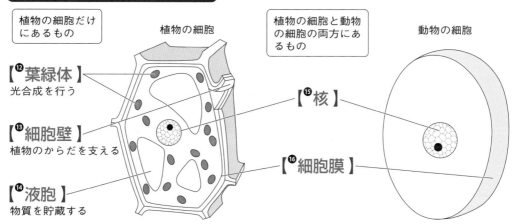

植物の細胞だけにあるもの　　植物の細胞

植物の細胞と動物の細胞の両方にあるもの　　動物の細胞

【**⑫葉緑体** 】
光合成を行う

【**⑬細胞壁** 】
植物のからだを支える

【**⑭液胞** 】
物質を貯蔵する

【**⑮核** 】

【**⑯細胞膜** 】

2 単細胞生物と多細胞生物

⑴ 　からだが**1つの細胞**からできている生物を【**⑰単細胞生物** 】といいます。

　　ゾウリムシやアメーバのようにからだが1つの細胞からできている生物を**単細胞生物**といいます。単細胞生物は，動くことや食べること，不要なものの排出など，すべてのはたらきを1つの細胞で行っています。

下の図は，おもな単細胞生物です。

ゾウリムシのからだは1つの細胞でできていますが，食物をとり入れる所，食物を消化・吸収する所，不要物の排出や水分の調節を行う所，運動のはたらきをする所がそろっています。

ゾウリムシは，まわりの細かい毛を動かして水中を泳ぎます。

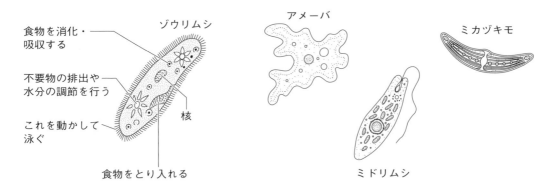

食物を消化・吸収する
ゾウリムシ
不要物の排出や水分の調節を行う
核
これを動かして泳ぐ
食物をとり入れる
アメーバ
ミカヅキモ
ミドリムシ

(2) からだがさまざまな種類の，**多くの細胞**からできている生物を【⑱**多細胞生物**】といいます。

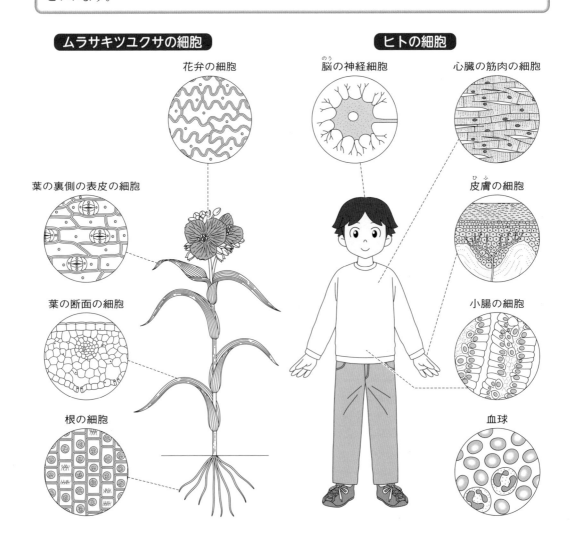

ムラサキツユクサの細胞

花弁の細胞
葉の裏側の表皮の細胞
葉の断面の細胞
根の細胞

ヒトの細胞

脳の神経細胞
心臓の筋肉の細胞
皮膚の細胞
小腸の細胞
血球

ヒトやムラサキツユクサ，ミジンコのようにからだが，形や大きさのちがうさまざまな種類の，多くの細胞からできている生物を**多細胞生物**といいます。

単細胞生物以外の生物は，すべて多細胞生物であるということもできます。

多細胞生物では，同じ生物でも，その部分によって細胞の大きさや形がちがいます。

(3)　形やはたらきが同じ細胞が集まって【❶組織】をつくり，

組織がいくつか集まって【❷器官】をつくります。

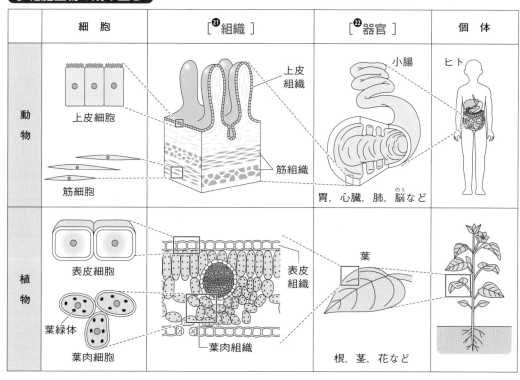

　　動物も植物も，形やはたらきが同じ**細胞**が集まって筋組織や表皮組織などの**組織**をつくり，さらに組織がいくつか集まって，胃や葉などの**器官**をつくります。

また，器官がいくつか集まって，ヒトやアブラナなどの1つの**個体**をつくります。

注意　個体とは，独立した1個の生物体のことです。「固体」じゃないですよ。

下の表に動物の組織と器官の例，植物の組織と器官の例を示したのでチェックしてくださいね。

多細胞生物の成り立ち

	細胞	[❷組織]	[❷器官]	個体
動物	上皮細胞 筋細胞	上皮組織 筋組織	小腸 胃，心臓，肺，脳など	ヒト
植物	表皮細胞 葉緑体 葉肉細胞	表皮組織 葉肉組織	葉 根，茎，花など	

6 ▶根・茎・葉のつくりとはたらき

➡書き込み編 *p.17〜18*

根・茎・葉の断面のようすは，しっかり覚えておきましょう。**よく入試で出題されます**

1 根・茎のつくりとはたらき

(1) 根から吸収した[❶水]や水にとけた[❷養分]が通る管を【❸道管 】といいます。

　赤色に着色した水にホウセンカなどの植物をさしておき，しばらくして茎を輪切りや縦切りにして，その切り口を観察すると，赤く染まっている部分が見られます。

ここは，<u>根から吸収した水や水にとけた養分が通る管</u>で，道管といいます。

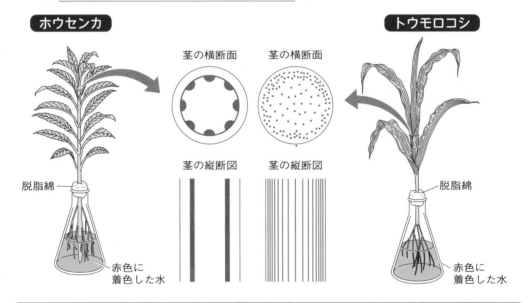

(2) 葉でつくられた[❹栄養分]が通る管を【❺師管 】といいます。

　道管の集まった部分の外側に，道管とは異なる管の集まりが見られます。

ここは，<u>葉でつくられた栄養分が運ばれる管</u>で，師管といいます。

(3) 道管と師管が集まってつくっている束を【❻維管束 】といいます。

　道管と師管は数本ずつ集まって束をつくっています。

この束を**維管束**といいますが，維管束の並び方には，次の①，②のように2通りあります。

① ホウセンカやヒマワリなどのような**双子葉類**は(**葉脈は網状脈・根は主根と側根**)，茎の維管束が[❼輪]のように並んでいます。

② トウモロコシやユリなどのような**単子葉類**は(**葉脈は平行脈・根はひげ根**)，茎の維管束が[❽散らばって]います。

34

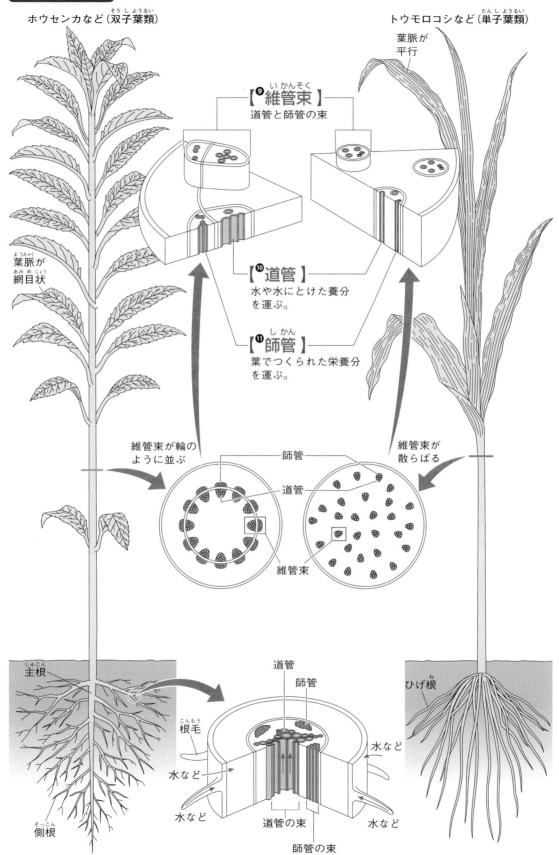

維管束のつくり

ホウセンカなど（双子葉類）

トウモロコシなど（単子葉類）

葉脈が
平行

【❾維管束】
道管と師管の束

葉脈が
網目状

【❿道管】
水や水にとけた養分
を運ぶ。

【⓫師管】
葉でつくられた栄養分
を運ぶ。

維管束が輪の
ように並ぶ

師管

道管

維管束が
散らばる

維管束

主根

道管
師管

ひげ根

根毛

水など

水など

水など

道管の束

水など

側根

師管の束

2 葉のつくりとはたらき

(1) 葉の表面を観察してみましょう。

下の図のように，ツユクサの葉の裏側のうすい皮（表皮）をはがして，顕微鏡で観察します。

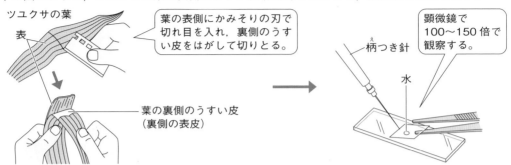

ツユクサの葉
表

葉の表側にかみそりの刃で
切れ目を入れ，裏側のうす
い皮をはがして切りとる。

葉の裏側のうすい皮
（裏側の表皮）

顕微鏡で
100〜150 倍で
観察する。

柄つき針

水

葉の表面に見られる多くの小さな部屋のようなものを【❶細胞】といいます。

葉の表面を見ると，たくさんの小さな部屋のようなものが集まってできています。
この小さな部屋の１つ１つを**細胞**といいます。

葉の表面には１層の細胞がすき間なく並んでいます。
この部分を**表皮**といい，葉の内部を保護しています。

また，葉だけではなく根や茎などの植物のからだのすべての部分は細胞によってできています。

ちなみに 植物だけでなく，動物のからだのすべての部分も，細胞が集まってできています。
　　　　　すべての生物のからだは細胞でできているんですね。

葉の表皮を観察すると，ところどころに対になった三日月形の細胞が見られます。
この三日月形の細胞を [❸孔辺細胞] といいます。

２つの孔辺細胞に囲まれた穴を【❹気孔】といいます。

表皮に見られる孔辺細胞の形が変化することによって，**気孔が開いたり閉じたり**します。
気孔は，**光合成**や**呼吸**（次の「光合成と呼吸」の単元でくわしく学習します）による酸素や二酸化炭素の出入り口や，[❺蒸散]（このあとくわしく学習します）での水蒸気の出口としてはたらき，開閉により気体の出入りを調整しています。

ふつう，気孔は葉の[**⓰**裏側]にたくさん見られます。

　一般的な植物では，**気孔は葉の表側より裏側に多く見られます。**
そのため，葉の表面を観察するときは裏側の表皮を顕微鏡で観察します。

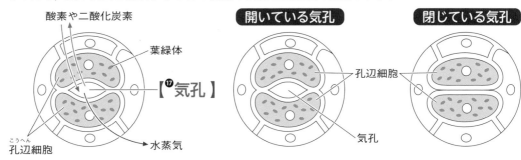

酸素や二酸化炭素
葉緑体
【**⓱**気孔】
開いている気孔
閉じている気孔
孔辺細胞
気孔
水蒸気
孔辺細胞

植物の細胞の中に見られる緑色の粒を【**⓲**葉緑体】といいます。

　葉の表皮の細胞にはふつう葉緑体が見られませんが，**気孔を囲む**[**⓳**孔辺細胞]**だけには葉緑体が見られます。**

(2)　次に，葉の断面を観察してみましょう。
　　下の図のように，ツバキの葉の葉脈がある部分を切りとり，うすい切片をつくって顕微鏡で観察します。

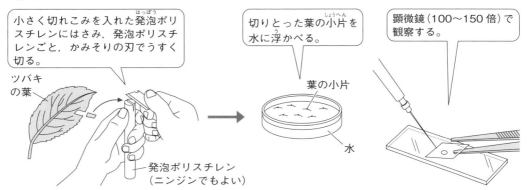

小さく切れこみを入れた発泡ポリスチレンにはさみ，発泡ポリスチレンごと，かみそりの刃でうすく切る。

切りとった葉の小片を水に浮かべる。

顕微鏡（100〜150倍）で観察する。

ツバキの葉

発泡ポリスチレン（ニンジンでもよい）

葉の小片
水

　葉の内部の細胞の多くは葉緑体をもっています。
そのため，葉は緑色に見えます。

　　そして，**葉の表側近くでは，葉緑体をもった細胞がすき間なくぎっしり並んでいますが，葉の裏側近くでは，細胞どうしのすき間が大きくなっています。**
葉の表側より裏側のほうがうすい緑色に見えるのはこのためです。

　　また，葉脈には維管束が通っています。
維管束は，根から茎，葉へとつながっていて，植物が成長するために必要な物質が運ばれます。

維管束の中で，葉の表側に近い部分には[**⓴**道管]が通っていて，葉の裏側に近い部分には[**㉑**師管]が通っています。

ちなみに　道管や師管をつくる細胞は，葉緑体をもっていません。

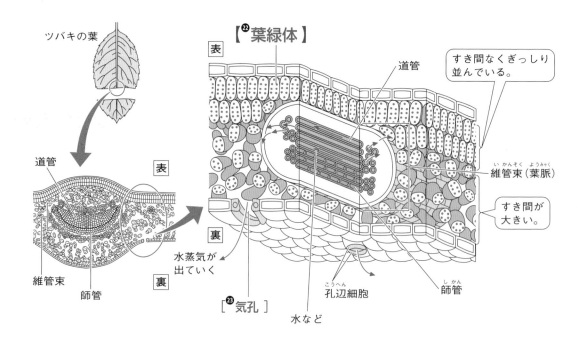

ツバキの葉

表

【㉒葉緑体】

道管

すき間なくぎっしり並んでいる。

道管

表

維管束（葉脈）

すき間が大きい。

裏

維管束

師管

裏

水蒸気が出ていく

孔辺細胞

師管

[㉓気孔]

水など

(3) 葉のはたらき

> 植物のからだから**水が水蒸気となって出ていく現象**を【㉔蒸散】といいます。

　右の図のように，昼間，葉のついた枝にポリエチレンの袋をかぶせておくと，袋の内側に水滴がついてくもります。

　これは，**根から葉に運ばれた水の大部分が，気孔から水蒸気として空気中に出ていく**ためです。

　このように，植物のからだから水が水蒸気となって出ていく現象を**蒸散**といいます。

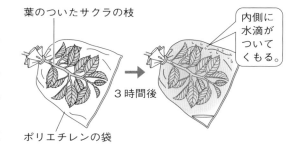

葉のついたサクラの枝

内側に水滴がついてくもる。

3時間後

ポリエチレンの袋

　蒸散することによって，根から吸収した水を吸い上げています。
このとき，道管の中の水は柱のようにつながっているので，蒸散した水と同じ量の水を根から吸収していると考えられます。この考え方を利用すると，根から吸収された水の量を調べることによって，蒸散した水（水蒸気）の量を知ることができます。

　次のような蒸散量を調べる実験は例題もふくめてしっかり理解しておきましょう。 入試に出ます

蒸散量を調べる実験

実験手順

① 4本の試験管に同じ量の水を入れる。

② 水面に油を浮かべる。

③ 同じ種類で，茎の太さや葉の大きさ・数が同じ植物を4本用意する。

④ 次の **A～D** のように植物の条件を変え，②の試験管にさして質量を測定する。

   A　そのまま試験管にさす。

   B　葉の表側にワセリンをぬって，試験管にさす。

   C　葉の裏側にワセリンをぬって，試験管にさす。

   D　葉をすべてとり，その切り口にワセリンをぬって，試験管にさす。

    （または，葉の表側と裏側の両方にワセリンをぬって，試験管にさす。）

⑤ 数時間後，再び質量を測定する。

⇨ ④と⑤の質量の差が，蒸散した水の量となる。

	A	B	C	D
図	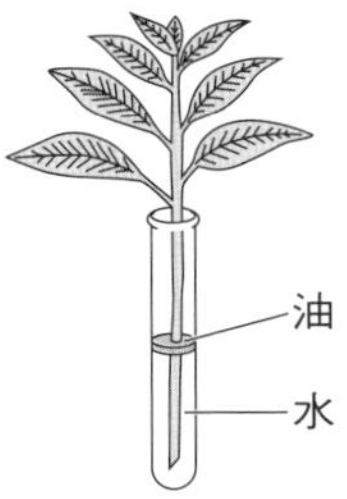 　油　水	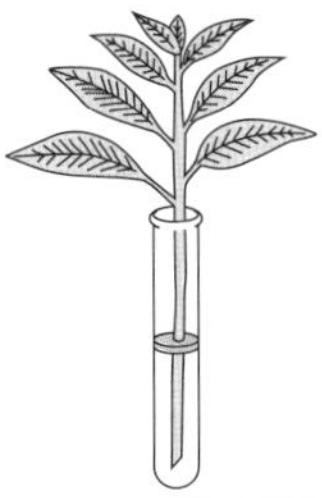	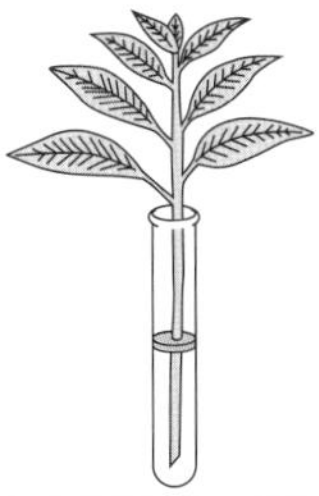	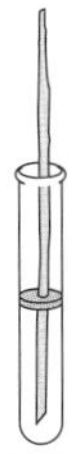
条件	そのまま。	葉の表側にワセリンをぬる。	葉の裏側にワセリンをぬる。	葉をすべてとり，切り口にワセリンをぬる。
蒸散場所	表・裏・茎	裏・茎	表・茎	茎

コツ　1．②で水面に油を浮かべるのは，水面からの[**㉕水の蒸発**]を防ぐためです。

   2．ワセリンは油のかたまりのようなもので，葉にワセリンをぬると気孔がふさがれ，そこからは蒸散できなくなります。

   3．同様の実験で，質量ではなく水の体積を測定することもありますが，考え方は同じです。

考　察

  蒸散場所を葉の表側，葉の裏側，茎に分け，上の図のように **A～D** のそれぞれで，どこから蒸散できるのかを書き出します。テストでも実際に，蒸散できるところを書き出すとまちがえにくいです。

これによって，**A～D** のどれとどれを比較すると何が求められるのかがわかりやすくなります。

- 葉の表側からの蒸散量 ＝ **A － B** ＝（表・裏・茎）－（裏・茎）
　　　　　　　　　　 ＝ **C － D** ＝（表・茎）－（茎）
- 葉の裏側からの蒸散量 ＝ **A － C** ＝（表・裏・茎）－（表・茎）
　　　　　　　　　　 ＝ **B － D** ＝（裏・茎）－（茎）
- 葉の表からの蒸散量と裏からの蒸散量の和 ＝ **A － D** ＝（表・裏・茎）－（茎）
- 葉の表からの蒸散量と裏からの蒸散量の差 ＝ **B － C** ＝（裏・茎）－（表・茎）

蒸散量を調べる実験に関する問題は，計算方法のコツをしっかり身につけておきましょう。

学校のテストでも入試でも，よく出ますよ

それでは，例題で実際に数値を入れて計算してみましょう。

例題　同じ大きさの4本の試験管に同量の水を入れ，水面に油を浮かべる。次に，同じ大きさで同じ数の葉をつけた同じ太さの植物の枝を4本用意し，**A～D**のように処理して試験管の中の水にさし，全体の重さをはかる。さらに，数時間後にそれぞれ全体の重さをはかり，減少した水の量を求める。右の表は，この実験の結果を示したものである。

A　そのまま試験管にさす。

B　葉の表側にワセリンをぬって試験管にさす。

C　葉の裏側にワセリンをぬって試験管にさす。

D　葉をすべてとり，その切り口にワセリンをぬって試験管にさす。

結果

	減少した水の量〔g〕
A	2.9
B	2.4
C	0.7
D	0.2

① 葉の表側からの蒸散量は何 g ですか。　　　　　【　　　　g】

② 葉の裏側からの蒸散量は何 g ですか。　　　　　【　　　　g】

③ 葉の表側からの蒸散量と裏側からの蒸散量の差は何 g ですか。　【　　　　g】

解き方

A～Dの蒸散できるところを整理すると，次のようになります。

A＝表・裏・茎　　　　　**B**＝裏・茎　　　　　**C**＝表・茎　　　　　**D**＝茎

① 表＝**A**－**B**＝（表・裏・茎）－（裏・茎）＝2.9－2.4

　別解 **C**－**D**＝（表・茎）－（茎）＝0.7－0.2　　　　　答【　0.5　g】

② 裏＝**A**－**C**＝（表・裏・茎）－（表・茎）＝2.9－0.7

　別解 **B**－**D**＝（裏・茎）－（茎）＝2.4－0.2　　　　　答【　2.2　g】

③ 表と裏の差＝**B**－**C**＝（裏・茎）－（表・茎）＝2.4－0.7

　別解 ②－①＝2.2－0.5　　　　　答【　1.7　g】

上の計算より，葉の裏側からの蒸散がいちばんさかんであることがわかります。

つまり，気孔の数は葉の**裏側**に多いといえます。

光合成や呼吸のしくみをしっかり理解してから，このテキストでとり上げている実験のポイントを
おさえましょう。

基本を身につけていないまま問題を解こうとしても力はつかず，時間のムダづかいとなるので，あせ
らずに順序よく学習することが重要です。

■ 光合成のしくみ

(1) 植物が光を受けて，デンプンなどの栄養分をつくるはたらきを
【❶光合成】といいます。

多くの植物は，おもに葉で日光を受けて光合成を行い，デンプンなどの栄養分をつくります。
そのため，葉のつき方は日光を受けやすいようなつくりとなっていて，植物によって，次の①〜
③のような葉のつき方があります。植物も日光をたくさん浴びようと工夫しているんですね。

① 互生：葉が，たがいちがいになるつき方。
② 対生：葉が，対になるつき方。
③ 輪生：葉が，放射状になるつき方。

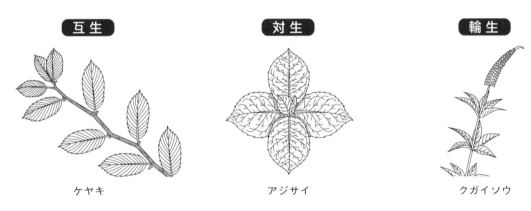

互生 ケヤキ　　対生 アジサイ　　輪生 クガイソウ

(2) 光合成でデンプンなどの栄養分をつくるための**材料**は，[❷水]と[❸二酸化炭素]です。

材料と聞かれた場合は，デンプンなどの栄養分をつくるために必要な**物質**である**水**と**二酸化炭**
素を答えれば**OK**です。

水はおもに根から吸収し，二酸化炭素は空気中から葉の気孔を通してとり入れます。

光合成を行うために必要な**エネルギー**は[❹光]です。

光が当たらないと光合成を行うことができないため，デンプンなどの栄養分をつくることがで
きません。

また，光合成は日光以外に，**蛍光灯や電灯などの光でも行うことができます。**

参考 植物は，光が強くなればなるほど，光合成をさかんに行います。ただし，そのはたらきにも限度
があります。
それ以上光が強くなっても光合成のはたらきが変わらなくなる光の強さを光飽和点といいます。

(3) 光合成は，細胞の中の[❺葉緑体]で行われます。

　植物の細胞には，葉緑体をもっている細胞ともっていない細胞があります。
そして，**光合成は葉緑体で行われる**ので，葉緑体をもっていない細胞では光合成によってデンプンをつくることができません。

　植物の葉の一部には，右の図のように部分的に白っぽくなっているところがあるものが見られます。この部分は「ふ」とよばれ，「ふ」の部分が見られる葉を，「ふ入りの葉」といいます。

ふ

　「ふ」の部分の細胞には葉緑体がありません。
そのため，「ふ」は白っぽく見えます。
また，「ふ」の部分には葉緑体がないため，光合成は行えません。

　これらのことから，光合成を行うためには，**水，二酸化炭素，光，葉緑体**の４つの条件がそろわなければならないといえます。

注意 **酸素**や**適当な温度**は植物が成長するために必要な条件ですが，光合成に必要な条件からは除いて考えます。

(4) 光合成によってつくり出される物質は，[❻デンプン]などの栄養分と[❼酸素]です。

　光合成によってつくり出された**デンプン**は，水にとけやすい物質に変えられてから，師管を通して全身へ運ばれます。
光合成によってつくり出された**酸素**は，気孔を通して空気中へ放出されます。

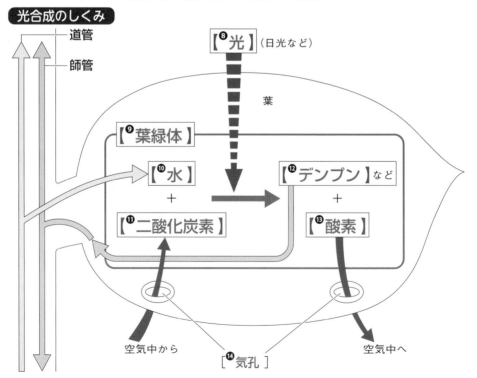

おまけ 地球上の酸素の大部分は，植物が光合成によってつくり出したもので，光合成を行う生物が出現する前は，地球上の大気に酸素はなかったと考えられています。
想像しただけでも苦しくなりそうです…。

② 光合成の実験と観察

光合成には光と葉緑体が必要であることを調べる実験

この実験の問題，とくに入試で出やすいです

実験手順

① 実験に使う**ふ入りの葉**の一部を，下の図のように**アルミニウムはく**でおおう。

② 実験に使う植物の鉢植えを，**前日から暗室**に入れておく。

③ 光に 3~4 時間当てた後につみとり，湯につける。

④ 葉を湯で温めた[❶⑤ **エタノール**]につけ，葉の色をぬく。

⑤ 葉を湯で洗った後，**ヨウ素溶液**につけ，色の変化を観察する。

① A：緑色の部分

クリップ

B：ふの部分
【❶⑥ **葉緑体** 】
がない。

C：アルミニウムはくでおおう。
【❶⑦ **光** 】が当たらない。

④ エタノール

湯

エタノールが緑色になる。

⑤ 葉　ヨウ素溶液

結　果

① A の部分は**青紫色**になった。
➡**デンプンがある**ことがわかる。

② B，C の部分は青紫色にならず，ヨウ素溶液の色(茶色)になる。
➡**デンプンがない**ことがわかる。

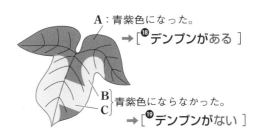

A：青紫色になった。
→[❶⑧ **デンプンがある**]

B
C　青紫色にならなかった。
→[❶⑨ **デンプンがない**]

考　察

> A と B の部分の比較から，光合成には【❷⑳ **葉緑体** 】が必要であることがわかります。

または，「A と B の比較から，光合成は**緑色の部分**で行われることがわかります。」

葉緑体をもつ細胞がある A の緑色の部分では光合成によってデンプンができているが，葉緑体をもたない細胞がある B の「ふ」の部分ではデンプンができていないので，光合成によってデンプンをつくるためには**葉緑体が必要**であることがわかります。

> A と C の部分の比較から，光合成には【❷① **光** 】が必要であることがわかります。

光が当たっている A の部分では光合成によってデンプンができているが，光が当たっていない C の部分ではデンプンができていないので，光合成によってデンプンをつくるためには**光が必要**であることがわかります。

1. 実験手順②で，鉢植えを前日から**暗室に入れておく**のは，葉の中のデンプンを
   [**❷とり除く**] ためです。

   　光合成によって新たにデンプンをつくるかどうかを調べるので，実験前にデンプンが残って
   いると，ヨウ素溶液の反応が，光合成によって新たにつくられたデンプンによるものかどう
   かがわかりません。(デンプンは水にとけやすい物質に変えられて夜のうちに運ばれます。)

2. 実験手順④で，エタノールを火にかけて温めずに湯で温めるのは，エタノールがとても
   [**❷燃えやすい**] 物質だからです。

   　エタノールを入れたビーカーを直接ガスバーナーの火にかけると燃え出してしまいます。

3. 実験手順④で，葉を温めたエタノールに入れて色をぬくのは，ヨウ素溶液につけたとき
   に，[**❷色**] の変化を見やすくするためです。

   　葉が緑色のままヨウ素溶液につけると，ヨウ素反応(青紫色)が見えにくくなります。

光合成が行われる場所を確かめる観察

■ 観察手順

① 2本のオオカナダモを一晩暗室に置いた後，1本のオオカナダモだけに**数時間光を当て**(これ
　を **A** とする)，もう1本はそのまま**暗室に置く**(これを **B** とする)。
② **A**，**B** それぞれの先端近くの葉を1枚ずつとって，そのまま顕微鏡で葉の細胞を観察する。
③ **A**，**B** それぞれの先端近くの葉を熱湯に短時間つけた後，エタノールにつけて[**❷脱色**]する。
　湯で洗った後，スライドガラスにのせてうすい**ヨウ素溶液**を1滴落とし，プレパラートをつ
　くって顕微鏡で葉の細胞を観察する。
コツ オオカナダモの葉はうすく，顕微鏡で細胞を観察するので，脱色しなくてもヨウ素溶液の反応を
　　観察することはできますが，脱色したほうが見やすくなります。

■ 結　果

　下の図のように，ヨウ素溶液と反応させていない②では，オオカナダモの葉の細胞の中に，緑
色をした**たくさんの葉緑体**が見られた。
　また，ヨウ素溶液と反応させた③では，光を当てた **A** の細胞の中の**葉緑体は青紫色**になってい
た(デンプンがある)が，光を当てていない **B** の細胞の中の**葉緑体は青紫色**になっていなかった
(デンプンがない)。

A：光によく当てた葉

葉緑体

B：暗室に置いた葉

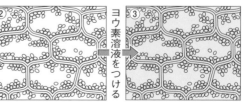

考 察

　光を当てた **A** の細胞の葉緑体だけが**青紫色**になったことから，光合成は[❷⁶葉緑体]で行われ，光合成を行うには[❷⁷光]が必要であることがわかります。

　また，光を当てていない **B** の葉緑体が青紫色にならなかったことから，光を当てる前のオオカナダモの葉緑体には，デンプンができていないことも確かめられます。

　このような調べたいこと以外はすべて同じ条件にして行う実験を[❷⁸対照実験]といいます。

光合成によって二酸化炭素が吸収されることを調べる実験（石灰水）

実験手順

① 2本の試験管 **A**，**B** を用意し，試験管 **A** にだけタンポポの葉を入れる。

② 両方の試験管に呼気をふきこんでゴム栓をし，光を当てる。

③ 30分後，各試験管に石灰水を少し入れ，ゴム栓をしてよく振り，石灰水の変化を調べる。

　注意 石灰水に二酸化炭素を通すと，石灰水が白くにごります。

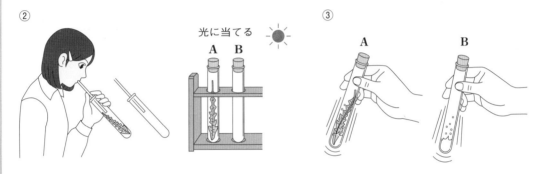

結 果

① 試験管 **A** に入れた石灰水はにごらなかった。➡**二酸化炭素がほぼない。**

② 試験管 **B** に入れた石灰水は[❷⁹白く]にごった。➡**二酸化炭素がある。**

考 察

　呼気には，空気中より大きな割合で二酸化炭素がふくまれています。

よって，光を当てる前の試験管内の気体は，二酸化炭素の割合が空気中より大きくなっています。そのため，タンポポを入れていない試験管 **B** に石灰水を入れてふると，石灰水が白くにごります。試験管 **A** で石灰水がにごらなかったのは，タンポポの葉の光合成によって，試験管内の二酸化炭素がほとんど葉に[❸⁰吸収された]ためであると考えられます。

B の実験は，二酸化炭素の減少がタンポポの葉によるものであることを示すための**対照実験**です。

光合成によって二酸化炭素が吸収されることを調べる実験（BTB 溶液）

実験手順

① 2本の試験管 **A**，**B** に青色の BTB 溶液を入れ，呼気をふきこんで緑色にする。

② 試験管 **A** にだけオオカナダモを入れ，両方の試験管にゴム栓をして光を当て，BTB 溶液の色の変化を調べる。

　注意 BTB 溶液は**酸性で黄色**，**中性で緑色**，**アルカリ性で青色**を示します。

　　　　 二酸化炭素が水にとけると水溶液は酸性を示すことも覚えておきましょう。

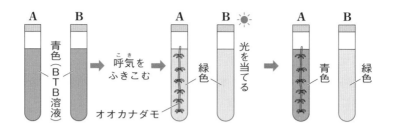

結　果

① 試験管 **A** の BTB 溶液は青色となった。➡アルカリ性になった。

② 試験管 **B** の BTB 溶液の色は変化しなかった。➡中性のまま。

考　察

　　試験管 **A** では，青色のアルカリ性であった BTB 溶液に呼気の中の二酸化炭素をとかして緑色の中性にした後，オオカナダモが光合成によって[❸❶二酸化炭素]を吸収したため，はじめの**アルカリ性(青色)にもどった**と考えられます。

試験管 **B** の実験は，試験管 **A** の変化がオオカナダモのはたらきによるものであることを示すための**対照実験**です。

光合成によって二酸化炭素が吸収されることを調べる実験（気体検知管）

　　植物にポリエチレンの袋をかぶせ，ストローで呼気をふきこんだ後，**気体検知管**で袋の中の二酸化炭素の体積の割合を調べます。数時間光を当て，再び袋の中の二酸化炭素の体積の割合を調べると，二酸化炭素の割合が小さくなっています。

　　このことから，**光合成によって二酸化炭素が吸収される**といえます。

光合成によって酸素が発生することを確かめる実験

実験手順

① 水の入ったペットボトルにストローで呼気をふきこむ。

② ペットボトルにオオカナダモを入れ，光に数時間当てる。

③ 発生した気体を試験管に集める。

④ 集めた気体の中に火のついた線香を入れ，どのようになるか調べる。

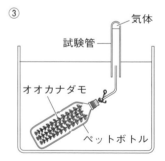

結　果

線香が**炎を上げて激しく燃えた**。

考　察

　　物を燃やすはたらき(助燃性)がある気体は[❸❷酸素]です。したがって，[❸❸光合成]によって発生した気体は[❸❹酸素]であるといえます。

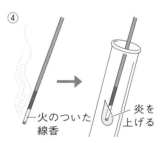

次の例題で、光合成について理解しましょう。

例題　次の実験について、あとの問いに答えなさい。

〈実験〉

① ジャガイモのふ入りの葉の一部を、右図のようにアルミニウムはくでおおう。

② ①の処理をした葉のついたジャガイモの鉢植えを、_(a)前日から暗室に入れておく。

③ 光に 3～4 時間当てた後につみとり、湯につける。

④ _(b)葉を湯であたためたエタノールにつけ、葉の色をぬく。

⑤ 葉を湯で洗った後、ヨウ素溶液につけ、色の変化を観察する。

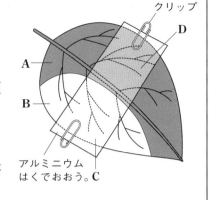

※ A と D は緑色の部分で、B と C はふの部分。

※ C と D はアルミニウムはくでおおった部分。

※ふとは、葉緑体がなく、白っぽくなっている部分のこと。

(1) ②の下線部(a)のように、実験用に処理をした葉のついた鉢植えを、前日から暗室に入れておくのはなぜですか。簡単に説明しなさい。

【　　　　　　　　　　　　　　　　　　　　　　　　　　　　　　　　　】

(2) ④の下線部(b)のように、葉の色をぬくのはなぜですか。簡単に説明しなさい。

【　　　　　　　　　　　　　　　　　　　　　　　　　　　　　　　　　】

(3) ⑤で葉をヨウ素溶液につけたとき、青紫色に変化する部分はどこですか。図の中の A～D からすべて選び、記号で答えなさい。　　　　　　　　　　【　　　　　　】

(4) (3)の結果から、植物が光合成によってデンプンをつくるためにはどのような条件が必要であることがわかりますか。次のア～オから 2 つ選びなさい。　【　　　】【　　　】

ア　日光　　イ　酸素　　ウ　水　　エ　葉緑体　　オ　二酸化炭素

解き方

(1) デンプンをつくることができるか、できないかということを調べるので、実験をはじめるときに葉にデンプンが残っていないようにしておかなければなりません。

答【　　　　　　　　葉の中のデンプンをとり除くため。　　　　　　　　】

(2) 緑色のままだとヨウ素溶液につけたときの色の変化が見にくいので、エタノールによって葉の緑色をとかし出し、葉を白っぽくしておきます。

答【　　　　　ヨウ素溶液につけたときの色の変化を見やすくするため。　　　　】

(3) B と C では、光合成を行う場所である葉緑体がないため、光合成によってデンプンをつくることはできません。C と D では、光合成を行うためのエネルギーとなる日光が当たらないので、光合成によってデンプンをつくることができません。　　　　　　答【　　A　　】

(4) ウの水とオの二酸化炭素は光合成を行うための材料ですが、この実験からは必要であるかどうかということがわかりません。イの酸素は、光合成によってデンプンとともにできる物質です。

答【　　ア　　】【　　エ　　】

3 呼吸のしくみ

> 植物も，【^㉟呼吸】により**酸素を吸収して，二酸化炭素を放出します**。

　十分に光が当たっていると，**呼吸による気体の出入りより**[^㊱光合成]**による気体の出入りの
ほうが大きい**ので，全体として[^㊲二酸化炭素]を吸収して[^㊳酸素]を放出しています。
そのため，植物は呼吸をしていないように思われますが，光の強さに関係なく，動物と同じよう
に植物もつねに呼吸を行っています。
暗室に植物を置くと呼吸しかできないので，酸素を吸収して二酸化炭素を放出します。

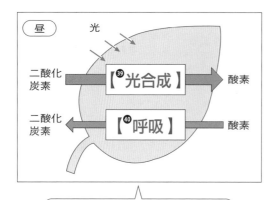

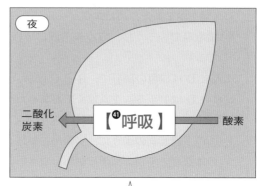

光合成のほうが呼吸より気体の出入
りが大きいので，全体として酸素を
放出し，二酸化炭素を吸収する。

呼吸しか行っていないので，酸素
を吸収し，二酸化炭素を放出する。

4 呼吸の実験

植物の呼吸を確かめる実験

実験手順

① ポリエチレンの袋 **A**，**B** を用意し，**A** だけに植物の葉を入れる。

② **A**，**B** のどちらにも空気を入れ，暗室に一晩置く。

③ **A**，**B** の中の空気を，それぞれ石灰水に通し，石灰水の変化を調べる。

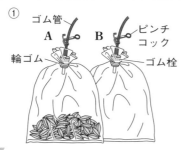

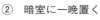

② 暗室に一晩置く

③

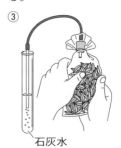

結　果

① **A** の空気を通した石灰水は白くにごった。➡二酸化炭素がある。

② **B** の空気を通した石灰水は変化しなかった。➡二酸化炭素がほぼない。

考　察

　A の中の植物は，**呼吸によって**[^㊷二酸化炭素]を放出したと考えられます。

　B の実験は，**A** の空気を通した石灰水の変化が植物のはたらきによることを確かめる**対照実験**です。

呼吸によって二酸化炭素が放出されることを調べる実験（BTB溶液）

実験手順

① 2本の試験管 **A**，**B** に青色の BTB 溶液を入れ，呼気をふきこんで［**㊸** 緑色 ］にする。

② 試験管 **A** にだけオオカナダモを入れ，両方の試験管にゴム栓をして暗室に入れ，BTB 溶液の色の変化を調べる。

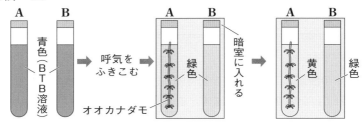

結　果

① 試験管 **A** の BTB 溶液は［**㊹** 黄色 ］となった。➡酸性になった。

② 試験管 **B** の BTB 溶液の色は［**㊺** 変化しなかった ］。➡中性のまま。

考　察

　　試験管 **A** では，オオカナダモの**呼吸**によって**二酸化炭素**がさらに［**㊻** 増加 ］したため，BTB 溶液が［**㊼** 酸性 ］になり，色が**黄色**に変化したと考えられます。

試験管 **B** の実験は，試験管 **A** の BTB 溶液の変化がオオカナダモによることを確かめる**対照実験**です。

　次の例題で，光合成について理解しましょう。

例題

　　次の実験について，あとの問いに答えなさい。

〈実験〉

① 実験を行う部屋の空気中の酸素と二酸化炭素の体積の割合を気体検知管で調べる。

② 右図のように，ポリエチレンの袋 **A**，**B** を用意し，**A** だけに植物の葉を入れる。

③ **A**，**B** のどちらにも空気を入れ，暗室に一晩置く。

④ **A**，**B** の中の空気中の酸素と二酸化炭素の割合を，気体検知管で調べる。

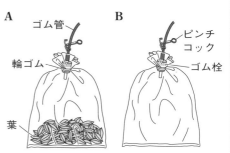

⑤ ④の後，**A**，**B** の中の空気を石灰水に通し，石灰水の変化を観察する。

〈結果〉

①と④の結果を下の表にまとめた。

実験	①		④	
気体	酸素	二酸化炭素	酸素	二酸化炭素
A	21％	0.04％	17％	4％
B	21％	0.04％	21％	0.04％

(1) **B**のように，葉を入れないこと以外はすべて**A**と同じ条件にして行う実験を何といいますか。

【　　　　　　　　　　　】

(2) **A**の袋の中の葉は，呼吸によって何の気体を吸収して，何の気体を放出しているといえますか。

吸収【　　　　　　　】放出【　　　　　　　】

(3) ⑤で，**A**の中の空気を石灰水に通したとき，石灰水はどのようになりますか。

【　　　　　　　　　　　】

解き方▶

(1) **A**の気体の中の酸素と二酸化炭素の割合の変化が，葉のはたらきであることを確かめるために，何も入れていない**B**を用意します。このような実験を対照実験といいます。

答【　　対照実験　　】

(2) 実験結果より，**A**の中の酸素の割合は21%から17%と小さくなり，二酸化炭素の割合は0.04%から4%と大きくなっています。　答 吸収【　酸素　】放出【　二酸化炭素　】

(3) 石灰水に二酸化炭素を通すと白くにごります。

答【　　白くにごる。　　】

5 植物のからだのつくりとはたらき

植物のからだのつくりとはたらきをまとめると，次の図のようになります。

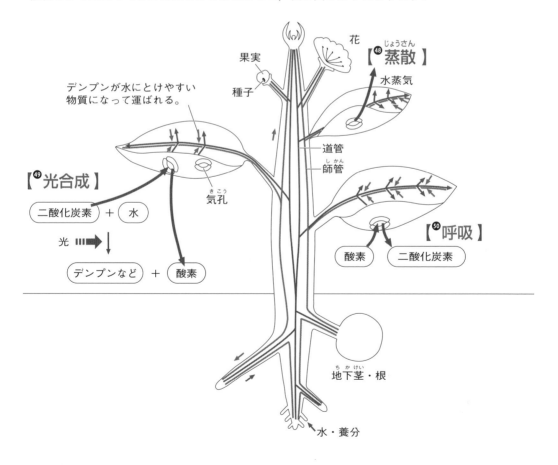

8 ▶ 消化と吸収

➡書き込み編 p.24〜26

食物の消化では，**唾液によるデンプンの消化について調べる実験**を理解しましょう。

テストにも出ますよ

消化の道すじでは，**消化器官**，および**消化液**や**消化酵素**のはたらきをおさえましょう。消化された栄養分の吸収では，どのようにして栄養分を効率よく吸収しているのかがポイントです。

■ 食物の消化

(1)
> 食物が歯でかみくだかれたり，消化管の運動で細かくくだかれたり，消化液にふくまれる[❶ 消化酵素]により吸収されやすい物質になったりする過程を，【❷ 消化 】といいます。

消化管とは，食べられた食物が通る「口→食道→胃→小腸→大腸→肛門」という1本の管のことで，胃や小腸の運動で食物が細かくくだかれたり，食物が消化液と混ぜ合わされたりします。ただし，食物の中の栄養分を分解するのは**消化酵素**のはたらきです。

食物の中の栄養分は[❸ 有機物]である**炭水化物**，**タンパク質**，**脂肪**と，[❹ 無機物]であるカルシウムや鉄などがあります。炭素をふくむ化合物を**有機物**といい，それ以外の物質を**無機物**といいます。

これらの栄養分をふくむ食物とはたらきについて，下の表にまとめました。

		おもな食物	おもなはたらき
有機物	炭水化物	米，いもなど	エネルギーのもとになる。
	タンパク質	肉，大豆など	からだをつくる。
	脂肪	油，バターなど	エネルギーのもとになる。
無機物	カルシウム	牛乳など	骨や血液などの成分となる。からだの調子を整える。
	鉄	レバーなど	
	カリウムやナトリウム	ツナなど	

参考 代表的な炭水化物にデンプンやブドウ糖があります。
デンプンはブドウ糖がたくさん結びついてできています。

(2)
> **唾液**は，[❺ デンプン]を麦芽糖などのブドウ糖がいくつかつながったものに分解します。

唾液とは，唾液腺から口の中に出される**消化液**です。

唾液には[❻ アミラーゼ]という**消化酵素**がふくまれていて，食物中のデンプンを口の中で麦芽糖などのブドウ糖がいくつかつながったものに分解します。

2章

生物のからだのつくりとはたらき

唾液によるデンプンの消化について調べる実験

① 試験管 **A** に 1%デンプンのり 10 cm³ とうすめた唾液 2 cm³ を入れ，試験管 **B** に 1%デンプンのり 10 cm³ と水 2 cm³ を入れて，よく振って混ぜる。

② 試験管 **A**，**B** を約 40 ℃の湯に 3~5 分入れる。

③ 試験管 **A**，**B** の液を別の試験管 **A′**，**B′** に半分ずつとる。

④ 試験管 **A**，**B** の液にヨウ素溶液を加え，反応を調べる。

⑤ 試験管 **A′**，**B′** の液にベネジクト溶液を加え，沸騰石を入れて軽く振りながら加熱する。

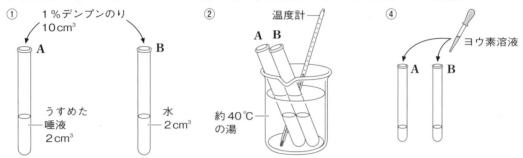

ポイント **ヨウ素溶液**(茶色)は，デンプンと反応して**青紫色**を示します。

ベネジクト溶液(青色)は，デンプンが分解されてできた**麦芽糖やブドウ糖**に加えて加熱すると，**赤かっ色**や**黄色**を示します。

黄色より赤かっ色を示したときのほうが麦芽糖やブドウ糖の割合が大きいです。

試験管に**沸騰石**を入れるのは，急な沸騰(突沸)を防ぐためです。

結　果

④の結果：試験管 **A** の液は茶色のままで，試験管 **B** の液は[❼ **青紫色**]になった。

⑤の結果：試験管 **A′** の液は赤かっ色に変化し，試験管 **B′** の液は青色のままであった。

考　察

④の結果から，試験管 **A** では唾液のはたらきによって**デンプンがなくなった**ことがわかります。

⑤の結果から，試験管 **A′** では唾液のはたらきによって**麦芽糖などのブドウ糖がいくつか結びついたものができた**ことがわかります。

これらのことをまとめると，唾液のはたらきによって[❽ **デンプン**]が分解され，麦芽糖などのブドウ糖がいくつか結びついたものになったと考えられます。

試験管 **B**，**B′** は，試験管 **A**，**A′** の反応が唾液のはたらきによることを示す**対照実験**です。

❷ 消化の道すじ

(1) 消化・吸収に関係している器官を[❾ 消化器官]といいます。

食べられた食物が通る「口→食道→[❿ 胃]→小腸→大腸→肛門」という 1 本の管(食物が通る道すじ)を[⓫ 消化管]といいます。

消化器官には，消化管のほかに，消化液をつくったり，たくわえたりする器官である**唾液腺**，**肝臓，胆のう，すい臓**などがあります。

唾液や胃液などのように，**食物の消化に関係する液**を[⓬ 消化液]といいます。

消化液などにふくまれ，**栄養分を分解する物質**を【⓭ 消化酵素 】といいます。

唾液，胃液，胆汁，すい液などのように，食物の消化に関係する液を**消化液**といいます。
消化酵素は食物中の栄養分を分解するものですが，いろいろ種類があり，それぞれ決まった物質にだけはたらきます。

唾液には[⓮ アミラーゼ]，胃液には[⓯ ペプシン]という**消化酵素**がふくまれています。

それぞれの消化液や消化酵素には，次のようなはたらきがあります。
① **唾液**は唾液腺から口に出され，**アミラーゼ**という消化酵素がふくまれていて，**デンプンを麦芽糖などのブドウ糖がいくつか結びついたものに分解**します。
② **胃液**には**ペプシン**という消化酵素がふくまれていて，**タンパク質を分解**します。
③ **胆汁は肝臓**でつくられて，**胆のう**でたくわえられてから**小腸**へ出されます。
   胆汁は消化酵素がふくまれていないので栄養分を分解することはできませんが，脂肪を小さくして，すい液による**脂肪の消化を手助け**します。
④ **すい液**には炭水化物を分解するアミラーゼ，タンパク質を分解するトリプシン，脂肪を分解する[⓰ リパーゼ]など数種類の消化酵素がふくまれていて，**炭水化物，タンパク質，脂肪を分解**します。
⑤ **小腸の壁にも消化酵素**があり，炭水化物やタンパク質などを分解するので，食物は小腸を通る間にほぼ完全に消化されます。

代表的な消化液

唾液	唾液腺から口へ出される。
胃液	胃から出される。
胆汁	肝臓でつくられ，胆のうにたくわえられてから小腸へ出される。
すい液	すい臓でつくられて，小腸へ出される。

代表的な消化酵素

アミラーゼ	デンプンを分解する。
ペプシン	タンパク質を分解する。
トリプシン	
リパーゼ	脂肪を脂肪酸とモノグリセリドに分解する。

(2) 有機物は消化されると何になるのでしょうか。覚えましょう。**テストに出ます**

> デンプンは，最終的に【**⑰ブドウ糖**】に分解されます。
>
> タンパク質は，最終的に【**⑱アミノ酸**】に分解されます。
>
> 脂肪は，最終的に【**⑲脂肪酸**】と【**⑳モノグリセリド**】に分解されます。

　食物中の有機物である**デンプン**，**タンパク質**，**脂肪**は，そのままでは吸収できません。
いろいろな消化酵素のはたらきによって，**デンプンはブドウ糖，タンパク質はアミノ酸，脂肪は
脂肪酸とモノグリセリド**に分解され，体内に吸収されやすい状態となります。

　消化の道すじを図に表すと，下の図のようになります。

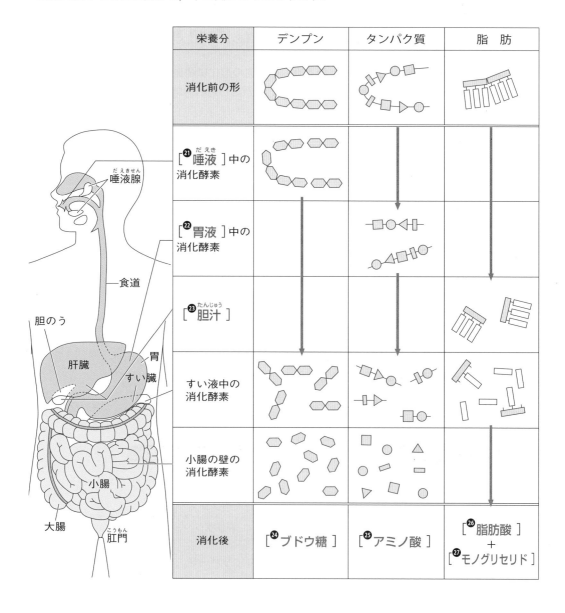

栄養分	デンプン	タンパク質	脂　肪
消化前の形			
[㉑**唾液**]中の消化酵素			
[㉒**胃液**]中の消化酵素			
[㉓**胆汁**]			
すい液中の消化酵素			
小腸の壁の消化酵素			
消化後	[㉔**ブドウ糖**]	[㉕**アミノ酸**]	[㉖**脂肪酸**]＋[㉗**モノグリセリド**]

唾液腺

食道

胆のう

肝臓

胃

すい臓

小腸

大腸

肛門

❸ 栄養分の吸収

(1) 小腸の内側の壁の表面に見られるたくさんの**小さな突起**を【㉘ 柔毛(じゅうもう)】といいます。

消化された栄養分が消化管の中から体内にとり入れられることを[㉙ 吸収]といいます。
小腸の内側の壁にはたくさんのひだがあり，そのひだの表面には**柔毛**という小さな突起がたくさんあります。
無機物や，栄養分は，おもにこの柔毛から吸収されます。

柔毛の内部には**毛細血管(もうさいけっかん)**と**リンパ管**が通っていて，**ブドウ糖**，**アミノ酸**は【㉚ 毛細血管 】の中に入り，**門脈(もんみゃく)**という血管を通って[㉛ 肝臓]に運ばれた後，全身に運ばれます。
また，肝臓で，アミノ酸の一部はタンパク質に変えられ，ブドウ糖の一部はグリコーゲンに変えられて一時的にたくわえられ，必要に応じてアミノ酸やブドウ糖にもどされて血液中に送られます。

脂肪酸と[㉜ モノグリセリド]は柔毛で吸収された後，再び脂肪にもどって【㉝ リンパ管 】に入ります。リンパ管は首のつけ根付近で血管と合流し，脂肪はここで血管に入って全身に運ばれます。

水分は，おもに[㉞ 小腸]で吸収されますが，小腸で吸収しきれなかったものは[㉟ 大腸]で吸収されます。
吸収されないまま残ったものは，[㊱ 便]として[㊲ 肛門(こうもん)]から排出されます。

小腸のつくりと吸収された栄養分のゆくえ

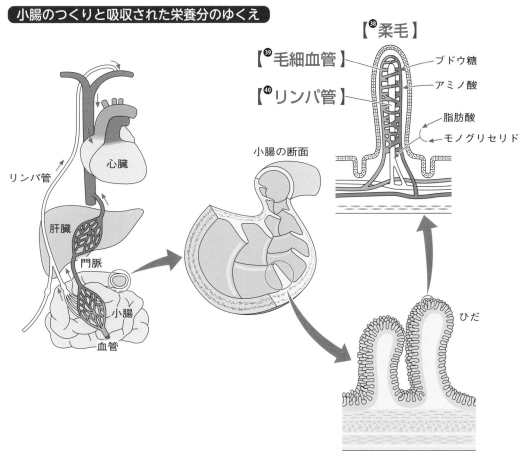

【㊳ 柔毛 】
【㊴ 毛細血管 】
【㊵ リンパ管 】

ブドウ糖
アミノ酸
脂肪酸
モノグリセリド

小腸の断面

リンパ管
心臓
肝臓
門脈
小腸
血管

ひだ

(2) 肉食動物と草食動物の消化管を比較すると，**肉食動物よりも草食動物のほうが消化管が長くなっ**ています。

これは，植物に多くふくまれる食物繊維の消化・吸収に時間がかかるためと考えられています。

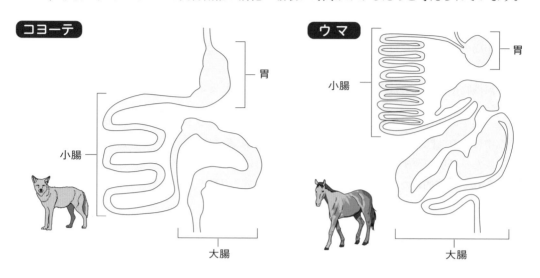

参考 **p.54** で，デンプンは分解されてブドウ糖になることを学びましたが，本当にブドウ糖のほうが小さいのでしょうか。

確認してみましょう。

下の**図①**のように，ペトリ皿にデンプンとブドウ糖の混合溶液を入れ，その液の上にセロハンの膜をのせます(セロハンの膜には，目に見えないくらいの小さな穴が無数に開いています)。

その上に水をのせ，10分間置くと，溶液は下の**図②**のようになります。

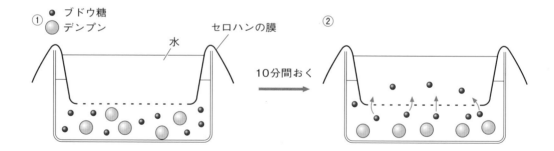

デンプンはセロハンの膜の穴より大きいため通りぬけることができませんが，ブドウ糖はセロハンの膜の穴より小さいため，通りぬけることができます。

これを確認するため，セロハンの膜の上の液体にヨウ素溶液とベネジクト溶液を加えて反応を見ると，ヨウ素溶液は変化せず，ベネジクト溶液は赤かっ色を示します(ベネジクト溶液は，加えた後に加熱します)。

ヨウ素溶液はデンプンと反応して青紫色を示し，ベネジクト溶液はデンプンが分解されてできた麦芽糖やブドウ糖と反応して赤かっ色を示すのでしたね。(**p.52**)

このことから，大きなデンプンの分子はそのまま下に残り，小さなブドウ糖の分子だけがセロハンの膜を通りぬけたといえます。

9 ▶ 呼吸と循環

➡書き込み編 p.27〜31

　心臓によって送り出された血液と，肺の呼吸による物質の交換，小腸からの栄養分の吸収，肝臓での栄養分の蓄積(ちくせき)，腎臓(じんぞう)での不要物の排出がどのように関係するのか，しっかり理解しておきましょう。

よく出題されます

1 呼吸

(1)　肺による**呼吸**では，[**❶**酸素]をとり入れて，[**❷**二酸化炭素]を体外に出します。

　鼻や口から吸いこまれた空気は[**❸**気管]を通って肺に入ります。

　肺は，細かく枝分かれした[**❹**気管支]と，その先につながっている[**❺**肺胞]という小さな袋が集まってできています。

　肺胞のまわりは**毛細血管**(もうさいけっかん)が網の目のようにとり囲んでいて，肺胞まで吸いこんだ空気中の**酸素**の一部は毛細血管の中の血液中にとり入れられます。

　また，全身から血液によって肺胞のまわりの毛細血管に送られてきた**二酸化炭素**は，毛細血管から**肺胞の中へ出され**，気管を通って鼻や口から出されます。

　そのため，はく息の中では，吸う息(まわりの空気)とくらべて，酸素の割合が小さくなり，二酸化炭素の割合が大きくなっています。

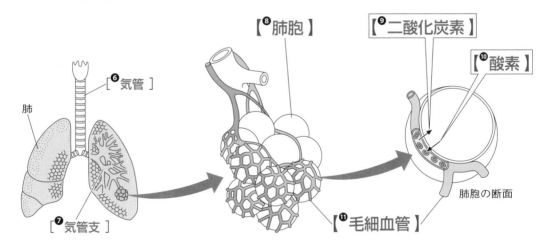

【**❽**肺胞 】　　【**❾**二酸化炭素 】　　【**❿**酸素 】

肺

[**❻**気管]

[**❼**気管支]

【**⓫**毛細血管 】

肺胞の断面

　肺には筋肉がないので，自ら運動することはできません。

　そのため，肺の**呼吸運動**は，肺の下にある[**⓬**横隔膜(おうかくまく)]や，肺のまわりにある**ろっ骨**を動かして，肺をとり囲んでいる密閉空間(**胸腔**(きょうこう)といいます)の容積を変えることによって行われます。

　次のページのような呼吸運動の模型では，ゴム風船は**肺**，ゴム膜は**横隔膜**，ストローは**気管**，ペットボトル内の空間は**胸腔**を表しています。

●**息を吸うとき**

　ろっ骨が上がり，横隔膜が縮んで下がることによって胸腔が広がると，肺が広がって，肺の中に空気が吸いこまれます。

●**息をはくとき**

　ろっ骨が下がり，横隔膜がゆるんで上がることによって胸腔がせまくなると，肺が縮んで，肺の中の空気がはき出されます。

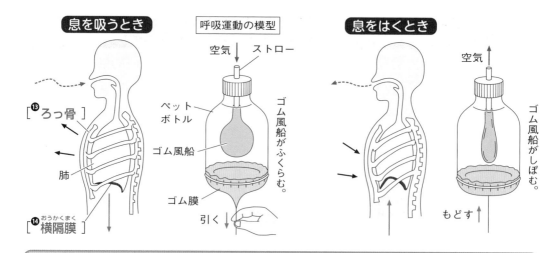

息を吸うとき

呼吸運動の模型

空気　ストロー

[⑬ ろっ骨]

ペットボトル

ゴム風船

肺

ゴム膜

[⑭ 横隔膜（おうかくまく）]

引く

ゴム風船がふくらむ。

息をはくとき

空気

ゴム風船がしぼむ。

もどす

(2) 全身の細胞で，血液によって運ばれてきた栄養分を，酸素を使って水と二酸化炭素に分解し，エネルギーをとり出すはたらきを [⑮ 細胞呼吸]といいます。

　小腸で吸収された栄養分は血液によって全身の細胞へ運ばれます。

　また，肺でとり入れられた酸素も血液によって全身の細胞へ運ばれます。

　細胞では，血液によって運ばれてきた**栄養分**を，同じく血液によって運ばれてきた**酸素**によって**水**と**二酸化炭素に分解**し，**エネルギー**をとり出します。

　このような細胞のはたらきを**細胞呼吸**，または**細胞の呼吸，細胞による呼吸，内呼吸**といいます。

細胞呼吸は，動物だけでなく，植物などすべての生物で行われています。

　細胞呼吸によって生じた二酸化炭素は，血液によって肺へ運ばれ，はく息とともに体外へ出されます。

　また，細胞呼吸によって生じた水の一部も水蒸気となって肺胞（はいほう）へ出され，はく息とともに体外へ出されます。残りの水分も腎臓（じんぞう）や汗腺（かんせん）でこし出されて，尿や汗として体外へ出されます。

細胞呼吸

肺へ　　　　　　腎臓や肺へ　　　　　　　　　　肺から　　　　消化管から

血管

[⑯ 二酸化炭素]　　[⑰ 水]　　　　　　　[⑱ 酸素]　　[⑲ 栄養分]

血液の流れ

エネルギー

細胞

2 血液の循環

(1) ［ 血液の流れは，【⑳ 心臓 】のはたらきによるものです。 ］

　心臓は厚い**筋肉**でできていて，周期的に収縮して血液を全身へ送り出す**ポンプ**のはたらきをしています。

このような，心臓の周期的な運動を**拍動**といいます。

　ヒトの心臓の中は4つの部屋に分かれていて，その部屋には，血液がもどってくる2つの**心房**と，血液を送り出す2つの**心室**があります。

・**左心房**…肺からもどってきた血液が入る部屋。

・**左心室**…左心房から入ってきた血液を全身へ送り出す部屋。

・**右心房**…全身からもどってきた血液が入る部屋。

・**右心室**…右心房から入ってきた血液を肺へ送り出す部屋。

注意 心房や心室は，心臓の持ち主にとっての左右によって左や右をつけているので，心臓の図に対して向かって右側が左心房と左心室，向かって左側が右心房と右心室となっています。

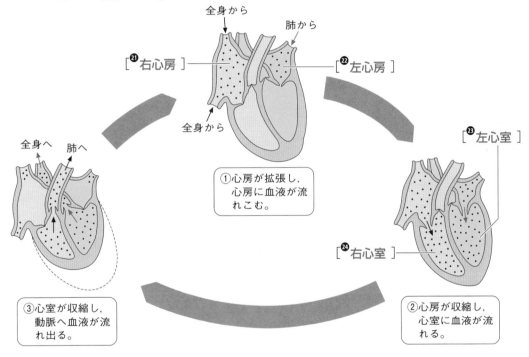

全身から　　肺から

［㉑右心房］　　　　　　　　　［㉒左心房］

全身から

［㉓左心室］

①心房が拡張し，心房に血液が流れこむ。

全身へ　肺へ

［㉔右心室］

③心室が収縮し，動脈へ血液が流れ出る。

②心房が収縮し，心室に血液が流れる。

(2) ［ 心臓から送り出された血液が流れる血管を【㉕ 動脈 】といい，心臓へもどってくる血液が流れる血管を【㉖ 静脈 】といいます。 ］

　動脈の壁は厚くて弾力性があり，静脈の壁は動脈よりうすくて，ところどころに逆流を防ぐ**弁**があります。動脈が枝分かれしていくと細い**毛細血管**となり，ここで物質の交換を行っています。

　また，毛細血管が集まって静脈となり，心臓につながります。

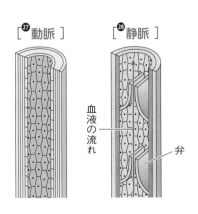

［㉗動脈］　［㉘静脈］

血液の流れ

弁

(3) 心臓から出た血液が肺を通って心臓へもどってくる循環を【㉙肺循環（はいじゅんかん）】，心臓から出た血液が全身をめぐって心臓へもどってくる循環を【㉚体循環（たいじゅんかん）】といいます。

肺循環では，肺で酸素をとり入れて二酸化炭素を出し，**体循環**では，全身の細胞に酸素と栄養分を与え，二酸化炭素と不要物を受けとります。

酸素を多くふくんだ血液を［㉛動脈血（どうみゃくけつ）］，酸素が少なく二酸化炭素を多くふくんだ血液を［㉜静脈血（じょうみゃくけつ）］といいます。

体循環では，**大動脈に動脈血**が流れ，**大静脈に静脈血**が流れていますが，肺循環では，［㉝肺動脈］**に静脈血**が流れ，［㉞肺静脈］**に動脈血**が流れているので注意しましょう。

次のポイントも押さえておきましょう。
① 小腸を通ったばかりの門脈（もんみゃく）を流れる血液には，たくさんの栄養分がふくまれます。
② 腎臓（じんぞう）を通ったばかりの血液は，二酸化炭素以外の不要物が最も少ないです。

注意 酸素を多くふくむ血液や，栄養分を多くふくむ血液が流れるところは重要です。

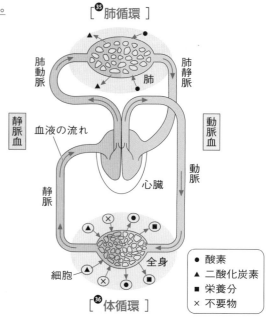

［㉟肺循環］

肺動脈　肺　肺静脈

静脈血　動脈血

血液の流れ　動脈　心臓

静脈　全身　細胞

● 酸素
▲ 二酸化炭素
■ 栄養分
× 不要物

［㊱体循環］

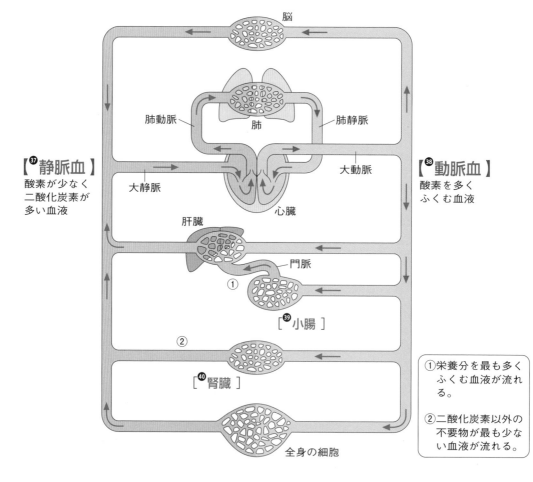

脳

肺動脈　肺　肺静脈

【㊲静脈血】
酸素が少なく
二酸化炭素が
多い血液

大静脈　大動脈

心臓

【㊳動脈血】
酸素を多く
ふくむ血液

肝臓

門脈

①

［㊴小腸］

②

［㊵腎臓］

全身の細胞

①栄養分を最も多くふくむ血液が流れる。

②二酸化炭素以外の不要物が最も少ない血液が流れる。

60

(4) 血液の成分のなかで，**酸素を運んでいる円盤形の粒**を【^❹赤血球】といいます。

　血液の成分のなかで，中央がくぼんだ円盤形の粒を**赤血球**といい，この赤血球にふくまれる［^❹ヘモグロビン］という赤い物質が酸素と結びつき，酸素を運びます。
ヘモグロビンは酸素の多いところでは酸素と結びつき，酸素の少ないところでは酸素を離すという性質があるので，肺で受けとった酸素を全身へ運ぶことができるのです。

　血液の成分には，赤血球のほかに，**細菌や異物などを食べて病気の侵入を防ぐ**［^❹白血球］，**出血したときに血液を固めて止血する役割をする**［^❹血小板］，液体成分で栄養分や不要物，二酸化炭素などをとかして運ぶ［^❹血しょう］などがあります。

　また，血しょうの一部は毛細血管からしみ出して［^❹組織液］となります。
組織液は細胞のまわりを満たして，毛細血管の中の血液と細胞との間で**物質の交換を行うときのなかだちをします。**

　組織液の大部分はリンパ管に入り，血管の中にもどります。

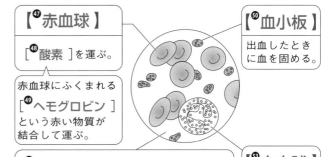

【^❹赤血球】

［^❹酸素］を運ぶ。

赤血球にふくまれる
［^❹ヘモグロビン］
という赤い物質が
結合して運ぶ。

【^❺血小板】

出血したとき
に血を固める。

【^❺血しょう】…透明な液体

栄養分や不要物をとかして運ぶ。
血管の外にしみ出て【^❺組織液】となる。

【^❺白血球】

細菌などを食
べて病気の侵
入を防ぐ。

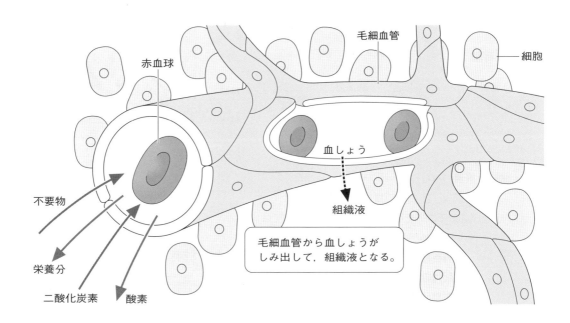

毛細血管から血しょうが
しみ出して，組織液となる。

(5) 血液の流れは，ヒメダカの［^❺尾びれ］を観察することによって確認できます。

　ヒメダカが死んでしまうと血液の流れが止まってしまうので，ヒメダカを少量の水といっしょに小さなポリエチレンの袋に入れ，生かしたまま顕微鏡で尾びれを観察します。
顕微鏡の倍率は，**100〜150倍**として観察します。

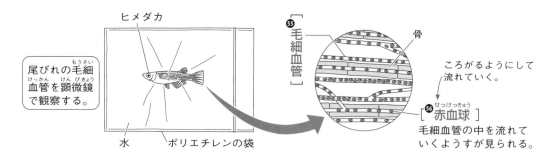

尾びれの毛細血管（もうさい）（けっかん）（けんびきょう）を顕微鏡で観察する。

ヒメダカ

水　　ポリエチレンの袋

[⑤⑤毛細血管]

骨

ころがるようにして流れていく。

⑤⑥[赤血球]（せっけっきゅう）

毛細血管の中を流れていくようすが見られる。

3 不要物の排出

血液中の二酸化炭素以外の不要物は[⑤⑦腎臓]（じんぞう）でこし出され，尿として排出されます。

血液中の有害な**アンモニア**は，肝臓で害の少ない[⑤⑧尿素]に変えられます。

さらに，尿素などの血液中の不要物は，水分などとともに**腎臓**でこし出され，**輸尿管**を通って[⑤⑨ぼうこう]に一時ためられ，[⑥⓪尿]として体外に排出されます。

では，アンモニアを尿素に変える器官は？

肝臓ですね。腎臓のはたらきと間違えないようにしましょう。 入試でも聞かれますよ

腎臓と同じように，皮膚の近くにある[⑥①汗腺]（かんせん）でも血液中の不要物がこし出され，[⑥②汗]として体外に排出されます。

ヒトの腎臓のつくり

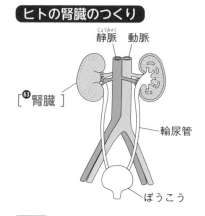

静脈（じょうみゃく）　動脈

[⑥③腎臓]

輸尿管

ぼうこう

ヒトの皮膚のつくりと汗腺

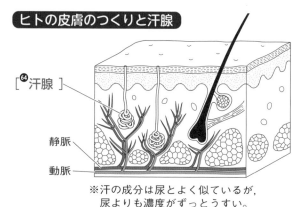

[⑥④汗腺]

静脈

動脈

※汗の成分は尿とよく似ているが，尿よりも濃度がずっとうすい。

参考 肝臓のはたらき

肝臓は，不要物の排出に関係するはたらき（アンモニアを尿素に変える）だけでなく，いろいろなはたらきをしています。

・有害物質の無害化
・胆汁の生成（たんじゅう）
・栄養分の貯蔵
・タンパク質や脂肪の合成

他にも細かいはたらきを入れると，その数は500種類以上におよびます。

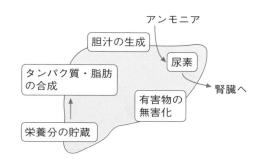

アンモニア

胆汁の生成

尿素

タンパク質・脂肪の合成

有害物の無害化

腎臓へ

栄養分の貯蔵

また，肝臓は4分の3を切りとっても正常にはたらき，もとの大きさにもどる再生能力もあります。

10 ▶ 感覚と運動のしくみ

➡書き込み編 p.31〜32

　通常の刺激や命令の伝わり方に対して，**反射**のときの刺激や命令の伝わり方がどのようにちがうのか，理解することが重要です。

通常の反応は**脳で意識して起こる反応**で，反射の反応は**無意識に起こる反応**であることを覚えておきましょう。

1 感覚器官のつくりとはたらき

(1)
> 光や音のような外界からの刺激を受けとる**目や耳**などを【❶ **感覚器官** 】といいます。

　光，音，におい，味，あたたかさ，冷たさ，痛み，圧力などのように，生物にはたらきかけて，何らかの反応を起こさせるものを【❷ **刺激** 】といいます。このような刺激を受けとる目，耳，鼻，舌，皮膚(ひふ)などを**感覚器官**といいます。

　感覚器官には，光や音などの刺激を受けとる【❸ **感覚細胞** 】が集まっていて，ここで受けとった刺激は信号に変えられて，神経を通して[❹ **脳**]に伝えられます。そして，脳で[❺ **視覚**]，**聴覚**(ちょうかく)，**嗅覚**(きゅうかく)，**味覚**(みかく)，**温覚**(おんかく)，**痛覚**(つうかく)，**触覚**(しょっかく)などの感覚が生じます。

　また，ヒメダカの感覚器官について調べる次のような実験もあります。

ヒメダカの体表や目のはたらきを調べる実験

実験手順

① 円形の水そうにヒメダカを数匹入れて放置し，ヒメダカが落ちつくまで待つ。

② 棒を一方向に回して水の流れをつくり，ヒメダカのようすを観察する。

③ ①の後，水そうの外側で縦じま模様の紙を回し，ヒメダカのようすを観察する。

① ヒメダカ　水そう　自由に泳ぎ回る。
② 棒を回す向き　ヒメダカの泳ぐ向き
③ 紙の回転の向き　ヒメダカの泳ぐ向き

実験結果

②の結果…ヒメダカが，水の流れる向きと[❻ **逆向き**]に泳ぎ始めた。

③の結果…ヒメダカが，紙が回転する向きと[❼ **同じ向き**]に泳ぎ始めた。

考　察

②では，ヒメダカは水の流れを**からだで感じて**，流されないように流れの向きと逆向きに泳ぎ，③では，ヒメダカは縦じまの紙の動きを**目で見て**，自分が流されていると勘違いして，流されないように縦じまの紙の回転する向きと同じ向きに泳いだと考えられます。

(2) ヒトの感覚器官には**目，耳，鼻，舌，皮膚**などがあります。**目のつくりについて，よく出ます**

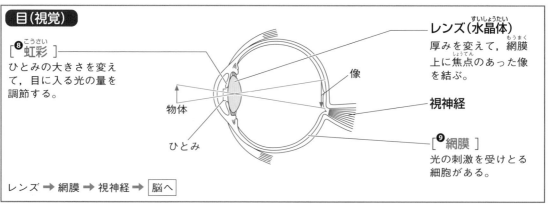

目（視覚）

[❽こうさい 虹彩]
ひとみの大きさを変えて，目に入る光の量を調節する。

レンズ（水晶体）
厚みを変えて，網膜上に焦点のあった像を結ぶ。

視神経

[❾網膜]
光の刺激を受けとる細胞がある。

物体

ひとみ

像

レンズ ➡ 網膜 ➡ 視神経 ➡ 脳へ

皮膚（触覚など）

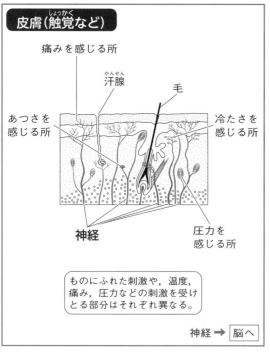

痛みを感じる所

汗腺

毛

あつさを感じる所

冷たさを感じる所

神経

圧力を感じる所

ものにふれた刺激や，温度，痛み，圧力などの刺激を受けとる部分はそれぞれ異なる。

神経 ➡ 脳へ

耳（聴覚）

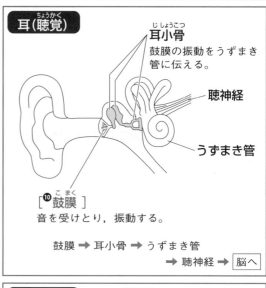

耳小骨
鼓膜の振動をうずまき管に伝える。

聴神経

うずまき管

[❿鼓膜]
音を受けとり，振動する。

鼓膜 ➡ 耳小骨 ➡ うずまき管 ➡ 聴神経 ➡ 脳へ

鼻（嗅覚）

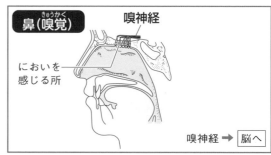

嗅神経

においを感じる所

嗅神経 ➡ 脳へ

視覚

聴覚

嗅覚

味覚

触覚

ワンワンワン！

舌（味覚）

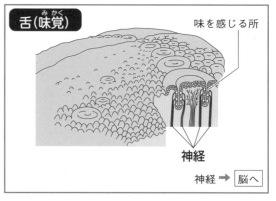

味を感じる所

神経

神経 ➡ 脳へ

2 刺激の伝わり方

(1) 感覚器官で受けとった刺激を脳や脊髄に伝える神経を【⓫感覚神経】といいます。

脳や脊髄からの命令を手や足の筋肉などの運動器官に伝える神経を【⓬運動神経】といいます。

脳や脊髄は，【⓭中枢神経】とよばれます。

中枢とは「中心となる重要なところ」という意味です。脳や脊髄は，神経のなかでも命令の信号を出す重要なところなので，中枢神経とよばれているのです。

中枢神経に問題が起こると，からだのいろいろなところに問題が起こってしまいます。

また，脳や脊髄を中枢神経というのに対して，感覚神経や運動神経などを
【⓮末しょう神経】といいます。

末しょうには，ものの端を示す意味があります。感覚神経や運動神経は，中枢神経から枝分かれしてからだのすみずみまで広がっているので，末しょう神経とよばれているのです。

中枢神経と末しょう神経をまとめて神経系といいます。

刺激を受けとってから反応するまでの時間を調べる実験

実験1…目の感覚神経から運動神経へ

実験手順

① Bさんはものさしを支え，Aさんはものさしの0の目もりのところにふれないよう指をそえて，ものさしを見る。

② Bさんが指を離し，Aさんはものさしが落ち始めるのを見たら，すぐにものさしをつかむ。

③ ものさしをつかんだ位置の目もりを読み，ものさしが落ちた距離を調べる。

④ ①~③を5回くり返して平均値を求め，下の図の③のグラフから，ものさしが落ち始めてからつかむまでの時間を調べる。

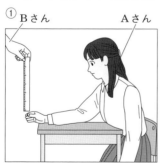

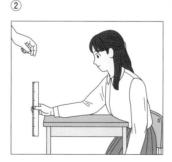

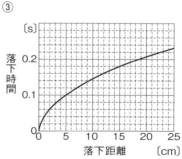

実験結果

ものさしが落ちた距離の平均値は 18.5 cm であった。③のグラフから，ものさしが落ちるのに要した時間を読みとると，0.2秒であったとわかる。

考 察

この実験で，ものさしが落ちるのに要した時間は，Aさんが目で受けとった刺激が感覚神経を通じて脳に伝わり，脳が判断して出した命令が脊髄，運動神経を通じて手の筋肉に伝わって反応が出るまでの時間が約0.2秒であったことを示します。

実験 2…皮膚の感覚神経から運動神経へ

実験手順

① 右の図のように 9 人で輪になり，A さんは右手に持ったストップウォッチをスタートさせると同時に左側の人の手を握る。

② 手を握られた人は次の人の手を握り，これを続けていき，最後の人は，A さんの手首を握る。

③ A さんは手首を握られたらすぐにストップウォッチをとめる。

④ 5 回くり返して平均値を求め，手を握られてから次の人の手を握るまでの 1 人あたりの時間を求める。

ストップウォッチ
A さん

実験結果

5 回の平均値は 1.55 秒であった。

考　察

　手を握られてから次の人の手を握るまで(A さんだけ，手首を握られてからストップウォッチをとめるまで)の 1 人あたりの時間は，1.55 ÷ 9 ＝ 0.172…　より約 0.17 s

「**手→感覚神経→脊髄→脳→脊髄→運動神経→手の筋肉**」と刺激や命令の信号が伝わるが，この距離を約 1.5 m とすると，信号が伝わる速さは，1.5 m ÷ 0.17 s ＝ 8.82…　より約 8.8 m/s

実際に末しょう神経を信号が伝わる速さは 40〜90 m/s ですが，実験の結果がこれよりはるかに遅いのは，脳が刺激を受けとってから命令を出すまでの時間(脳が判断して命令を出すまでの時間)があるためです。

(2) 　刺激に対して**無意識に起こる反応**を【⑮ **反射** 】といいます。

　ふつうの反応では，「**感覚器官→感覚神経→(脊髄→)脳→脊髄→運動神経→運動器官(筋肉)**」というように刺激や命令の信号が伝わります(下の①では感覚神経から脳へ伝わります)。

　これに対して下の②の反射は，「**感覚器官→感覚神経→脊髄→運動神経→運動器官(筋肉)**」と信号が [⑯ 脳]に伝わらずに起こる反応で，脊髄から命令の信号が出されます。

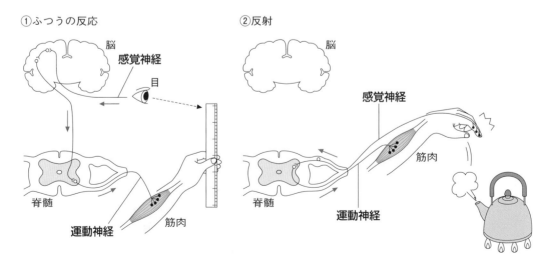

①ふつうの反応

脳
感覚神経
目

脊髄
運動神経　　筋肉

②反射

脳

感覚神経

筋肉

脊髄
運動神経

反射では，信号が脳を経由しないため，信号の伝わる経路が短くなります。

そのため，刺激を受けてから反応が起こるまでの時間が短くなります。

このことは，**危険から身を守ったり，からだのはたらきを調節したりするのに役立っています。**

反射には次のようなものがあります。

　① 熱いものにふれたとき，思わず手を引っこめた。 入試に出ます

　② 明るいところではひとみが小さくなり，暗いところではひとみが大きくなる。

　③ 食べ物を口に入れると唾液が出る。

　④ からだのつり合い，体温を一定に保つ。

注意 　反射の信号の伝達経路を示す問題では上の①の反射が出題されることがほとんどなので，反射の
模式図としては「**感覚神経→脊髄→運動神経**」となっている図が示されます（**p.66 図②**）。

また，上の②〜④の反射の命令を出すのは脊髄ではありませんが，この反応では信号の伝達経路
は出題されないので，これらの反応が反射であることを理解しておけば問題ありません。

③ 運動のしくみ

> 骨格についている筋肉は，両端が**けん**になっていて，[**⓱ 関節**]をはさんで2つの骨についています。

　ヒトの骨格は，丈夫な背骨やうでやあしの太い骨などからなりますが，このようにからだの内部にある骨格を[**⓲ 内骨格**]といいます。

これに対して，昆虫やエビ・カニなどには内骨格がなく，からだの外側を**外骨格**とよばれる丈夫な殻がおおっています。

骨格は，わたしたちの**からだを支えるだけでなく，脳や内臓を守ったり，筋肉とともにからだを動かしたりするはたらきがあります。**

　骨格についている筋肉は，両端が**けん**になっていて，骨と骨のつなぎ目となっている**関節**をはさんで2つの骨についています。

関節とは，2つ以上の骨のつなぎ目の部分で，ある角度まで**曲げたり，回したりできる**ようになっています。

下の図も見ておいてくださいね。 入試に出ることもありますよ

①うでを曲げるとき

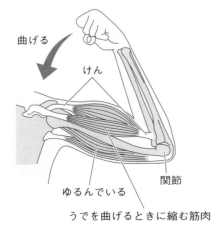

曲げる

けん

ゆるんでいる

うでを曲げるときに縮む筋肉

関節

②うでをのばすとき

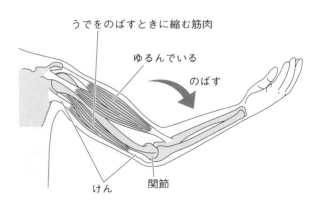

うでをのばすときに縮む筋肉

ゆるんでいる

のばす

けん

関節

11 ▶ 細胞分裂と生物の成長

⇒書き込み編 p.33

　細胞分裂がさかんに起こっているところはどこか，しっかり覚えましょう。

また，細胞分裂が起こっているとき，<u>細胞がどのように変化していくのか</u>，しっかり理解しておきましょう。

1 細胞分裂と生物の成長

ソラマメの根の成長を調べる実験

実験手順

① 発芽して 1 cm 程度にのびたソラマメの根に，等間隔に印をつける。

② 図1のような装置をつくって，ソラマメをピンでスポンジにとめ，成長のようすを調べる。

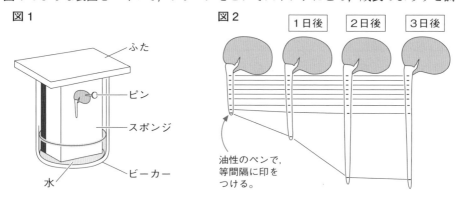

図1

ふた
ピン
スポンジ
ビーカー
水

図2　1日後　2日後　3日後

油性のペンで，等間隔に印をつける。

結　果

　1日後，2日後，3日後の根と印のようすは，**図2**のようになった。

考　察

　根の先端の少し上の部分の印の間隔が大きく広がっているので，おもに**根の先端の少し上の部分が成長している**といえます。

　その他の部分は印の間隔がほとんど変わっておらず，あまり成長していない点に注意しましょう。

タマネギの根の成長を調べる実験

図1　　　　　　図2　　　　　　　　　図3（1日後）

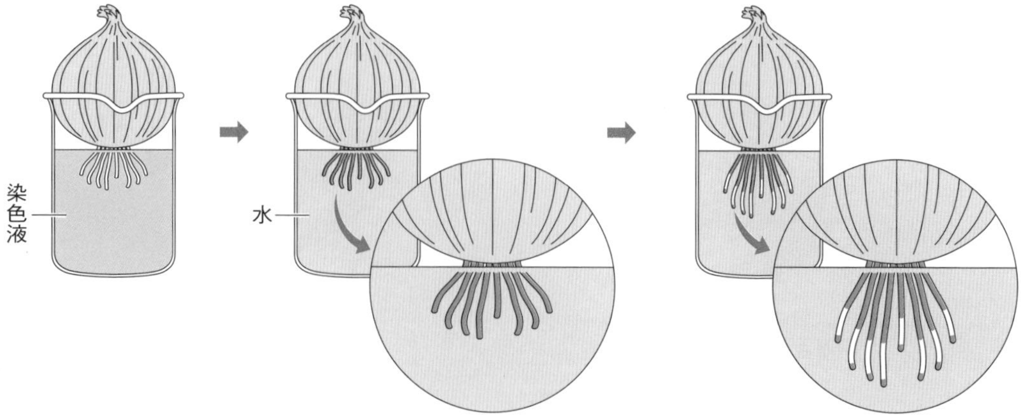

染色液　　　　　水

実験手順

① 図1のように，タマネギの根を染色液につけて染色する。

② 図2のように，染色液の入っていない透明な水につけて，成長を続けさせる。

結　果

1日後，図3のように，根の先端近くに色のうすい部分ができていた。

考　察

根の先端近くの色のうすい部分は，染色した後にできた部分であると考えられます。

よって，**根の先端近くがよく成長している**と考えられます。

これらの2つの実験から，根は，先端の少し上の部分が成長しているということができます。それでは，根の先端の少し上の部分ではどのようなことが起こっているのでしょうか。顕微鏡（けんびきょう）を使って観察してみましょう。

(1)

> 1つの細胞が2つに分かれることを，【❶**細胞分裂**】といいます。
>
> このときに見える，ひものようなものを【❷**染色体**（せんしょくたい）】といいます。

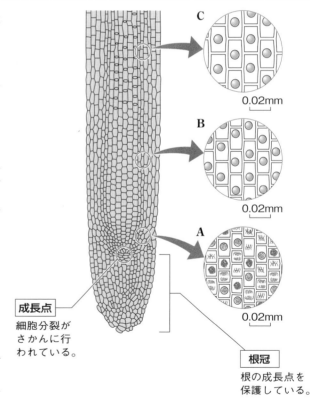

右の図は，ソラマメの根の先端付近を顕微鏡で観察したときの細胞のようすを表したものです。

根の先端（根冠（こんかん）といいます）より少し上の部分**A**の細胞は小さくて数が多く，**B**，**C**と上に行くにつれて大きくなっています。

また，**A**の先端付近の細胞には，丸い核のかわりに，ひものようなものが見えます。これを**染色体**といい，細胞が分かれて2つになるときに，核の中から現れます。

1つの細胞が2つに分かれることを**細胞分裂**といい，根の先端付近では細胞分裂がさかんに行われて数をふやします。分裂したばかりの細胞は小さいので，これが<u>もとの大きさくらい（または，それ以上）</u>まで成長することによって体積を大きくして成長するのです。

C

0.02mm

B

0.02mm

A

0.02mm

成長点

細胞分裂がさかんに行われている。

根冠

根の成長点を保護している。

(2) 根の先端付近で細胞分裂がさかんに行われているところを[**❸成長点**]といいます。

　細胞分裂は，植物では根や茎の先端付近でさかんに行われています。
このように，細胞分裂がさかんに行われているところを**成長点**といいます。

　成長点などで分裂して数をふやした細胞は一時的に小さくなりますが，これらはもとの大きさくらい(あるいは，それ以上)まで大きくなります。
そのため，根の先端付近では分裂したばかり(または，分裂している途中)の小さい細胞がたくさん見られ，そこより上に行くにつれて大きな細胞が見られます。
ただし，ある程度大きくなったら，1個の細胞の成長はとまり，それ以上大きくなりません。

　このように，**細胞が分裂して数をふやし，分裂した細胞が大きくなることによって，からだが成長していく**のです。

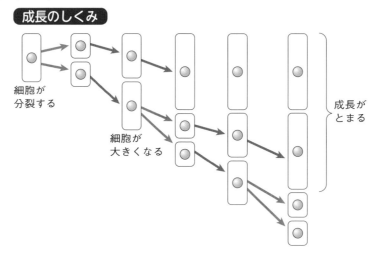

成長のしくみ

細胞が分裂する

細胞が大きくなる

成長がとまる

2 細胞分裂のようす

(1) タマネギの根の細胞分裂のようすを見てみましょう。

細胞分裂の観察

観察手順

① 水につけて成長させたタマネギの根の先端部分を 3~5 mm 切りとり，**湯で温めたうすい塩酸に 2~3 分間入れた**後，水洗いする。
　(タマネギやネギの種子から発芽した根を用いてもよい。)
　※下線部のような操作を**塩酸処理**といいます。
② ①のような処理をしたタマネギの根の先端をスライドガラスにのせ，柄つき針で細かくくずす。
③ **染色液**(酢酸オルセイン溶液，酢酸カーミン溶液，酢酸ダーリア溶液)を 1 滴落として，2~3 分おく。
④ カバーガラスをかけ，その上にろ紙をかぶせて，カバーガラスの中央部をずれないように指で真上からゆっくりと押し，根を押しつぶす。
⑤ プレパラートを顕微鏡(100~600 倍)で観察し，細胞分裂が行われている細胞(染色体が見られる細胞)が多いところをさがして，スケッチする。

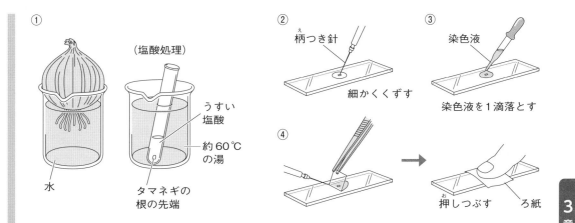

観察手順でのポイント

1. ①で**塩酸処理**を行うのは，細胞どうしを[❹離れ]やすくするためです。

   塩酸処理を行った後，②で柄つき針によって細かくくずし，④で指によって押しつぶすことで，細胞どうしが広がって，重なりが少なくなります。

   このようにして細胞の層を1層にし，顕微鏡による観察を行いやすくしています。

2. ③で**染色液**を根に落とすのは，染色液によって[❺核]や[❻染色体]を染めて，顕微鏡による観察を行いやすくするためです。

結 果

下の図は，観察したときのスケッチである。

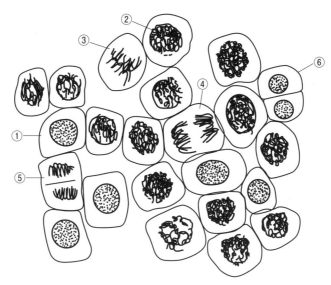

補足 濃く染まる部分は，核と染色体です。

染色体には，生物の**形質**（形や性質など）を決めるもとになる**遺伝子**がふくまれています。

あとで学習するのでちょっと頭に入れておいてくださいね。

考 察

　図の①～⑥のような細胞に分類できることがわかります。

これらが，どのような状態にあり，どのような順番で変化していくのか推定しましょう。

➡説明は次のページ。

(2) からだをつくる細胞の細胞分裂を【❼体細胞分裂】といいます。

　細胞分裂には，からだをつくる細胞が同じ数の染色体をもつ新しい2個の細胞をつくる**体細胞分裂**と，染色体の数がもとの細胞の半分になった**生殖細胞**(卵細胞や精細胞など)をつくる**減数分裂**があります。

減数分裂は生殖細胞をつくるときだけの特別な細胞分裂で，次の単元でくわしく学習します。
減数分裂以外の細胞分裂は，すべて体細胞分裂です。

(3) 植物の体細胞分裂は，次のような順番で行われます。ここは重要です。入試にも出ます

① 細胞分裂の準備が行われている。1つの細胞の中にある染色体の数は生物の種類によって決まっているが，細胞分裂の準備に入ると[❽核]の中のそれぞれの染色体が[❾複製]され，同じものが[❿2本]ずつできるので，総数が[⓫2]倍になる。

生物の染色体の数	
エンドウ	14 本
タマネギ	16 本
アマガエル	24 本
ヒト	46 本
チンパンジー	48 本
ニワトリ	78 本

　参考　細胞の中には**同じ染色体がふつう2本ずつ**あり，対になっています。
　　　　この対になった染色体を**相同染色体**といいます。
　　　　ヒトの染色体の数は，相同染色体が23対，合計46本ですが，細胞分裂の準備に入った核の中ではすべての染色体が複製されて46対(92本)になっています。

② 核の中に[⓬染色体]が見えてくる。
③ 染色体は太く短くなって細胞の[⓭中央]付近に並び，縦に2つに割れる。
④ 割れた部分から染色体が分かれ，それぞれが細胞の両端(両極)に移動する。
　注意　両端に移動した染色体の数は，それぞれもとの染色体の数(ヒトの場合は46本)にもどっています。
⑤ 分かれた染色体はそれぞれかたまりになり，細胞の中央にしきりができ始める。
⑥ 分かれた染色体のかたまりは，それぞれ[⓮核]となる。
　しきりができて細胞質が2つに分かれ2個の新しい細胞ができる。
⑦ それぞれの細胞が大きくなる。

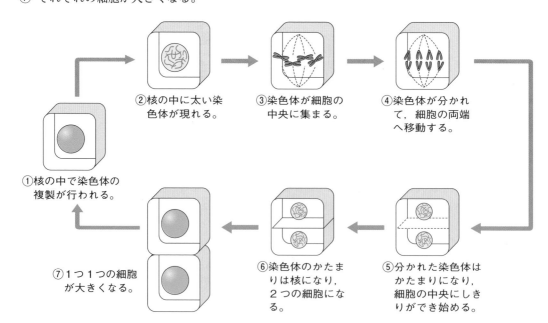

①核の中で染色体の
　複製が行われる。

②核の中に太い染
　色体が現れる。

③染色体が細胞の
　中央に集まる。

④染色体が分かれ
　て，細胞の両端
　へ移動する。

⑤分かれた染色体は
　かたまりになり，
　細胞の中央にしき
　りができ始める。

⑥染色体のかたま
　りは核になり，
　2つの細胞にな
　る。

⑦1つ1つの細胞
　が大きくなる。

例題
下の図は，タマネギの根の先端に近い部分を顕微鏡で観察したときのスケッチである。
⑦を始めとして，⑦～⑦を細胞分裂の順に並べなさい。

【　⑦　→　　　→　　　→　　　→　　　】

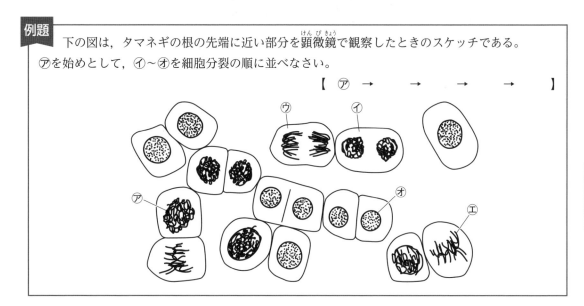

解き方

それぞれの細胞の状態より，順番は以下のようになります。
① ⑦分裂する直前の細胞です。
② ⑦核が消えて染色体が現れ，中央に並んでいます。
③ ⑦染色体が両端に分かれているところです。
④ ⑦分かれた染色体が，それぞれかたまりになってきています。
⑤ ⑦2個の新しい細胞ができています。

このような問題，入試にも出ますよ　　　　答【　⑦　→　⑦　→　⑦　→　⑦　→　⑦　】

(4) 下の図は動物の細胞分裂の過程です。

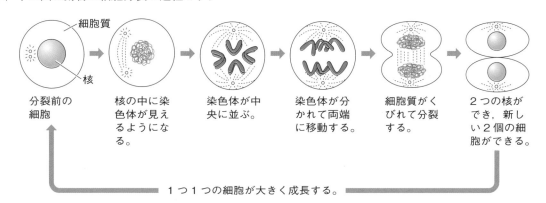

細胞質がくびれて分裂するのが特徴です。植物細胞にくらべるとテストにはあまり出ません。

無性生殖と有性生殖のちがいについて，しっかり押さえておきましょう。

また，有性生殖のしくみについては**減数分裂**とあわせて理解しましょう。 出題されることが多いです

> 生物が自分と同じ種類の子をつくることを【❶生殖 】といいます。

1 雌雄に関係しない生殖

> 雌雄に関係しない生殖を，【❷無性生殖 】といいます。

雌雄に関係せず，親のからだの一部が分かれて，それが子になるような生殖を**無性生殖**といいます。無性生殖には，次のようなものがあります。

① ［❸分裂 ］…**単細胞生物**は，**体細胞分裂**をすることによってからだが2つに分かれて2個体となり，なかまをふやします。

　例：アメーバ，ゾウリムシ，ミカヅキモ，ハネケイソウ。

> 参考 例外として，クラミドモナスという単細胞生物は，1個体が分かれるのではなく，栄養分が少なくなると2個体が合体して1つの細胞となり，これが細胞分裂をくり返して新たな個体をふやします。
> 合体も分裂もできるんですね。

② ［❹栄養生殖 ］…植物で，からだの一部から新しい個体をつくることを栄養生殖といいます。栄養生殖には次のようなものがあります。

・いも…ジャガイモやサツマイモのいもから芽や根が出て，新しい個体ができます。

> ちなみに ジャガイモのいもの部分は茎（地下茎）で，サツマイモのいもの部分は根なんですよ。
> 知っていましたか？

・［❺むかご ］…ヤマノイモやオニユリは地上部分にむかごという小さいいもや小さい球根のように見えるものをつくり，これをまくと芽や根が出て，新しい個体ができます。

・［❻球根 ］…スイセンやヒヤシンスは球根（茎や葉が変化したものが多い）をつくり，球根から根や芽が出て，新しい個体ができます。

・ほふく茎…オランダイチゴやオリヅルランは，地面をはうようなほふく茎という茎をのばし，その途中で芽や根をのばして新しい個体をつくります。

・葉…セイロンベンケイやコダカラベンケイの葉のふちにできた芽が地面に落ちると根をのばし，新しい個体ができます。

・さし木…サツマイモやブドウ，チャ（茶），ソメイヨシノ，アジサイなどは，茎の一部を切断したものを土に植えると，そこから根を出して成長し，新しい個体ができます。
　このような方法をさし木といいます。

・接ぎ木…リンゴなどの栽培では，枝や芽を切りとり，ほかの個体に接ぎ合わせて新しい個体をつくります。
　このような方法を接ぎ木といいます。

> 参考 ヒドラやコウボ菌のように，親のからだの一部から芽が出るように親と同じつくりをしたものが出てきて，それが切り離され，新しい個体となって成長し，なかまをふやすものもいます。
> このような生殖を，**出芽**といいます。

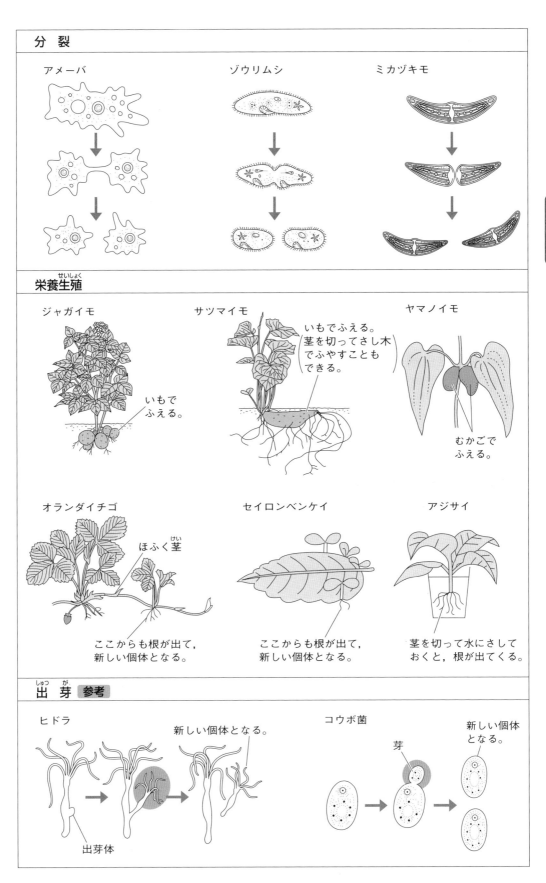

分裂

アメーバ

ゾウリムシ

ミカヅキモ

栄養生殖

ジャガイモ

いもで
ふえる。

サツマイモ

いもでふえる。
茎を切ってさし木
でふやすことも
できる。

ヤマノイモ

むかごで
ふえる。

オランダイチゴ

ほふく茎

ここからも根が出て,
新しい個体となる。

セイロンベンケイ

ここからも根が出て,
新しい個体となる。

アジサイ

茎を切って水にさして
おくと,根が出てくる。

出芽 参考

ヒドラ

新しい個体となる。

出芽体

コウボ菌

芽

新しい個体
となる。

2 雌雄に関係する生殖

(1) 　雌雄に関係する生殖を【❼有性生殖】といいます。

　めしべ(動物では雌)でつくられた卵細胞(動物では[❽卵])やおしべ(動物では雄)でつくられた精細胞(動物では[❾精子])のことを【❿生殖細胞】といいます。
　このように，雌雄がつくった生殖細胞が関係する生殖を有性生殖といいます。

(2) 　卵細胞(卵)の中に精細胞(精子)が入り，卵細胞の核と精細胞の核が合体することを【⓫受精】といいます。

　受精によってできた新しい1つの細胞を【⓬受精卵】といいます。
　受精卵は体細胞分裂をくり返して【⓭胚】になります。
　胚は，さらに体細胞分裂をくり返して，生物のからだとなっていきます。

3 植物の有性生殖

(1) 　植物の花粉が[⓮柱頭]につくと(受粉)，花粉から[⓯花粉管]という管がのびてきます。

　受粉した花粉から花粉管という管がのび，その中を花粉から出てきた精細胞が移動します。
　花粉から花粉管がのびるようすは，次のようにして観察しましょう。

花粉から花粉管がのびるようすの観察

観察手順

① スライドガラスに10％砂糖水(または砂糖をふくんだ寒天溶液)を1滴落とす。
② ホウセンカやインパチェンスなどの花粉を筆先につけて，砂糖水の上に花粉を落とし，カバーガラスをかける。
③ 砂糖水が乾燥しないように，水を張ったペトリ皿の上にプレパラートを置き，ふたをする。
④ 100倍の倍率で，顕微鏡で観察してスケッチし，その後も5分ごとに顕微鏡で観察してスケッチする。

ポイント 砂糖水は，めしべの柱頭のかわりをしています。

　　　　砂糖水の上に花粉を落としたのは，花粉が受粉したときと似た状態をつくったのです。

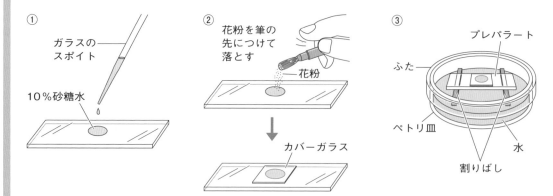

結 果

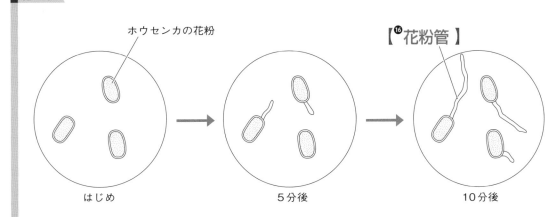

ホウセンカの花粉

【⑯花粉管】

はじめ　　　　　　　5分後　　　　　　　10分後

考 察

花粉が柱頭につくと花粉管をのばすことがわかります。

(2) 被子植物の有性生殖のようすを図とともに確認しておきましょう。

① めしべの柱頭に，おしべのやくでつくられた花粉がつく(受粉)。

② 花粉から胚珠に向かって[⑰花粉管]がのび，その中を**精細胞**が移動する。

③ 花粉管が[⑱胚珠]の中の**卵細胞**に達すると，花粉管の中の[⑲精細胞]**の核と卵細胞の核が合体する**。これを[⑳受精]といい，受精によってできた新しい細胞を[㉑受精卵]という。

④ 受精卵は細胞分裂をくり返して[㉒胚]になり，胚珠全体は種子に，子房は果実になる。

⑤ 種子が発芽すると，胚が成長して親と同じような植物のからだとなる。

このように，受精卵が胚となり，新しい個体(親と同じようなからだ)に成長する過程を

【㉓発生】といいます。

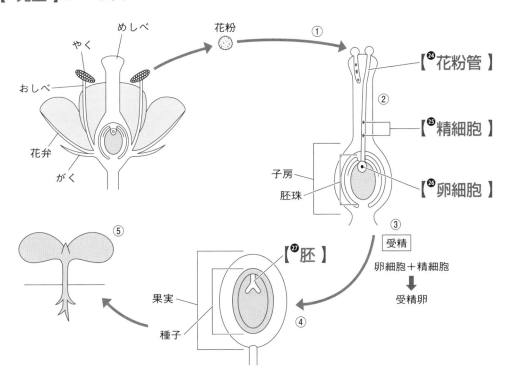

◢ 4 ◣ 動物の有性生殖

> 雌の卵巣でつくられた【28 卵】の核と雄の精巣でつくられた【29 精子】の核が受精して，
> 受精卵をつくります。

　雌の卵巣では**卵**がつくられ，**雄の精巣**では**精子**がつくられます。
カエルでは，雌が水中に卵を産むと，雄はその近くに多数の精子を放出します。
最初に卵にたどりついた精子が卵の中に入り，精子の核と卵の核が合体します。
これを**受精**といい，受精して新たにできた細胞を[30 受精卵]といいます。
受精卵は体細胞分裂をくり返して[31 胚]になり，胚がからだに成長して成体（親と同じような個体）となります。この受精卵から成体になるまでの過程を**発生**といいます。

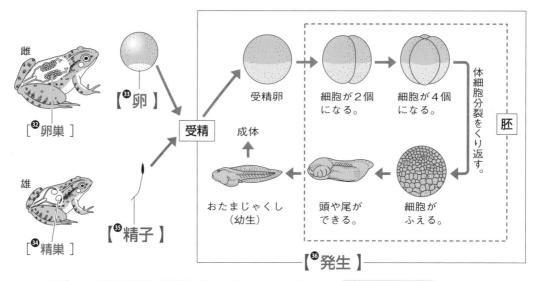

カエルの発生のようすは図を見て順番がわかるようにしておきましょう。入試に出やすいです

◢ 5 ◣ 減数分裂

(1)
> 生物がもつ形や性質などの特徴を【37 形質】といいます。

> 形質が子やそれ以後の世代に伝わることを【38 遺伝】といい，遺伝する形質のもとになるものを【39 遺伝子】といいます。

　形質には，形や性質のほかに，色や大きさなど，たくさんの特徴があります。
また，**遺伝子**は，細胞の核の中の[40 染色体]にあり，**遺伝**は，遺伝子が親から子に伝えられることによって起こります。

(2)
> 生殖細胞をつくるときに行われる特別な細胞分裂を【41 減数分裂】といいます。

　減数分裂では，染色体が複製されないまま2つの生殖細胞に分かれるので，1つの生殖細胞の中の遺伝子は親から半分しか受けついでおらず，染色体の数も体細胞の半分になります。
染色体の数が半分になった卵（卵細胞）と精子（精細胞）が受精することによって，受精卵（子）の染色体の数は親の細胞の染色体の数と同じになり，**両親の遺伝子が半分ずつ子に受けつがれます。**
生殖細胞の染色体数は重要。入試でも問われますよ

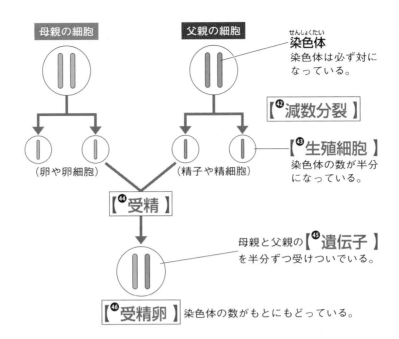

染色体
染色体は必ず対に
なっている。

【⁴²減数分裂】

【⁴³生殖細胞】
染色体の数が半分
になっている。

【⁴⁴受精】

母親と父親の【⁴⁵遺伝子】
を半分ずつ受けついでいる。

【⁴⁶受精卵】染色体の数がもとにもどっている。

6 無性生殖と有性生殖での染色体の移動

無性生殖では，体細胞分裂によって**子が親とまったく**[⁴⁷同じ]**遺伝子を受けつぐので，子には親
とまったく同じ**[⁴⁸形質]**が現れます。**

そのため，有用な形質を残すことができ，農業や園芸などで広く利用されています。

有性生殖では，卵(卵細胞)と精子(精細胞)が受精することによって，**両親の遺伝子を**
[⁴⁹半分ずつ]**受けつぐ受精卵ができ，両親の形質が子に現れます。**

しかし，**1つの形質に注目すると，両親のどちらかの形質が子に現れたり，両親のどちらの形質も子
に現れなかったりします。**次の単元「遺伝」でくわしく勉強しましょう。

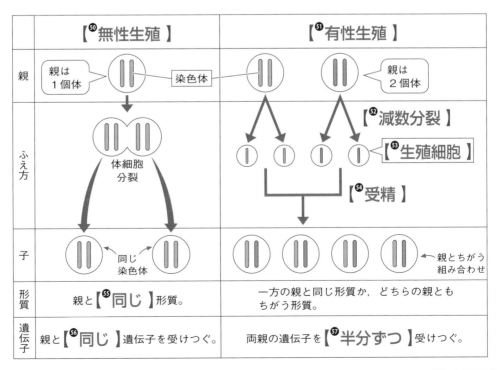

	【⁵⁰無性生殖】	【⁵¹有性生殖】	
親	親は1個体 染色体		親は2個体
ふえ方	体細胞分裂	【⁵²減数分裂】 【⁵³生殖細胞】 【⁵⁴受精】	
子	同じ染色体		親とちがう組み合わせ
形質	親と【⁵⁵同じ】形質。	一方の親と同じ形質か，どちらの親ともちがう形質。	
遺伝子	親と【⁵⁶同じ】遺伝子を受けつぐ。	両親の遺伝子を【⁵⁷半分ずつ】受けつぐ。	

13 ▶ 遺伝

ここでは，遺伝の規則性をしっかり理解して，子や孫にどのように**遺伝子**が伝わって，どのような**形質**が現れるのか，求めることができるようにしておきましょう。

1 遺伝の規則性

(1) 生物の特徴となる**形**や**性質**を【❶ 形質 】といい，これが親から子や孫の世代に受けつがれることを【❷ 遺伝 】といいます。

形質を現すもとになるものを【❸ 遺伝子 】といい，これは細胞の核の中の【❹ 染色体 せんしょくたい 】にふくまれています。

形質や**遺伝子**については，前の単元でも学習しましたが，とても重要なことなので，ここでもう一度復習ですよ。
無性生殖では，親から子へ**まったく同じ遺伝子**が伝えられるので，子には親と**まったく同じ形質**が現れます。
有性生殖では，**遺伝子が両親から半分ずつ子へ伝えられる**ので，遺伝子の組み合わせによって子に現れる形質が決まります。

有性生殖によって子に現れる形質について，これから学習していきましょう。

(2) **自家受粉**によって親，子，孫と代を重ねたときすべて同じ形質を現すものを[❺ 純系]といいます。

ある植物の花のめしべに，同じ個体の花粉がつくことを**自家受粉**といいます。
また，同じ個体の生殖細胞どうしの受精を**自家受精**といいます。
何代にもわたって自家受粉が行われると，子に現れる形質がいつも同じ形質になっていきます。
これは，このあと学習する**分離の法則**に関係してきますよ。

1つの形質について，どちらかしか現れない対をなす形質を[❻ 対立形質]といいます。

たとえば，エンドウの種子の形には，「丸」のものと「しわ」のものがあります。
この「丸」と「しわ」のように，1つの個体(この場合は1つの種子)に，どちらか一方の形質しか現れない対をなす形質を**対立形質**といいます。
対立形質には，エンドウの種子の形のほかに，次のようなものがあります。
・エンドウの子葉の色…「黄色」と「緑色」
・エンドウのさやの形…「ふくれ」と「くびれ」
・エンドウのさやの色…「緑色」と「黄色」
・エンドウのたけの高さ…「高い」と「低い」

(3) 対立形質をもつ純系どうしを交配させたとき，**子に現れる形質**を【❼<ruby>顕性形質<rt>けんせい</rt></ruby>】といい，**子に現れない形質**を【❽<ruby>潜性形質<rt>せんせい</rt></ruby>】といいます。

オーストリアの司祭でもあった生物学者[❾メンデル]は，エンドウを使って遺伝の規則性について調べました。

エンドウの花は，めしべとおしべが一緒に花弁の中にあり，同じ花の花粉がめしべの柱頭につく自家受粉を行います。
そのため，自然のエンドウはほとんどが純系となり，実験に使用しやすかったと考えられます。

メンデル

メンデルの実験では，**丸い種子をつくる純系のエンドウ（親）**と**しわのある種子をつくる純系のエンドウ（親）を交配させたところ**（他家受粉），<u>できた種子は**すべて丸い種子（子）**になりました。</u>

このように，対立形質をもつ純系どうしを交配させたとき，丸い種子のように子に現れる形質を**顕性形質（顕性の形質）**といい，しわのある種子のように子に現れない形質を**潜性形質（潜性の形質）**といいます。

ちなみに　顕性形質を優性形質，潜性形質を<ruby>劣性形質<rt>れっせい</rt></ruby>ということもあります。ただし，これはその形質が優れている，<ruby>劣<rt>おと</rt></ruby>っているという意味ではなく，その形質が子に現れるか，現れないかを意味します。

さらに，子にあたる丸い種子をまいて育てたエンドウを自家受粉させると，丸い種子としわのある種子ができました。
この孫にあたる丸い種子の数としわのある種子の数の比は，およそ[❿3：1]となっていました。

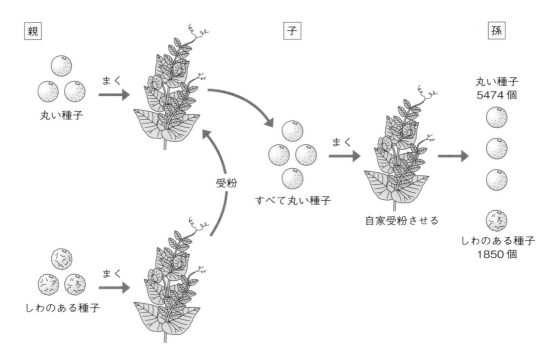

親　丸い種子　まく　受粉
子　すべて丸い種子　まく　自家受粉させる
孫　丸い種子 5474個　しわのある種子 1850個
しわのある種子

メンデルは，エンドウの種子の形だけでなく，エンドウのさまざまな対立形質を使って実験しました。下の表は，その実験結果の一部を表したものです。

形質	親	子	孫 顕性	潜性	形質	親	子	孫 顕性	潜性
種子の形	丸×しわ	丸	丸 5474	しわ1850	未熟なさやの色	緑×黄	緑	緑 428	黄 152
子葉の色	黄×緑	黄	黄 6022	緑 2001	花の位置	腋生×頂生	腋生	腋生 651	頂生 207
種皮の色	灰色×白色	灰色	灰色 705	白色 224	茎の高さ	高×低	高	高 787	低 277
熟したさやの形	ふくれ×くびれ	ふくれ	ふくれ 882	くびれ 299					

2 遺伝子の伝わり方

(1) 減数分裂を行うと，対になっている遺伝子が分かれて別々の生殖細胞に入ります。
これを【⓫ 分離の法則 】といいます。

遺伝子の伝わり方を考えるとき，遺伝子を記号で表して考えます。
ふつう，**顕性形質**を現す遺伝子をアルファベットの大文字，**潜性形質**を現す遺伝子をアルファベットの小文字で表します。
エンドウの種子の形では，丸い種子を現す遺伝子をA，しわのある種子を現す遺伝子をaとすると，対になっている染色体にのっている遺伝子も対になっているので，丸い種子をつくる純系の遺伝子の組み合わせは[⓬ AA]，しわのある種子をつくる純系の遺伝子の組み合わせは[⓭ aa]となります。

また，減数分裂を行うときは対になっている染色体が2つに分かれるので，**対になっている遺伝子も2つに分かれて，生殖細胞に入ります。**
これを，**分離の法則**といいます。

よって，丸い種子をつくる純系のエンドウの生殖細胞がもつ遺伝子はAが1つ，しわのある種子をつくる純系のエンドウの生殖細胞がもつ遺伝子はaが1つなので，受精によってできる受精卵(子)がもつ遺伝子の組み合わせはAaとなります。
受精卵が体細胞分裂をくり返して新しい種子(子)ができるので，新しい種子(子)の遺伝子の組み合わせも[⓮ Aa]となっています。

また，メンデルの実験より，このときできる種子(子)はすべて丸い種子となることがわかっているので，遺伝子の組み合わせがAaであるエンドウは，すべて丸い種子となるといえます。
遺伝子の伝わり方を調べるには，右の表のように表してかくとわかりやすいでしょう。

子の遺伝子は，すべてAaという組み合わせになる。

さらに，親から子への遺伝子の伝わり方は，次の図のようにまとめられます。

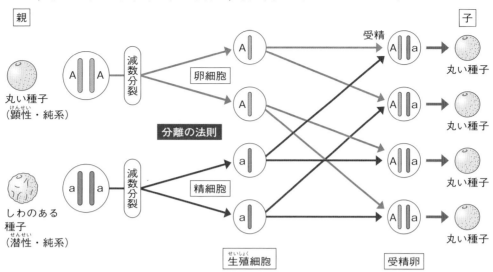

(2) それでは，子の代から孫の代へは，どのように遺伝子が伝えられるのでしょうか？

　子の遺伝子の組み合わせは Aa なので，減数分裂によってできる生殖細胞には A の遺伝子だけをもつ生殖細胞と a の遺伝子だけをもつ生殖細胞が同じ数だけできると考えられます。よって，これらの生殖細胞どうしが受精すると，孫の代の遺伝子の組み合わせは，右の図のように，およそ

AA：Aa：aa ＝[**❶⑮** **1：2：1**]という割合になって現れます。
遺伝子の組み合わせが AA と Aa であるものは丸い種子，遺伝子の組み合わせが aa であるものはしわのある種子を現すので，孫の形質は，「丸い」：「しわ」＝(1 ＋ 2)：1 ＝[**❶⑯** **3：1**]という割合で現れます。

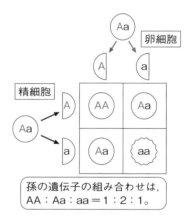

孫の遺伝子の組み合わせは，
AA：Aa：aa ＝ 1：2：1。

　子から孫への遺伝子の伝わり方は，次の図のようにまとめられます。

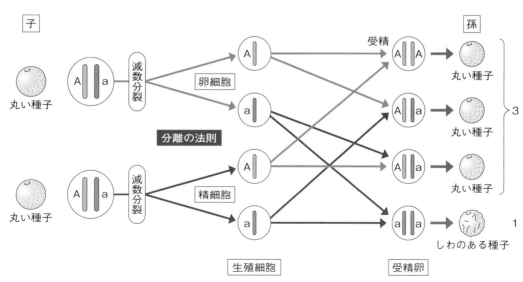

親から子への遺伝子の伝わり方とあわせて，ここまでの内容をしっかり確認しておきましょう。

エンドウの種子の形で，顕性形質である丸い種子を現す遺伝子をA，潜性形質であるしわのある種子を現す遺伝子をaとしたとき，純系の丸い種子(AA)と純系のしわのある種子(aa)を親としたときの**親→子**，さらに，子の種子をまいて育て，自家受粉させたときの**子→孫**の遺伝子の伝わり方や形質の現れ方をまとめると，次の図のようになります。

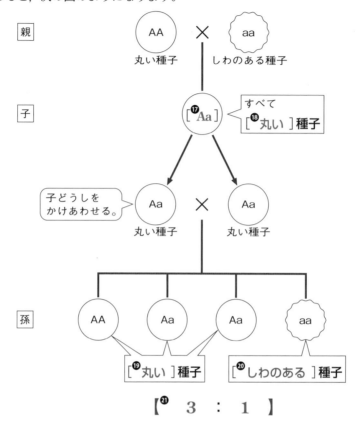

おまけ　ヒトの ABO 式血液型の遺伝

　ヒトの血液型にはA型，B型，O型，AB型の4つの血液型があることは知っていますね。これらの血液型はA，B，Oの3種類の遺伝子の組み合わせによって現れます。

遺伝子の組み合わせは，AA，AB，AO，BB，BO，OOの6通りとなります。

遺伝子Aと遺伝子Bは顕性形質を現す遺伝子で，遺伝子Oは潜性形質を現す遺伝子です。

　したがって，遺伝子の組み合わせがAAとAOの場合はA型，遺伝子の組み合わせがBBとBOの場合はB型，遺伝子の組み合わせがOOの場合はO型，遺伝子の組み合わせがABの場合はA型でもB型でもないAB型となります。

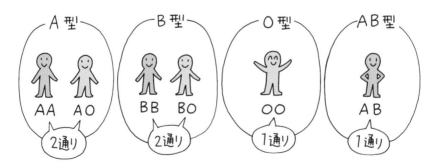

例題です。これができればこわいものなしですよ。

例題　マツバボタンの花を赤くする遺伝子をR，白くする遺伝子をrとすると，Rは顕性形質を現す遺伝子で，赤い花をさかせる純系の遺伝子の組み合わせはRR，白い花をさかせる純系の遺伝子の組み合わせはrrとなる。この純系の赤い花(親)と純系の白い花(親)を交配させたときにできた種子(子)をまき，それを育てて自家受粉させ，さらにこのときにできる種子(孫)をまいて花をさかせ，形質がどのようになるか調べた。

　下の図は，このとき親から子へ，子から孫へ遺伝子が伝わっていくようすを表したものである。これについて，あとの問いに答えなさい。

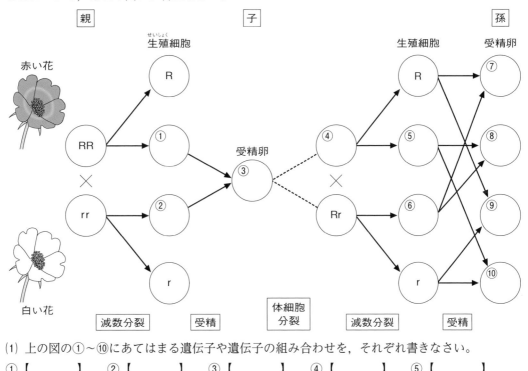

(1) 上の図の①〜⑩にあてはまる遺伝子や遺伝子の組み合わせを，それぞれ書きなさい。

①【　　　　】　②【　　　　】　③【　　　　】　④【　　　　】　⑤【　　　　】
⑥【　　　　】　⑦【　　　　】　⑧【　　　　】　⑨【　　　　】　⑩【　　　　】

(2) 孫の代の種子をまいたとき，赤い花と白い花はおよそ何：何で現れますか。ただし，どちらか一方の色の花しかさかない場合は，1：0または0：1と答えなさい。

　　　　　　　　　　　　　　　　　　　　　　赤い花：白い花＝【　　　　：　　　　】

解き方

(1) 分離の法則によって，対になっている遺伝子は分かれて別々の生殖細胞に入ります。
　　また，生殖細胞が受精することによって，受精卵の中では遺伝子が対となります。
　　これがくり返されるので，①〜⑩は次のようになります。

　　答　①【　R　】②【　r　】③【　Rr　】④【　Rr　】⑤【　r　】
　　　　　⑥【　R　】⑦【　RR　】⑧【　Rr　】⑨【　Rr　】⑩【　rr　】

(2) Rは顕性形質を現す遺伝子なので，遺伝子の組み合わせがRRのものとRrのものは赤い花をさかせ，遺伝子の組み合わせがrrのものは白い花をさかせます。孫の世代の花に現れる形質は，
　　赤い花：白い花＝(RR＋Rr)：rr＝(1＋2)：1＝3：1

　　　　　　　　　　　　　　　　　　答　赤い花：白い花＝【　3　：　1　】

❸ 遺伝子の本体と研究

(1) | **遺伝子の本体**は【[22]**DNA**】(デオキシリボ核酸)という物質です。

細胞の1つ1つには核があり, 核の中にはそれぞれ染色体が存在しています。

この染色体は, タンパク質と**DNA (デオキシリボ核酸)**という物質でできています。

このDNAこそが遺伝子の本体です。

DNAとは, デオキシリボ核酸の英語名である Deoxyribonucleic acid の略称です。

遺伝子の本体がDNAであることは, 1944年のエイブリーらの実験で示され, 1952年のハーシーとチェイスの実験により証明されました。

DNAは, 実験操作によって細胞からとり出し, 肉眼で確認することができます。

たとえば, 塩化ナトリウムと台所用洗浄剤, エタノールなどを使って, ブロッコリーの花芽からDNAをとり出すことができます。

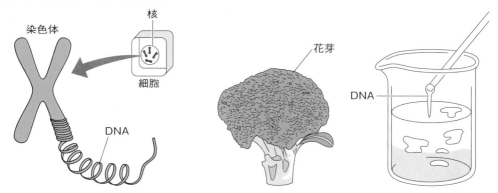

> **参考** DNAは, 2本の長い鎖状の物質が対になり, **二重らせん構造**となった
> 分子で, その太さは100万分の2mm程度です。
>
> すべての生物がDNAをもっていて, 親から子へと伝えられ, 子は
> DNAが伝える情報をもとに形づくられています。
>
> DNAは, A, T, G, Cで示される4種類の構成要素(これを**塩基**といいます)
> からできていて, 生物によって, これらのDNAの構成要素(A, T, G, C)の
> 並び方がちがいます。

(2) 遺伝子は, 親から子の世代へ, 子から孫の世代へと伝えられます。

このとき, 一般には遺伝子の組み合わせが変化するだけで, 遺伝子自体
は変化しません。

しかし, 遺伝子は不変的なものではなく, **ごくまれに遺伝子に変化が起
き, 形質も変化することがあります。**

> **参考** 上記のような, ごくまれに起こる遺伝子の変化によって形質が変化す
> ることを**突然変異**といいます。
>
> 突然変異で形質が変化することが, 進化のきっかけとなっています。

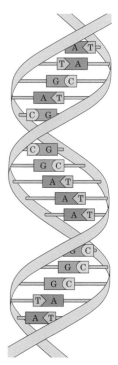

(3) 遺伝子や DNA の研究は，科学技術へ応用されています。

　現在では遺伝子の研究がすすみ，DNA にある一部の遺伝子を変化させたり，新たにとり入れ
させたりすることができるようになってきました。
このような技術を**遺伝子組換え**といいますが，この技術が農業や医療などへ応用されるように
なっています。

(4) **農業への応用**

　個体どうしの交配による品種改良ではできなかったことが，遺伝子の操作によって目的とする
形質をもつ品種をつくり出すことができるようになったものもあります。
遺伝子の操作によって，**品種改良(育種)**が飛躍的に進歩したといえます。

① これまで個体どうしの交配による品種改良では，**青いバラ**はなかなかつくることができませ
　んでしたが，青い花をさかせるパンジーの遺伝子をバラに導入することによって，青いバラ
　の花をさかせることができるようになりました。

② ダイズなどの作物に，除草剤の影響を受けにくい形質の遺伝子や，害虫に強い形質の遺伝子
　などを導入することによって，除草剤に強い品種や，害虫に強い品種がつくられています。
　　これにより，作物を育てる手間を軽減したり，収穫量をふやすことなどに役立てられています。

(5) **医療への応用**

　病気のしくみを DNA レベルで調べることで，新しい医薬品や治療法の開発，および個人に
あった個別の医療が可能になろうとしています。

おまけ DNA などの生物学のさまざまな研究から，体細胞から受精卵と似た細胞をつくり出そうとする
試みがなされています。

発生の途中では骨や筋肉，神経などのあらゆる細胞に変わることのできる万能細胞が現れます。
京都大学の山中伸弥教授らのグループは，2007 年に，ヒトの皮膚の細胞に遺伝子を導入するな
どして，こうした能力をもつ万能細胞をつくり出すことに成功しました。
この細胞を，**iPS 細胞**といいます。
最初が小文字の「i」になっているのは，当時流行していたアップル社の携帯音楽プレーヤーで
ある「iPod」のように世界中に普及してほしいという山中教授の思いから命名されたというこ
とです。
この技術が進歩すれば，自分の体細胞から自分に移植する器官をつくり出すことが可能になる
と期待されています。

14 ▶ 生物の進化

➡書き込み編 p.40

脊椎動物の進化では，動物のなかま分けと同じように特徴を調べていくと，段階的な共通性があることがポイントです。

進化の証拠では，現在生きている動物の特徴を比較したり，**シソチョウ**(始祖鳥)などの進化の証拠を示す化石を調べたりします。

1 脊椎動物と植物の進化

(1) 脊椎動物の5つのなかまの特徴を次のようにまとめてみました。

特　徴	魚　類	両生類	は虫類	鳥　類	哺乳類
背骨がある。	○	○	○	○	○
えらで呼吸する。	○	○(子)			
肺で呼吸する。		○(親)	○	○	○
卵は水中に産む。	○	○			
卵(子)は陸上に産む。			○	○	○
変温動物である。	○	○	○		
恒温動物である。				○	○
卵生である。	○	○	○	○	
胎生である。					○

　　上の表を見ると，魚類と両生類の共通の特徴は4.5個ありますが，魚類と哺乳類の共通する特徴は「背骨がある」という1個だけだということがわかります。右のように，共通している特徴の数を調べて表にします。このとき，共通している特徴の数が多いほど似ていると考えることができます。

両生類の呼吸のしかたについては，どのなかまとも0.5個共通しているとしています。

	魚類	両生類	は虫類	鳥類
哺乳類	1	1.5	3	4
鳥　類	2	2.5	4	
は虫類	3	3.5		
両生類	4.5			

右の表より，魚類と最も近いなかまは[❶両生類]であることがわかります。

参考 このように，同じ特徴のものが多いことを**類縁関係**が近いといい，同じ特徴のものが少ないことを類縁関係が遠いといいます。

脊椎動物の5つのなかまは，いつごろ出現したのでしょうか。

　　次のページの最初の化石が出現する時代を見ると，地球上に最初に出現した脊椎動物は魚類であることがわかります。

そして，魚類のなかのあるなかまが変化して両生類になり，さらに，は虫類や哺乳類，鳥類が出現して，現在の5つのなかまになったと考えられます。

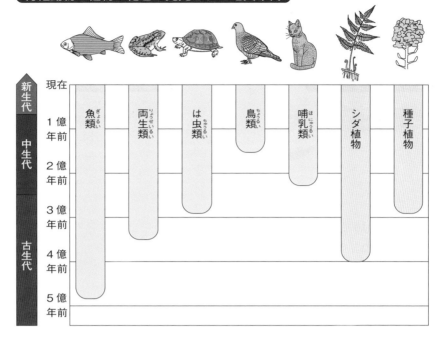

脊椎動物と植物の化石が発見された地質年代

| 地質年代 | | 魚類 | 両生類 | は虫類 | 鳥類 | 哺乳類 | シダ植物 | 種子植物 |

（縦軸：現在／1億年前／2億年前／3億年前／4億年前／5億年前、地質年代：新生代・中生代・古生代）

(2) 生物は長い時間をかけて代を重ねる間にしだいに変化し，新しい生物が生じます。このような変化を生物の【❷進化】といいます。

それぞれのなかまの特徴の比較や化石の出現順序などから，脊椎動物や植物は，次のように進化したと考えられています。

① **脊椎動物の進化**…まず，海の中の無脊椎動物が進化して，地球上で初めての脊椎動物である魚類が出現しました。

次に，魚類の一部(ユーステノプテロンのなかま)が進化して両生類(イクチオステガなど)が出現し，陸上で生活できるようになりました。

理由：魚類は一生えら呼吸しかできないが，両生類の親は肺呼吸を行うことができることなど。

さらに，両生類の一部が進化して，陸上の乾燥に適したしくみをもつは虫類，哺乳類が出現し，生活範囲が乾燥した内陸部へ広がりました。

理由：両生類は殻のない卵を水中に産み，は虫類は殻のある卵を陸上に産むことなど。

そして，その後鳥類が出現し，さらに生活範囲が広がりました。

このようにして，脊椎動物の生活場所は，水中から**陸上**へと広がりました。

ちなみに は虫類が繁栄したとき，多くの種類の恐竜が誕生しました。中生代には巨大な恐竜が現れ，その一部の羽毛恐竜のようなは虫類が鳥類に進化したと考えられています。

ユーステノプテロンという魚類は肺をもっていたようで，胸びれや腹びれには両生類やは虫類のあしと似た骨格がありました。

イクチオステガは，ユーステノプテロンの胸びれや腹びれに見られた骨格がさらに発達して4本のあしとなり，地面にからだをはわせて移動できるようになったと考えられています。

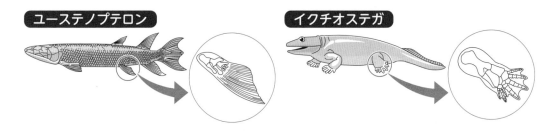

ユーステノプテロン **イクチオステガ**

右の図は，古生代初期 (5億1500万年前) の地層から発見された「ミロクンミンギア」という原始的な脊椎動物で，海で生活をしていたと考えられています。

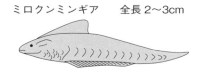

ミロクンミンギア　　全長2〜3cm

生物の進化の道すじを表した図を [❸ 系統樹] といいます。

これは，それぞれの生物のなかまとしての近い関係か遠い関係かを示しています。

進化は，形質を表す遺伝子がわずかに変化し，子孫に伝わることがあります。

これが，長い時間をかけて代を重ねる中で何度もくり返され，子孫の特徴が変化します。

生物は，このような遺伝子の変化の積み重ねによって進化したと考えられ，その進化の道すじを表した図を**系統樹**といいます。

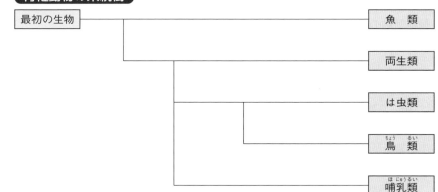

脊椎動物の系統樹

最初の生物　　魚類／両生類／は虫類／鳥類／哺乳類

② **植物の進化**…まず，地球上で最初に現れた植物はコケ植物やシダ植物です。

次に，シダ植物の一部が進化して裸子植物が出現しました。

さらに，裸子植物の一部が進化して，被子植物が出現しました。

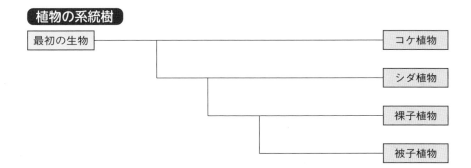

植物の系統樹

2 進化の証拠

(1) 現在は異なる形やはたらきをしているが，もとは同じ形やはたらきをしていたものが変化してできたと考えられる器官を【❹**相同器官**】といいます。

相同器官は，ある生物が進化して別の生物が生じることを示す証拠の1つです。

たとえば，脊椎動物の相同器官は，同じ基本的つくりをもつ過去の脊椎動物が進化することによって，現在の脊椎動物が生じてきたことを示す証拠となります。

相同器官の形やはたらきは，現在では，それぞれの動物の生活環境につごうのよい特徴をもつように変化しています。

また，相同器官のなかには，ヘビやクジラの後ろあしのように，そのはたらきを失って痕跡のみとなっているものもあり，これらを**痕跡器官**といいます。

脊椎動物の前あしの骨格（相同器官）

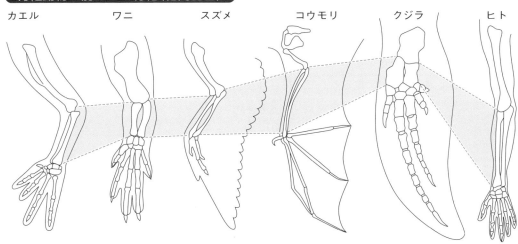

カエル　　　　ワニ　　　　　スズメ　　　　コウモリ　　　　クジラ　　　　ヒト

参考 チョウのはねや鳥類の翼は，どちらも飛ぶための器官ですが，チョウのはねは前あしが変化してできたものではありません。

このように，現在のはたらきは同じでも，起源が異なる器官を**相似器官**といいます。

(2) は虫類と鳥類の両方の特徴をもつ[❺ シソチョウ]という動物の化石が発見されたことは，鳥類がは虫類から進化したことを示す証拠と考えられます。

シソチョウ(始祖鳥)の化石は，1861年にドイツ南部の1億5000万年前(中生代)の地層から発見されました。

シソチョウは羽毛をもち，前あしの骨格が現在の鳥類の翼の骨格と似ていて，くちばしもあるという[❻ 鳥類]の特徴をもっています。

しかし，くちばしには歯があり，翼の先には爪があり，尾には骨があるという[❼ は虫類]の特徴ももっています。

そのため，シソチョウは，は虫類と鳥類の中間的な性質をもつ動物で，これが，は虫類から鳥類へ進化した証拠の1つとなっています。

右下の外見は化石から考えた想像図です。大きさは，ハトと同じくらいだったようです。

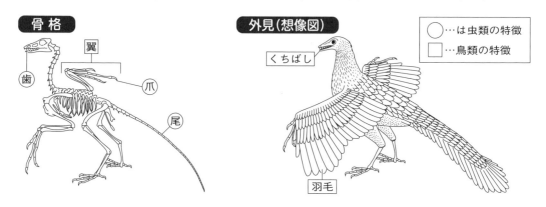

(3) 現在生存している生物のなかにも，進化の証拠となる動物がいます。

①シーラカンス

ひれには骨格があり，特に胸びれは脊椎動物の前あしと相同で，これが前あしに進化したと考えられています。

数千万年前に絶滅したと考えられていた，原始的な形をした魚類で，このように何億年も前からあまりすがたを変えずに生き続けてきた生物を「生きている化石」といいます。

生きている化石は，化石として発見される祖先の多くの特徴を残していて，地質時代の地球のようすや生物の進化を研究する上で，貴重な存在となっています。生きている化石は，シーラカンスの他にカブトガニ，オウムガイ，植物ではメタセコイアやイチョウなどが知られています。

②カモノハシ

オーストラリアに生息し，からだは毛でおおわれ，雌は子に[❽ 乳]を与えて育てるので哺乳類とされています。

しかし，うまれ方は[❾ 卵生]で，体温が低く安定していないので，哺乳類とは異なる特徴ももっています。

③ハイギョ

肺の機能がある[❿ うきぶくろ]をもち，夏に水が干上がったときなどは，泥の中にもぐって粘液でまゆをつくり，その中に入ってうきぶくろで空気呼吸をしながら夏眠します。

ハイギョは，両生類の特徴をもつ魚類であるといえます。

進化の手がかりとなる動物

[**⑪** シーラカンス]　　　カモノハシ　　　ハイギョ

胸びれ

(4)　イギリスの博物学者[**⑫** ダーウィン]は，進化に関する研究を[**⑬** 種の起源]という本にまとめて発表しました。

　チャールズ・ダーウィンは5年間で地球を1周し，**ガラパゴス諸島**をはじめ，世界各地で生物標本を集め，イギリスに帰国後，生物は進化するという考えを唱えた「**種の起源**」という本を出版しました。

　当時のヨーロッパでは，生物の**種**は不変であるという考え方が一般的でしたが，ダーウィンは，ガラパゴス諸島でのさまざまな動物の研究などから，生物は多くの代を重ねていくと，その間に特徴が変化し，その結果新しい種が生じてきたのではないかと考えました。

　この考えは，今日まで受けつがれています。

ちなみに 生物を形や性質などの特徴で分類したとき，共通の特徴でまとめられた生物の集団を**種**といい，分類上の基本的な単位です。

　具体的には，ヒト，チンパンジー，アサガオ，ツユクサなどがそれにあたり，同じ種のなかでは子孫を残すことができますが，種の異なるものどうしでは子孫を残すことはできません。

おまけ ダーウィンは「種の起源」のなかで「同じ種であっても形や性質はまったく同じではなく，これらの子のなかから，環境により適した形や性質をしたものが生き残り，子孫を残していく。形や性質は次の代へ伝えられるので，同じ種の生物でもしだいにちがいが大きくなっていき，代を重ねる間に生物は変化する。」という**進化論**を説きました。

　ダーウィンの進化論は，後の進化に関する研究に大きな影響をあたえることとなりました。

　ガラパゴス諸島には，フィンチやガラパゴスコバネウといった鳥，ゾウガメ，イグアナ，ウチワサボテンなど独自の進化をとげた生物が多く存在します。

① **フィンチのくちばしの形**…島によってフィンチの食べるものがちがうため，島ごとにフィンチのくちばしの形が異なり，その食べ物をとるのにつごうのよい形となっています。

大きい実を食べる。　　　小さい実を食べる。　　　小さい実と虫を食べる。　　　虫を食べる。

② **ゾウガメのこうらの形**…ガラパゴスゾウガメとよばれるゾウガメは，首の付近のこうらが「ドーム型」になっているものと「くら型」になっているものの2種類が見られます。

　生息する地域の地面に食物となる草が生えていて，首を高くもち上げる必要がないゾウガメは「ドーム型」，首を高くもち上げて高いところにあるサボテンを食べているゾウガメは「くら型」になっています。

ドーム型　　くら型

15 ▶ 火山と火成岩

➡書き込み編 p.41〜44

マグマの性質と火山の形の関係，マグマの性質や冷え方と火成岩のつくりや色の関係について，それぞれしっかり関連づけて覚えましょう。

また，火山の形は3通り，火成岩は6通りに分類できるように，特徴をしっかり理解しましょう。

1 火山

(1) 火山の下には，地球内部の熱によって岩石がとけてできた【**❶マグマ**】があります。

地下の**マグマだまり**から上昇してきた**マグマ**が地表付近までくると，マグマの中の高圧のガスが火口付近の岩石などをふき飛ばして**噴火**が起こります。

このとき，高温のマグマが地表にふき出すこともあり，これを【**❷溶岩**】といいます。

また，地表にふき出して冷えて固まったものも，溶岩とよびます。

火山の噴火が起こったときに，火口からふき出した物質を[**❸火山噴出物**]といいます。

これには**溶岩**以外に，[**❹火山ガス**]，[**❺火山灰**]，**火山れき**，[**❻火山弾**]，**軽石**などがあります。

火山ガスの主成分は**水蒸気**ですが，その他に二酸化炭素や二酸化硫黄などもふくんでいます。

火山灰と火山れきは**大きさによって区別され**，直径2mm以下のものを火山灰といいます。

軽石は，冷え固まるときに，水蒸気などの気体が出ていったところが空どうとなって残っているため，全体としては比較的軽くなっています。

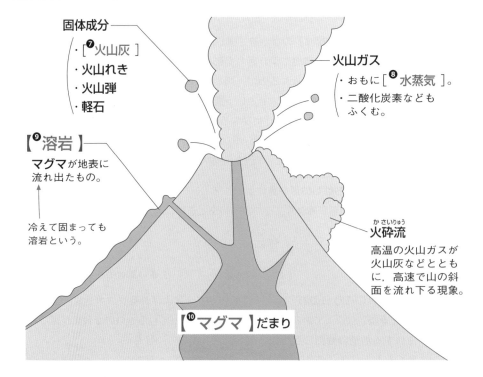

固体成分
・[**❼火山灰**]
・火山れき
・火山弾
・軽石

火山ガス
・おもに[**❽水蒸気**]。
・二酸化炭素なども
ふくむ。

【**❾溶岩**】
マグマが地表に
流れ出たもの。

冷えて固まっても
溶岩という。

火砕流
高温の火山ガスが
火山灰などととも
に，高速で山の斜
面を流れ下る現象。

【**❿マグマ**】だまり

(2) マグマのねばりけのちがいによって，火山の形や噴火のようす，噴出物の色などが異なってきます。

> マグマのねばりけが[❶ 小さい]ほど，**傾斜がゆるやかな形の火山**になります。
>
> マグマのねばりけが[❷ 大きい]ほど，**傾斜が急なドーム状の形の火山**になります。

① **ねばりけが小さい(弱い)マグマによる火山**：溶岩が火口から**おだやかに流れ出す**ように噴火し，溶岩が広い範囲にうすく広がって，**傾斜のゆるやかな形の火山**になります。

溶岩や火山灰などの噴出物の色は黒っぽくなります。

例：キラウエア(アメリカのハワイ島)，マウナロア(アメリカのハワイ島)。

② **ねばりけが中間程度のマグマによる火山**：溶岩も流れ出し，火山灰をふき上げるような噴火も起こるので，**溶岩の層と火山灰などが積もった層が交互に重なった，少し傾斜の大きい円錐形の火山**になります。

溶岩や火山灰などの火山噴出物は**灰色**っぽくなります。

例：桜島(鹿児島)，浅間山(長野)。

③ **ねばりけが大きい(強い)マグマによる火山**：噴煙を上げて**激しく爆発的に噴火**することもあります。

また，溶岩が流れにくいので，火口付近に**ドーム状の溶岩のかたまり(溶岩ドーム)**ができます。

溶岩や火山灰などの火山噴出物は**白**っぽくなります。

例：雲仙普賢岳(長崎)，平成新山(長崎)，昭和新山(北海道)，有珠山(北海道)。

マグマの性質と火山の特徴

マグマのねばりけ	[❸ 小さい] ⟷ [❹ 大きい]		
噴火のようす	[❺ おだやか] ⟷ [❻ 激しい]		
おもな火山噴出物	[❼ 黒]っぽい溶岩・火山灰	灰色の溶岩・火山灰	[❽ 白]っぽい溶岩・火山灰
火山の例	キラウエア	桜島・浅間山	雲仙普賢岳・有珠山
火山の形	傾斜がゆるやかでうすく広がった形	円錐形	傾斜が急なドーム状の形

2 火成岩

(1)　**マグマ**が冷え固まってできた岩石を【[19] **火成岩**】といいます。

　岩石が高温になってとけたものを**マグマ**といいますが，マグマが冷え固まって岩石となったものを**火成岩**といいます。
火成岩は，マグマの冷え方や岩石の表面のつくりによって，次の2種類に分けられます。
テストでよく出題されるので，しっかり覚えましょう

マグマが地表または地表付近で短い時間で冷え固まった火成岩を【[20] **火山岩**】**といいます。**

マグマが地下深くで大変長い時間をかけて冷え固まった火成岩を【[21] **深成岩**】**といいます。**

　火山の噴火によって，マグマが地表または地表付近まで出てきて，比較的短い時間で冷え固まってできた火成岩を**火山岩**といいます。
　ふくまれる鉱物の種類と割合によって，おもに**流紋岩，安山岩，玄武岩**に分類されます。
白っぽく見えるものや黒っぽく見えるものがあります。p.99 でくわしく学習しましょう。
溶岩（冷え固まったもの）や火山灰などの火山噴出物も，マグマが地表または地表付近で冷え固まったものなので，火山岩のなかまであるといえます。

　マグマが，マグマだまり付近やその下の地下深いところで，大変長い時間をかけて冷え固まってきた火成岩を**深成岩**といいます。

　ふくまれる鉱物の種類と割合によって，おもに**花こう岩，せん緑岩，はんれい岩**に分類されます。
こちらも色のちがいを p.99 で覚えましょう。

コツ「**火**成岩が**火**山岩と**深**成岩に分けられる」と覚えましょう。

マグマの冷え方と火成岩のでき方

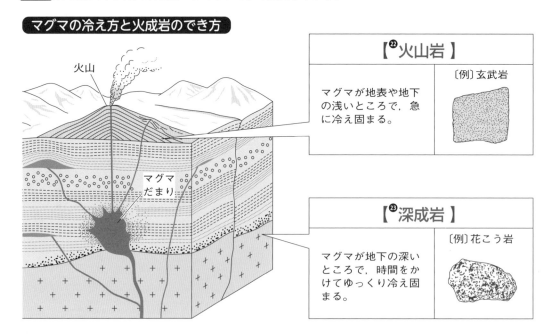

火山

マグマだまり

【[22] 火山岩】

マグマが地表や地下の浅いところで，急に冷え固まる。

〔例〕玄武岩

【[23] 深成岩】

マグマが地下の深いところで，時間をかけてゆっくり冷え固まる。

〔例〕花こう岩

(2) 火成岩のなかの火山岩と深成岩は，マグマの冷やされ方だけでなく，**岩石のつくり**にも大きなちがいが見られます。

> 火山岩では，形がわからないほどの小さな粒である【㉔ 石基 】の間に，比較的大きな鉱物である【㉕ 斑晶 】が散らばって見えます。
> このような岩石のつくりを【㉖ 斑状組織 】といいます。
>
> 深成岩では，大きくて，同じくらいの大きさの鉱物のみが組み合わさっています。
> このような岩石のつくりを【㉗ 等粒状組織 】といいます。

　火山岩は，地上で急速に冷やされたため大きな結晶に育つことができなかった**石基**とよばれる小さな粒の中に，すでに地下のマグマだまりなどで比較的大きな結晶になっていた**斑晶**とよばれる部分が散らばっているつくりをしています。
火山岩のこのようなつくりを**斑状組織**といいます。
注意 「班」ではなく「斑」ですよ。

　深成岩は，マグマが地下深くで，ゆっくり冷やされてできた岩石なので，火成岩の成分である鉱物が大きく成長しながら固まっていくため，大きくて，同じくらいの大きさの鉱物のみが組み合わさったつくりをしています。
深成岩のこのようなつくりを**等粒状組織**といいます。

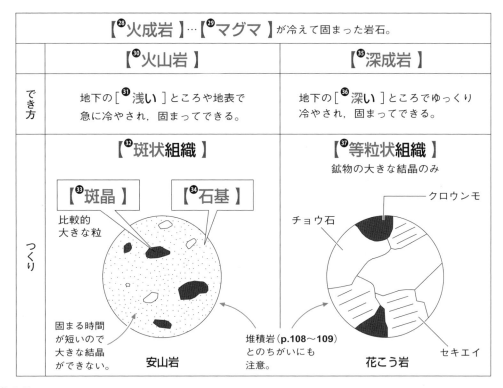

玄武岩，花こう岩などの火成岩が，それぞれ火山岩と深成岩のどちらに分類されるか，岩石のつくりの図とあわせて覚えましょう。入試に出ます

3 火成岩や火山噴出物をつくる成分

(1) | 火山灰などの火山噴出物や火成岩は，おもに数種類の【^{❸❽}鉱物】からできています。

火山灰などの火山噴出物や火成岩は，どちらもマグマが冷やされてできたものなので，同じ火山の火山噴出物と火成岩を調べると，ふくまれる物質はほぼ同じです。
火山噴出物や火成岩にふくまれる数種類の成分を**鉱物**といいます。

鉱物は，[^{❸❾}無色鉱物]と[^{❹⓪}有色鉱物]に分けられ，無色鉱物の割合が大きい火成岩ほど白っぽく見え，有色鉱物の割合が大きい火成岩ほど黒っぽく見えます。
無色鉱物には**セキエイ(石英)**と**チョウ石(長石)**，有色鉱物には**クロウンモ(黒雲母)**，**カクセン石(角閃石)**，**キ石(輝石)**，**カンラン石**，**磁鉄鉱**などがあります。

火山灰の観察

観察手順

① 少量の火山灰を蒸発皿に入れる。
② 水を加えて，指の腹で押し洗いし，にごった水は捨てる。
③ 水がにごらなくなるまで，②をくり返す。
④ 残った粒をペトリ皿などに移し，乾燥させる。
⑤ ルーペや双眼実体顕微鏡(20〜40倍)で，粒の色や形のちがいを見分けて，スケッチする。

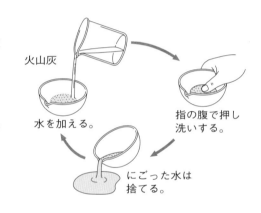

火山灰
水を加える。
指の腹で押し洗いする。
にごった水は捨てる。

結 果

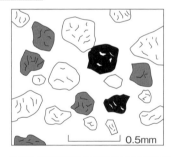

0.5mm

このようにして火山灰を観察すると，数種類の鉱物を観察することができます。
下の表は，おもな鉱物の特徴をまとめたものです。

	無色鉱物		有色鉱物				
	[^{❹①}セキエイ]	[^{❹②}チョウ石]	[^{❹③}クロウンモ]	カクセン石	キ石	カンラン石	磁鉄鉱
鉱物							
特徴	無色か白色で，不規則に割れる。	白色かうす桃色で，決まった方向に割れる。	黒色で，決まった方向にうすくはがれる。	暗かっ色か緑黒色で，長い柱状の形。	暗緑色で，短い柱状の形。	緑かっ色で，ガラス状の小さい粒。	黒色で，表面がかがやいている。磁石につく。

98

表の鉱物のなかでも，**セキエイ，チョウ石，クロウンモ**の特徴は，下の①～③のように再確認しておきましょう。テストでよく出題されます

① 無色鉱物で，<u>不規則に割れる</u>鉱物➡**セキエイ**

② 無色鉱物で，<u>決まった方向に割れる</u>鉱物➡**チョウ石**

③ 黒色で，決まった方向に<u>うすくはがれる</u>鉱物➡**クロウンモ**

(2) 火成岩の色は，ふくまれている無色鉱物と有色鉱物の割合によって決まります。セキエイやチョウ石などの無色鉱物の割合が大きいほど白っぽく見え，カンラン石，キ石などの有色鉱物の割合が大きいほど黒っぽく見えます。

特に，火成岩の色と鉱物の種類から，火成岩を次の①～③のように3種類に分類できます。

① **白っぽい火成岩**…セキエイやチョウ石などの無色鉱物を多くふくむ。
　　例：流紋岩（火山岩），花こう岩（深成岩）。

② **黒っぽい火成岩**…カンラン石とキ石などの有色鉱物を多くふくむ。
　　例：玄武岩（火山岩），はんれい岩（深成岩）。

③ **①と②の中間程度の色の火成岩**…無色鉱物のチョウ石と有色鉱物のカクセン石を多くふくむ。
　　例：安山岩（火山岩），せん緑岩（深成岩）。

下の表は，火成岩にふくまれる鉱物について，さらに鉱物の割合などをくわしくまとめたものです。

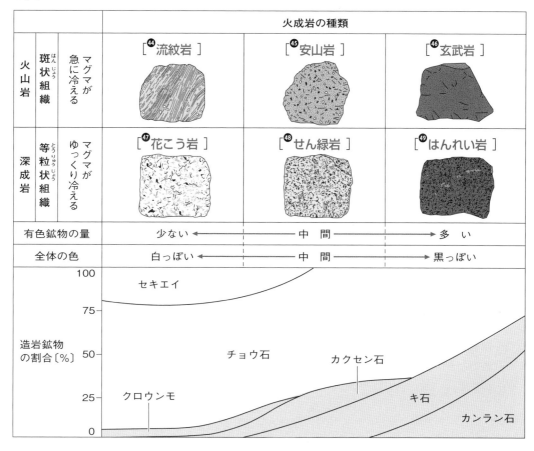

16 ▶ 地震

→書き込み編 p.45〜46

震源と震央のちがい，震度とマグニチュードのちがいについて，しっかり理解しておきましょう。
また，初期微動や主要動の到達時刻から震源までの距離を求めるとき，震源までの距離が初期微動継続時間に比例することを知っておくとデータを読みとりやすいので，しっかり頭に入れておきましょう。

1 地震のゆれの伝わり方

(1)

> 地震が発生した［**❶**地下 ］の場所を【**❷**震源 】といいます。
>
> 震源の［**❸**真上 ］の地表の地点を【**❹**震央 】といいます。

　地震は地下で発生しますが，地震が発生した地下の場所を**震源**といい，震源の真上の地表の地点を**震央**といいます。

　地震のゆれは，地下の岩盤がずれたときに発生する**波**が地表に届いたものですが，この波は，水面にできた波紋のように，地中や地表面を広がっていきます。
地表面に限っていえば，震央を中心としてほぼ**同心円状**に広がっていきます（岩盤のかたさのちがいや，地表面が平面ではないことなどから，完全な同心円にはなりません）。

　また，震源からの距離を**震源距離**，震央からの距離を**震央距離**ということもあり，震源から震央までの距離を**震源の深さ**といいます。

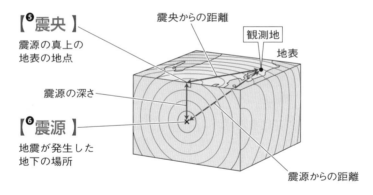

【**❺**震央 】
震源の真上の
地表の地点

震央からの距離

観測地

地表

震源の深さ

【**❻**震源 】
地震が発生した
地下の場所

震源からの距離

(2)

> はじめに起こる［**❼**小さな ］ゆれを【**❽**初期微動 】といいます。
>
> 後から起こる［**❾**大きな ］ゆれを【**❿**主要動 】といいます。

　地震が起こったときは，最初にカタカタと小さなゆれが起こり，続いてユサユサと大きなゆれが起こります。
このとき，はじめに起こる小さなゆれを**初期微動**といい，続いて起こる大きなゆれを**主要動**といいます。

(3) 地震のゆれの大きさは，右の図のような地震計によって
はかります。

地震計では，地震が起こって大地がゆれても，地震計の
おもりとその先につけた針はほとんど動きません。円筒
ドラムはゆっくり回転しているので，大地がゆれると円
筒ドラムの表面の記録用紙に地震のゆれを記録すること
ができます。

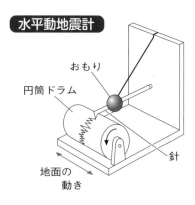

水平動地震計

おもり

円筒ドラム

針

地面の
動き

下の図は，ある地震の地震計の記録です。

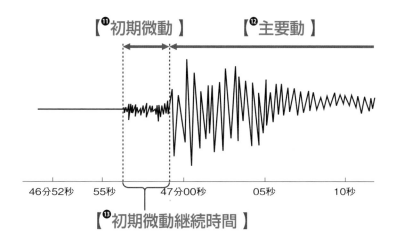

【⓫初期微動】　　【⓬主要動】

46分52秒　55秒　47分00秒　05秒　10秒

【⓭初期微動継続時間】

初期微動は，伝わる速さの［⓮速い］**P波**によるゆれです。

主要動は，伝わる速さの［⓯遅い］**S波**によるゆれです。

初期微動が続いている時間（初期微動が始まってから主要動が始まるまでの時間）のことを
【⓰初期微動継続時間】といいます。

　初期微動は，伝わる速さの速い**P波**（Primary wave：最初にくる波）によって起こります。
また，**主要動**は，伝わる速さの遅い**S波**（Secondary wave：2番目にくる波）によって起こります。
したがって，P波とS波の届いた時刻の差（P波が届いてからS波が届くまでの時間）が，**初期微
動継続時間**です。

---

(4) **初期微動継続時間は震源からの距離**に，およそ［⓱比例］します。

　実際には，初期微動継続時間は震源からの距離と正確に比例するわけではないので（地震の波が
伝わる岩盤の性質のちがいなどによって誤差がある），教科書では，震源から離れるほど初期微動継続時
間が長くなるとしか書いていません。

しかし，入試や学校のテストでは比例させている観測データを用いて解答する問題が出題される
こともあるので，初期微動継続時間は震源からの距離に比例すると覚えておいたほうがいいで
しょう。

たとえば，右の図のように，P波とS波のグラフが比例のグラフ（原点を通る直線）となっているとき，初期微動継続時間は震源からの距離に比例していると考えてかまいません。

しかし，時間に余裕があるときは，テストにかかれているグラフや表のデータが比例しているかどうかを確認してから，問題を解くようにしてください。

また，右のようなグラフでは，震源からの距離が大きい地点ほど，初期微動や主要動のゆれの大きさ（地震計の記録の波の大きさ）が小さくなっていることも重要です。

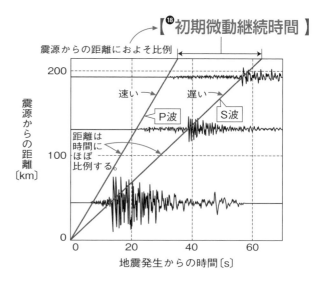

【❶⑱ 初期微動継続時間 】

$$\text{地震の波の伝わる速さ} = \frac{[\text{❶⑲ 震源からの距離}]}{[\text{❷⑳ 波が届くまでの時間}]}$$

震源からの距離は波が届くまでの時間におよそ比例することから，地震の波が伝わる速さは，上の式で求められます。

例題

右の図は，ある地点で発生した地震のP波とS波が伝わるまでの時間と震源からの距離との関係を示したものである。次の問いに答えなさい。

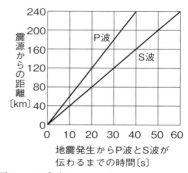

① P波とS波の伝わる速さを，それぞれ求めなさい。

P波【　　　　　km/s】

S波【　　　　　km/s】

② 初期微動継続時間が10秒であった地点の震源からの距離は何kmですか。

【　　　　　km】

③ 初期微動継続時間が30秒であった地点の震源からの距離は何kmですか。

【　　　　　km】

④ 震源からの距離が180kmの地点の初期微動継続時間は何秒ですか。

【　　　　　秒】

① 地震の波の伝わる速さは，次の式で求められます。

$$地震の波の伝わる速さ[km/s] = \frac{震源からの距離[km]}{波が届くまでの時間[s]}$$

$$P波の速さ = \frac{120\ km}{20\ s} = 6\ km/s \qquad\qquad S波の速さ = \frac{120\ km}{30\ s} = 4\ km/s$$

答 P波【 6 km/s】 S波【 4 km/s】

② 右の図のように，初期微動継続時間が10秒であった地点の震源からの距離をグラフから読みとると，120kmになっています。

答【 120 km】

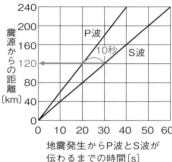

③ グラフより，初期微動継続時間は震源からの距離に比例していることがわかります。初期微動継続時間が10秒のとき，震源からの距離が120kmなので，初期微動継続時間が30秒の地点の震源からの距離をx[km]とすると，

$$10:30 = 120:x \qquad x = 360\ km$$

答【 360 km】

④ ③と同様に比例の関係から求めます。震源からの距離が180kmの地点の初期微動継続時間をx[s]とすると，

$$10:x = 120:180 \qquad x = 15\ s$$

答【 15 秒】

参考 P波とS波の伝わる速さのちがいを利用して，**緊急地震速報**が出されるようになりました。
緊急地震速報は，地震が発生したときに震源に近い地震計でP波を感知し，瞬時に各地のS波の到達時刻やゆれの大きさ（震度）を予測して，テレビや携帯電話などで伝えるようになっています。

(5) ある地震において，地震が発生してからゆれ始めるまでにかかった時間が同じ地点を結ぶと，およそ**震央を中心とした同心円**になります。

初期微動が始まった時刻（P波が届いた時刻）や主要動が始まった時刻（S波が届いた時刻）が同じ地点を結んでも，震央を中心とした同心円になります。

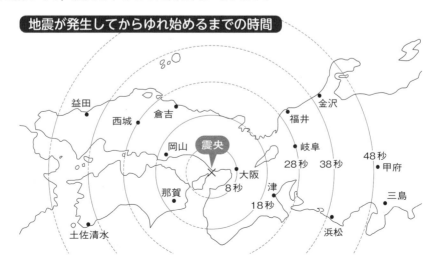

地震が発生してからゆれ始めるまでの時間

2 ゆれの強さと地震の規模

> 地震による**ゆれの強さ**は【㉑ 震度 】によって表します。
>
> 地震の**規模(エネルギーの大きさ)**は【㉒ マグニチュード 】(記号：M)によって
> 表します。

ある地点での**地震によるゆれの強さ**は，**震度**によって表されます。
震度は0〜7の[㉓ 10]階級に分けられています(5と6は，それぞれ強と弱の2階級があります)。
震度は，ふつう，震源から遠ざかるほど小さくなりますが，震源から遠くても地盤がやわらかいと，震度が大きくなることもあります。
そのため，同じ地震で震度の同じ地点を結ぶと，震央を中心とした同心円のようになりますが，円がきれいな円ではなく，かなりゆがんだ形になります。

地震の規模(エネルギー)の大小は，**マグニチュード**(記号：M)によって表されます。
震源の位置や深さが同じような地震をくらべると，マグニチュードが大きいほど震央付近のゆれが強くなり，ゆれる範囲も広くなります。
また，マグニチュードが1大きくなるとエネルギーは約32倍，2大きくなるとエネルギーは1000倍になります。
下の図では，マグニチュードの大きい関東地震のほうが震央付近のゆれが強くなっていて，ゆれる範囲も広くなっています。

地震の規模による震度分布のちがい

関東地震
(1923年，M7.9)

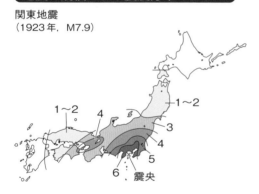

伊豆半島沖地震
(1974年，M6.9)

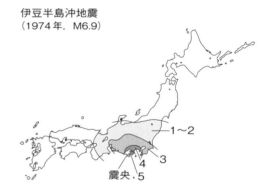

3 地震のしくみ

> 地球の表面をおおっている，厚さ数十〜100km程の板状の岩盤を[㉔ プレート]といいます。

地球の表面は，十数枚の**プレート**とよばれる板状の岩盤におおわれていて，これらは，1年間に数cmの速さでゆっくり動いています。
プレートどうしの境界は地震が発生しやすく，火山も多く見られます。
日本付近には4枚のプレートがあり，これらが押し合うことが，地震が起こる要因となっています。
また，北海道，東北地方の太平洋側で，太平洋プレートが北アメリカプレートの下に沈みこむ所にできた溝を[㉕ 日本海溝]といいます。

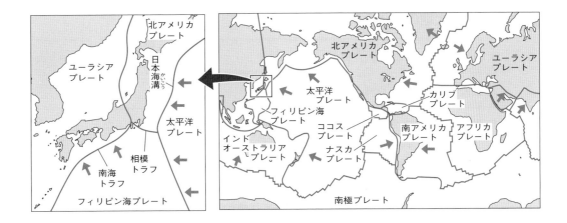

トラフについては，**p.114, 115**でくわしく学習します。

　日本付近の断面図を見ると，下の**図1**のようになっていて，太平洋側のプレートは，大陸側の
プレートの下に沈みこみながら大陸側のプレートを押しています。

図1

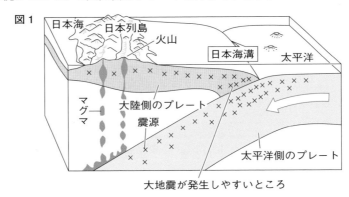

大地震が発生しやすいところ

これがもとになって，おもに次の1～3のような3通りのしくみで地震が発生します。

1. **図2**のように，海洋プレートが大陸プレートを引きずりこみながら沈みこみ，ひずみにたえ
きれなくなった大陸プレートが反発することで，大地震が起こる。

図2

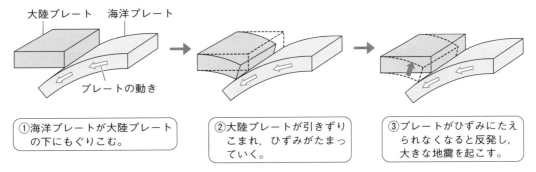

①海洋プレートが大陸プレート
の下にもぐりこむ。

②大陸プレートが引きずり
こまれ，ひずみがたまっ
ていく。

③プレートがひずみにたえ
られなくなると反発し，
大きな地震を起こす。

2. プレートの押し合いによって，地下の岩盤に大規模な破壊が起こり，[㉖**断層**]が生じる。
そのなかで，今後も活動して地震を起こす可能性がある断層を[㉗**活断層**]という。
この活断層が再び動くことによって，内陸型地震が起こる。
断層については **p.116** でくわしく学習します。

3. 火山の活動にともなって地震が起こる（火山性の地震）。

4 地震による大地の変化と災害

(1)
> 大地がもち上がることを[❷⁸隆起]といいます。
>
> 大地が沈むことを[❷⁹沈降]といいます。

　地震によって大地がもち上がったり(**隆起**)，大地が沈んだり(**沈降**)するなど，急激な変化が起こることもあります。

大地が隆起したり沈降したりすると，海岸付近では地形が大きく変わります。

海岸にそった平らな土地と急ながけが階段状に並んでいる**海岸段丘**は，急激な大地の隆起や海水面の低下が何度も起こることによって，つくられたものです。

海岸段丘のでき方

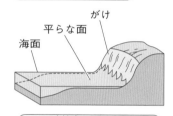

①波の侵食により，波打ちぎわにがけと平らな面ができる。

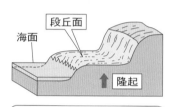

②土地が隆起すると，平らな面が海面上に出て，段丘面ができる。

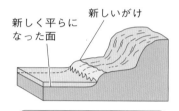

③波の侵食により，新しいがけと平らな面ができる。

(2)
> **海底を震源とした大地震**が発生したとき，[❸⁰津波]が発生することがあります。

　地震による災害には，次のようなものがあります。

① ゆれによる建築物の倒壊

② 土砂くずれ，地すべり，土石流

③ **津波**

　震源が海底である大地震の場合，津波が生じることがあります。

　津波がせまい湾に入ると，波がさらに高くなり，被害が大きくなることもあります。

④ 火災

　1923年9月1日の関東地震では，火災によって多数の死傷者が出ました。

⑤ **液状化**による建築物の倒壊

　海岸付近の埋め立て地で大きな地震が起こったとき，土地が急に軟弱になったり，水がふき出したりする現象で，これによって建築物が倒壊することもあります。

おまけ 津波は世界の共通語

　津波のことを英語でも「Tsunami」(ツナーミ)ということを知っていますか？

　もともと英語には地震の後に沿岸部を襲う巨大な波のことをひと言で表す言葉がなく，1946年に起こったアリューシャン地震でハワイの日系住民が使った津波という言葉が知られるようになり英語に取り入れられました。

　世界的には津波そのものを知らない人も多く，Tsunamiという言葉が一般的にも広まったのは，各国から観光客が集まる地域で甚大な被害を出し，その映像が世界中に衝撃を与えた2004年スマトラ島沖地震がきっかけといわれています。

17 ▶ 地層と化石

➡書き込み編 *p.47〜52*

観察された地層から，過去にどのような変動が起こったか推測できるようになるために，この本に書かれたポイントを，しっかり理解しておきましょう。

また，代表的な**堆積岩**と代表的な**化石**の特徴は，ちゃんと頭に入れておきましょう。

1 地層のでき方

(1) がけや切り通しなどに見られるしまもようを【**❶地層**】といいます。

地表の岩石が**自然のはたらき**(気温の変化・酸化・雨水・流水・風のはたらきなど)によって，表面からくずれていくことを【**❷風化**】といいます。

雨水や流水は，風化した岩石をけずりとります。

このような，水が岩石を[**❸けずる**]はたらきを【**❹侵食**】といいます。

侵食によってけずりとられた土砂は，流水によって下流へ向かって運ばれます。

このような，流水が土砂を[**❺運ぶ**]はたらきを【**❻運搬**】といいます。

流水によって運ばれてきた土砂は，流れがゆるやかになった河口付近などで積もっていきます。

このような，流水が土砂を[**❼積もらせる**]はたらきを【**❽堆積**】といいます。

(2) 川の上流では，**侵食**がさかんなので，**V字谷**という深い谷がつくられます。

川の中流や下流で，川が山間から平地へ流れ出るところでは，急に流れがゆるやかになるので，運ばれてきた土砂が**堆積**して，**扇状地**という扇形の地形がつくられます。

川が海や湖に流れこむ河口では，運ばれてきた土砂が**堆積**して，**三角州**という三角形の低い土地をつくります。

土砂は，その粒の大きさ(直径)のちがいによって，れき・砂・泥に分けられます。

粒の大きいれきは早く沈むため，河口付近に堆積し，粒の小さい泥は潮の流れや波にのって沖合まで運ばれるため，河口から離れた沖合に堆積します。

粒のよび方	粒の大きさ
れき	2mm 以上
砂	$0.06\left(\frac{1}{16}\right)$mm 〜 2 mm
泥	$0.06\left(\frac{1}{16}\right)$mm 以下

流水の作用と地形

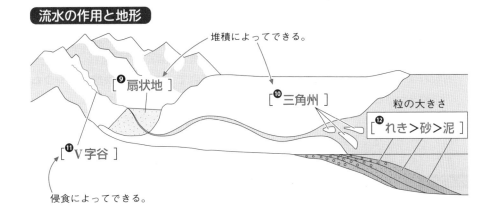

堆積によってできる。

[**❾扇状地**]

[**❿三角州**]

粒の大きさ

[**⓬れき＞砂＞泥**]

[**⓫V字谷**]

侵食によってできる。

(3) 長い時間の間に，大地が[⑬ 隆起]・[⑭ 沈降]したり，気候の変化によって海水面が[⑮ 上昇]・
[⑯ 下降]したりすることによって河口の位置が変化して，同じ場所でも堆積するものが変わり
ます。

大雨などによって川の水量が一時的に増加して，ふだんより大きな粒が流されてきて堆積することもあります。

長い間に，このようなことがくり返されて，性質の異なる層が何枚も重なって**地層**ができるのです。

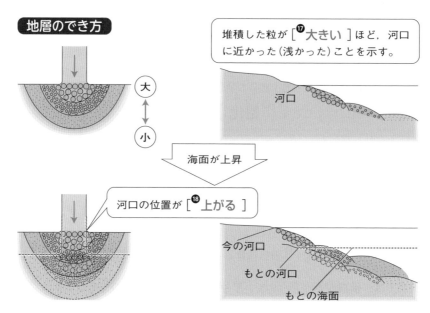

地層のでき方

堆積した粒が[⑰ 大きい]ほど，河口
に近かった（浅かった）ことを示す。

大
↕
小

海面が上昇

河口の位置が[⑱ 上がる]

今の河口
もとの河口
もとの海面

堆積する順番は重要です。**入試でも聞かれますよ**

2 堆積岩

(1) 地層をつくっている堆積物が，その上の層の重みなどによって押し固められ，
長い年月をかけてできた岩石を【⑲ 堆積岩 】といいます。

おもに，**れき・砂・泥**が固まってできた堆積岩を，それぞれ，[⑳ れき岩]・[㉑ 砂岩]・
[㉒ 泥岩]といいます。

これらの**堆積岩**をつくっている粒は，流水によって運ばれている間に角がけずられて，丸みを
帯びています。

次の①，②のように，土砂以外の物質が固まってできた堆積岩もあります。
① かたい殻をもつ生物の死がいが堆積してできた堆積岩には，[㉓ 石灰岩]や**チャート**があります。
石灰岩は，貝殻やサンゴの骨格からできた堆積岩で，主成分は**炭酸カルシウム**なので，うす
い塩酸をかけると[㉔ 二酸化炭素]が発生します。
[㉕ チャート]はホウサンチュウなどの死がいからできた堆積岩で，二酸化ケイ素をふくみ，
ハンマーでたたくと火花が出るほど[㉖ かたい]岩石です。
また，チャートにうすい塩酸をかけても何も変化は見られません。
ポイント 石灰岩とチャートを区別するには，それぞれの岩石にうすい塩酸をかけ，気体（二酸化炭素）
が発生するかどうかを調べます。
うすい塩酸をかけて，**気体が発生すれば石灰岩**，**気体が発生しなければチャート**です。

② **火山灰**などの火山噴出物が堆積してできた堆積岩を，[^㉗凝灰岩]といいます。

堆積岩をつくる粒は，ふつう丸みを帯びていますが，凝灰岩は**角ばっている粒によってでき
ています。**

この角ばった粒は，鉱物の結晶です。

⑵ 6種類の堆積岩について，下の表のようにまとめました。

表の中の内容はどれも大切なことなので，完全に覚えましょう。

いろいろな堆積岩の特徴

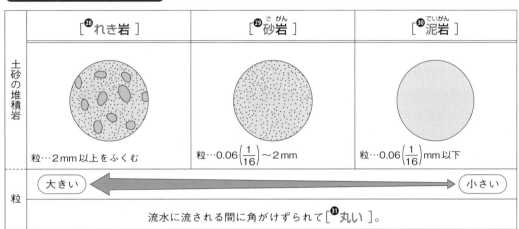

[^㉘れき岩]	[^㉙砂岩]	[^㉚泥岩]
粒…2mm以上をふくむ	粒…0.06($\frac{1}{16}$)〜2mm	粒…0.06($\frac{1}{16}$)mm以下

粒 … 大きい ←――――――――→ 小さい
流水に流される間に角がけずられて[^㉛丸い]。

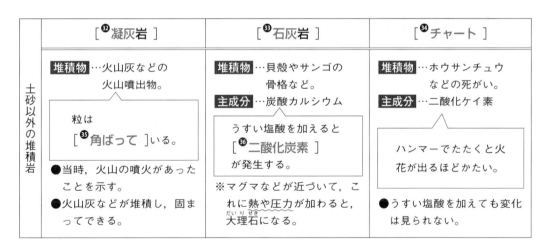

[^㉜凝灰岩]	[^㉝石灰岩]	[^㉞チャート]
堆積物…火山灰などの火山噴出物。	**堆積物**…貝殻やサンゴの骨格など。 **主成分**…炭酸カルシウム	**堆積物**…ホウサンチュウなどの死がい。 **主成分**…二酸化ケイ素
粒は[^㉟角ばって]いる。	うすい塩酸を加えると[^㊱二酸化炭素]が発生する。	ハンマーでたたくと火花が出るほどかたい。
●当時，火山の噴火があったことを示す。 ●火山灰などが堆積し，固まってできる。	※マグマなどが近づいて，これに熱や圧力が加わると，大理石になる。	●うすい塩酸を加えても変化は見られない。

⑶ 火成岩とのちがいも覚えておきましょう。

① 火成岩をつくっている粒（鉱物）は角ばっていますが，**れき岩・砂岩・泥岩をつくっている粒
は**[^㊲丸みを帯びて]います。

② 火成岩は[^㊳化石]をふくむことはありませんが，堆積岩は**化石をふくむことがあります。**

特に，石灰岩の中には，化石がよく見られます。

また，石灰岩に地下のマグマの熱や圧力が加えられて変化した岩石を**大理石**といいます。

大理石は建物に使われていることが多いので，ゆかや壁を見ると化石が見つかるかもしれませんよ。

③ 堆積岩の多くは，地層の中で平行な層をつくっています。

❸ 化石

大昔の生物の死がいやあしあと，すみかのあとなどが，地層の中に残されたものを
【^㊴ 化石 】といいます。

化石は，堆積岩（たいせきがん）の中で多く見られます（火成岩では見られません）。
地層の中の化石を調べることで，その地層が堆積した当時の**環境**や**年代**を知ることができます。

(1) | 地層が堆積した当時の**環境を知る手がかりとなる化石**を【^㊵ 示相化石（しそうかせき）】といいます。

　生物には，限られた環境のなかでしか生活できないものがいます。
　現在の生物と同じような生物の化石が見つかったとき，その生物が現在どのような環境で生活しているのかということを考えると，その化石を手がかりとして，地層が堆積した当時の環境を知ることができます。
　このような化石を**示相化石**といいます。
　示相化石となるためには，次の2つの条件があります。
　① 生活する環境が［^㊶ 限られている ］こと。
　② 化石の生物がどのような環境にすんでいたか推定できること。

　代表的な示相化石は，次の表のような生物の化石です。

代表的な示相化石

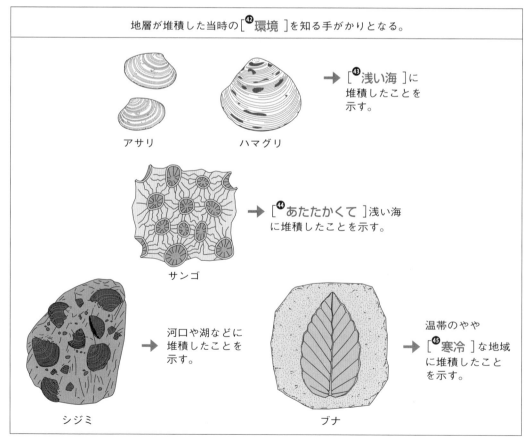

地層が堆積した当時の［^㊷ 環境 ］を知る手がかりとなる。

アサリ　ハマグリ　→ ［^㊸ 浅い海 ］に堆積したことを示す。

サンゴ　→ ［^㊹ あたたかくて ］浅い海に堆積したことを示す。

シジミ　→ 河口や湖などに堆積したことを示す。

ブナ　→ 温帯のやや［^㊺ 寒冷 ］な地域に堆積したことを示す。

上の5つを覚えましょう。サンゴがあたたかいところというのは想像できますね。

(2) **地層が堆積した年代を知る手がかりとなる化石**を【㊻示準化石】といいます。

世界中の広い範囲にすんでいて，短い期間に栄えて絶滅した生物がいます。
そのような生物の化石のなかには，さまざまな調査によって，どの年代のころに栄えた生物なのかということがわかっているものもあります。
その化石を手がかりとして，その化石が発見された地層が堆積した年代を知ることができます。
このような化石を**示準化石**といいます。

示準化石となるためには，次の 2 つの条件があります。

① [㊼短い]**期間に栄えて絶滅した**ことが(栄えていた年代もふくめて)わかっていること。
② **世界中の**[㊽広い]**範囲でたくさん発見されている**こと。

地層が堆積した年代(**地質年代**)は，栄えた生物の変化をもとに決められていますが，古いものから順に，[㊾古生代](約 5 億 4100 万年前～約 2 億 5200 万年前)，[㊿中生代](約 2 億 5200 万年前～約 6600 万年前)，[(51)新生代](約 6600 万年前～現在)に分けられています。

参考 新生代はさらに，**古第三紀**(約 6600 万年前～約 2300 万年前)，**新第三紀**(約 2300 万年前～約 260 万年前)，**第四紀**(約 260 万年前～現在)に分けられます。

各地質年代の代表的な示準化石は，次の表のような生物の化石です。

代表的な示準化石

地層が堆積した[(52)年代]を知る手がかりとなる。		
古生代	中生代	新生代
約 5 億 4100 万年前～約 2 億 5200 万年前	約 2 億 5200 万年前～約 6600 万年前	約 6600 万年前～現在
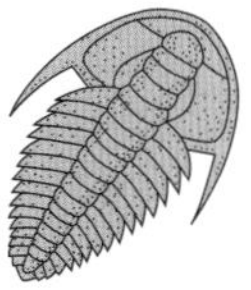 [(53)三葉虫] 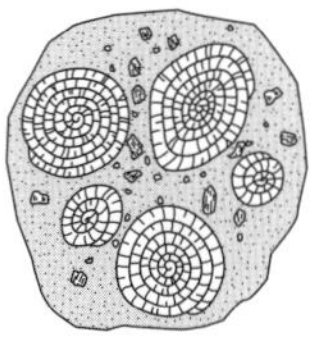 フズリナ 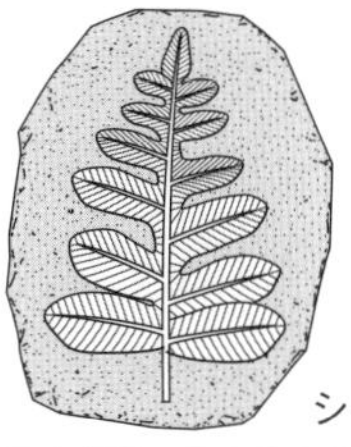 シダ	 [(54)アンモナイト] 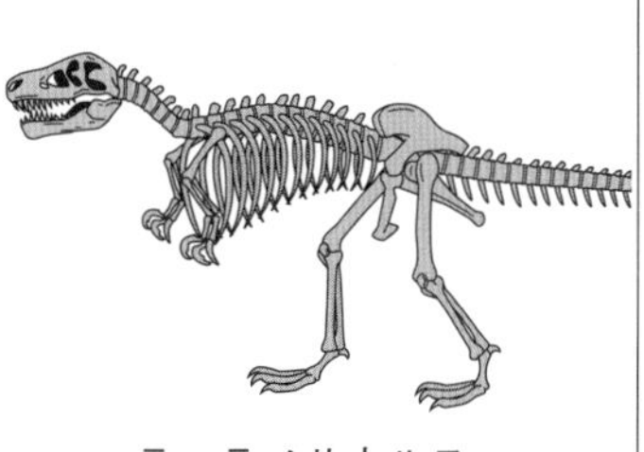 ティラノサウルス	 貨幣石 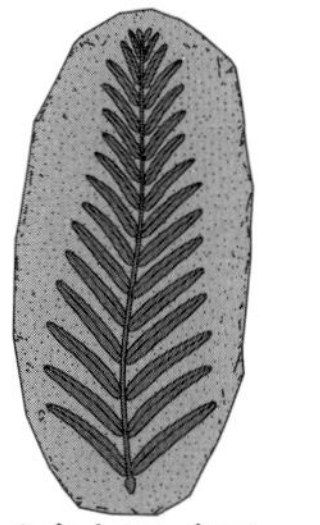 メタセコイア 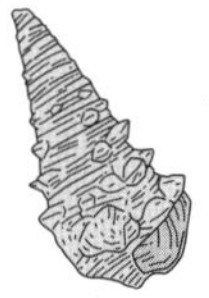 [(55)ビカリア] 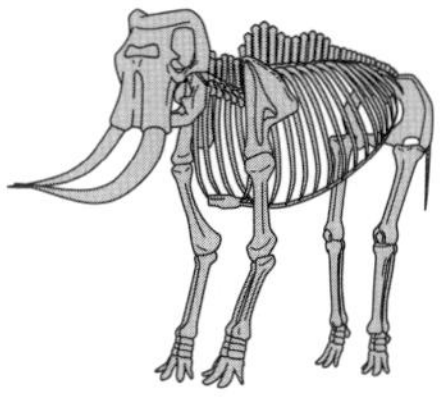 ナウマンゾウ

上のなかで特に，三葉虫，アンモナイト，ビカリアの 3 つは覚えましょう。**入試に出ます**

4 地層の観察

> 1枚1枚の地層の重なり方を柱状に表した図を[**❺❻**柱状図]といいます。

　大きな建物を建設するときなどに，その土地の地下のようすを調べるため，垂直に地下深くまで穴を掘って，堆積物や岩石をとり出す調査方法を[**❺❼**ボーリング]といいます。

　離れた数か所の地点でボーリングを行い，各地点のボーリング試料に見られる地層の重なり方をくわしく調べて対比すると，地層の広がりを知ることができます。

このとき，対比のために，地層の重なり方を柱状図で表すとわかりやすくなります。

> 火山灰の層や**示準化石をふくむ層**のように，地層の広がりを知る手がかりとなる層を
> [**❺❽**かぎ層]といいます。

　いくつかの地点で，地層の中に火山灰の層や同じ化石をふくむ層が見つかると，それらは同じ年代に堆積したものと考えることができるため，地層の広がりを知るよい手がかりとなります。

このような，地層の広がりを知るための目印となる層を**かぎ層**といいます。

　これらのことから，その地域の地層の広がりを知ることができます。

次の例題で，地層の傾きを求められるようになりましょう。

例題　図1は，ある地域の等高線，図2はA，B地点でのボーリング調査の結果を柱状図で表したものである。

また，**B**地点は**A**地点の120 m東，**C**地点は**A**地点の80 m西で，この3点は東西に一直線に並んでおり，地層の曲がりやずれはないことがわかっている。次の問いに答えなさい。

① **A**地点の柱状図に見られる**X**の砂岩の層は，どのようなところで堆積したと考えられますか。次から選び，記号で答えなさい。

【　　　　】

ア　冷たくて浅い海
イ　冷たくて深い海
ウ　あたたかくて浅い海
エ　あたたかくて深い海

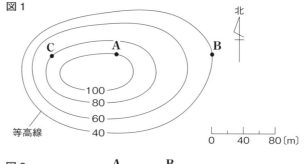

図1

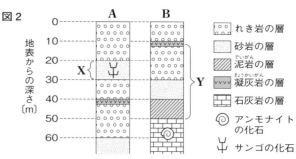

図2

② **B**地点の柱状図に見られる石灰岩の層は，いつごろ堆積したと考えられますか。次から選び，記号で答えなさい。

【　　　　】

ア　古生代　　イ　中生代　　ウ　新生代

③ **B**地点の**Y**の部分の層が海底で堆積したとき，この地域の海の深さはどのようになっていったと考えられますか。

【　　　　　　　　　】

④ **C**地点で垂直に25 m 掘ると，どの岩石が見られますか。

【　　　　　　　　　】

解き方

① **A**地点の**X**の砂岩の層には，あたたかくて浅い海に生息しているサンゴの化石が見られます。

答【　ウ　】

② **B**地点の石灰岩の層には，中生代の示準化石であるアンモナイトの化石が見られます。

答【　イ　】

③ 地層は下から順に堆積したと考えられるので，下の層ほど古い層です。

よって，**B**地点の**Y**の部分の層は，泥岩→砂岩→れき岩の順に堆積したと考えられます。

粒が大きいものほど河口に近い浅い海底で堆積するので，この地域の海の深さはしだいに浅くなっていったといえます。

答【　浅くなっていった。　】

④ まず，**A**，**B**の柱状図を標高にそろえて考えます。

図1より，**A**地点は標高100 m，**B**地点は標高40 mですね。

これにそろえて柱状図を考えると，下の**図3**のようになります。

次に，柱状図の凝灰岩の層に着目して，それぞれの地層の傾きを調べます。

A地点と**B**地点の凝灰岩の層の柱状図を比較すると，**B**地点から**A**地点に向かって30m高くなるように地層が傾いていることがわかります（60 − 30 = 30）。さらに，**A**地点と**B**地点は水平距離で120 m離れていることから，東西に120 m離れると，同じ地層の標高差が30 mになることがわかります。

C地点は**A**地点より水平距離で西へ80 m離れた地点なので，凝灰岩の層の上面の標高は，**A**地点より20 m高くなります $\left(30 \times \dfrac{80}{120} = 20\right)$。

図3より，**A**地点の凝灰岩の層の上面の標高は60 mなので，**C**地点の凝灰岩の層の上面の標高は80 mとなり，**C**地点の地表（標高80 m）と凝灰岩の層の上面が一致し，その柱状図は**図4**のようになります。

したがって，**C**地点の深さ25 mの層は砂岩の層です。

答【　砂岩　】

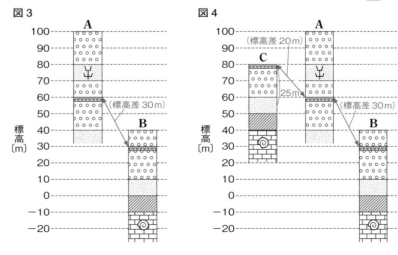

図3　　図4

18 ▶ 大地の変動

➡書き込み編 p.52〜53

大地の変動は，**プレートの移動**が原因となって起こっています。

地震だけでなく，火山やしゅう曲など，プレートの移動によって起こる大地の変動について学習しましょう。

1 大地の変動のしくみ

新しいプレートは[**❶海嶺**]でつくられます。

海洋プレートは，[**❷海溝**]で大陸プレートの下に沈みこみます。

地震のしくみでも学習したように，日本列島のような海洋プレートが大陸プレートの下に沈みこんでいる場所では，プレートどうしの境目で地震が起こるだけでなく，**火山もできやすく，しゅう曲や断層によって山脈や山地をつくります。**

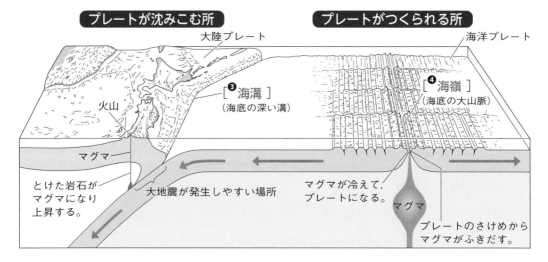

海洋プレートは，太平洋や大西洋，インド洋などの海底にそびえる大山脈でつくられます。このような海底の大山脈を**海嶺**といいます。

海嶺でつくられた海洋プレートは海嶺の両側に広がっていきますが，海嶺ではマグマも海底にふき出してきて，海底火山ができています。

海嶺から広がっていったプレートは，いずれ大陸プレートと衝突し，大陸プレートの下に沈みこみます。

この，海洋プレートが大陸プレートの下に沈みこんでいるところには，海底に深い溝ができます。このようなところで最深部の深さが6000 m以上のものを**海溝**といい，10000 m以上の深さのものもあります。

また，海溝と同じような地形で深さが浅いところ(深さ6000 m未満)を[**❺トラフ**]とよびます。

北海道，東北地方の太平洋側で，太平洋プレートが北アメリカプレートの下に沈みこんでいる
ところに見られる海溝を[**❻日本海溝**]（深さ約8000 m）といい，四国や九州の太平洋側で，フィリ
ピン海プレートがユーラシアプレートの下に沈みこんでいるところに見られるトラフを
[**❼南海トラフ**]（深さ約4000m）といいます（**p.105**）。

　海洋プレートが，海溝やトラフよりさらに深く沈みこんでいくと，海洋プレートの上面の岩石
の一部が地下の熱によってとけて**マグマ**となり，上昇して地上にふき出し，**火山**をつくります。
そのため，プレートの境では，地震とともに火山も多いのです。
下の**図1，2**を見比べると，**プレートの境に震央や火山が多い**ことがわかるでしょう。

図1　地球上で見られる震央と火山の分布　　　　　　　　　　　　　　　　○震央 ▲火山

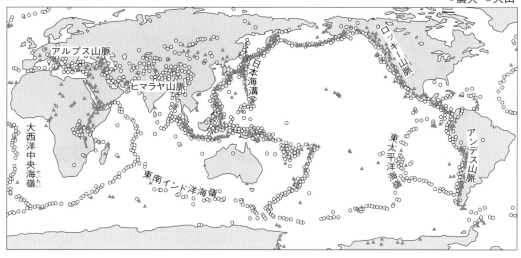

図2　地球の表面をおおうプレート

2 大地の変動によってできた地形

(1) 地下の岩石に巨大な力がはたらいて，地下の岩石が破壊されることによって生じた
大地のずれを【**❽断層**】といいます。

　プレートが衝突することによって，地下の岩石に巨大な力がはたらいて，岩石が破壊されると地震が起こります。

　このとき，地下で大規模な破壊が起こると，大地にずれが生じます。

　このような大地のずれを，**断層**といいます。

　また，断層のなかでも，過去に何度もずれた形跡が見られ，今後もずれて地震を起こす可能性がある断層を，【**❾活断層**】といいます。

　断層は，そのずれ方によって，次の①～③のように分けられます。

① **正断層**…引き合う力によって，断層面の上盤がずれ落ちるようにずれた断層。
② **逆断層**…押し合う力によって，断層面の上盤がずれ上がるようにずれた断層。
③ **横ずれ断層**…断層面に沿って，地盤が水平方向にずれた断層。

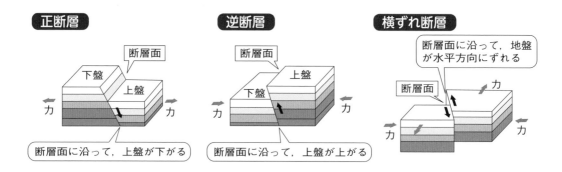

(2) 長期間大きな力を受けて，**地層が波打つように曲げられたもの**を【**❿しゅう曲**】といいます。

　水平に堆積した地層が，プレートの衝突などによって長期間大きな力を受けると，地層が波打つように曲がります。

　このような，地層が曲げられているところを**しゅう曲**といいます。

　ヒマラヤ山脈やアルプス山脈のような世界的に大きな山脈は，しゅう曲によってできた山脈です。

　そのため，それらの山脈では，山の頂上付近まで，地層のしゅう曲が見られます。

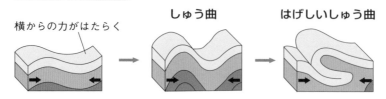

(3) 　急な土地の隆起や，急な海面の低下によってできた，**海岸付近に見られる階段状の地形を**
　　[**❶海岸段丘**]といいます。

　　p.106 で示したように，海岸付近の土地の急な隆起や海面の急な下降が起こること，波の侵食
によって平らになっていた波打ちぎわ付近の海底が陸上に現れ，段丘面となります。
海岸付近で，このような隆起（または海面の下降）と侵食がくり返されると，いくつもの段丘面が
見られる階段状の地形がつくられます。
このようにしてできた階段状の地形を**海岸段丘**といい，日本各地の海岸でたくさん見られます。

　参考 川沿いの土地が隆起することによってできた階段状の地形を**河岸段丘**といいます。
　　　　河岸段丘の段丘面（平らな土地）は，もとは川原であったところです。

　　　　また，海岸付近の土地が沈降すると，入りくんだ湾が続く**リアス海岸**や，多くの島が散らばる**多
島海**などをつくることがあります。

　おまけ **ヒマラヤ山脈を生んだインド大陸**

　　　　地球の表面をおおっているかたいプレートが，本当に動いているのか？と疑問に思う人もいる
　　　　かもしれません。
　　　　インド半島は，大昔は大陸でした（インド大陸といいます）。
　　　　インド大陸をのせたインド・オーストラリアプレートは，と
　　　　ても長い年月をかけて動き，現在の位置に移動したのです。
　　　　このとき，インド・オーストラリアプレートがユーラシア
　　　　プレートと衝突し，ユーラシアプレートを押し上げたこと
　　　　によって，チョモランマ（エベレスト）などをふくむ**ヒマラ
　　　　ヤ山脈**ができたと考えられています。

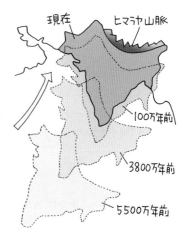

　　　　現在もプレートが少しずつ動き，ヒマラヤ山脈を押し上げ
　　　　続けているため，ヒマラヤ山脈の高さは 1 年で約 1 cm ず
　　　　つ高くなっているんですよ。
　　　　また，ヒマラヤ山脈は，以前インド大陸とユーラシア大陸
　　　　の間にあった海底が押し上げられてできたものなので，**山
　　　　頂付近に地層が見られ，そこからアンモナイト**などの化石
　　　　が発見されることもあります。

19▶ 空気中の水蒸気と雲のでき方　　➡書き込み編 p.54～58

　この単元では，**圧力を求める計算問題**もとても重要です。解き方に慣れておきましょう
大気圧に関しても，基本知識をしっかり身につけ，関連する実験結果の理由を説明できるようにしておきましょう。

　また，**露点**や**湿度**の求め方をしっかり理解し，正確に求められるようになりましょう。さらに，**雲のでき方**も入試でよく出題される内容なので，このテキストに書いてあることをよく読んでおきましょう。

❶ 圧力と大気圧

(1)　一定面積あたりの面を垂直に押す力の大きさを【❶ **圧力** 】といいます。

　下の図のように，同じ大きさの力でも，力のはたらく面積が小さくなるほどスポンジが大きくへこみます。このようになるのは，同じ面積あたりにはたらく力が[❷ **大きくなる**]からです。

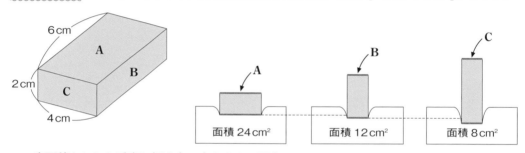

　一定面積あたりを垂直に押す力の大きさを，**圧力**といいます。
1 m² あたりに何 N の力がはたらくのかを表す場合，圧力の単位に[❸ **パスカル**]（記号：[❹ **Pa**]）
または**ニュートン毎平方メートル**(記号：**N/m²**)を用います。
1 Pa ＝ 1 N/m² と決まっているので，どちらで表しても同じ値になります。
　圧力の大きさは，次のような式によって求めます。

$$圧力〔Pa（または N/m²）〕＝ \frac{面を垂直に押す力〔N〕}{力がはたらく面積〔m²〕}$$

　それでは，例題を解いて式に慣れていきましょう。

> **例題**
>
> 　　質量 100 g の物体にはたらく重力の大きさを 1 N として，次の問いに答えなさい。
> ① 体重 55 kg の人が，床の上に置いた底面積 200 cm²，質量 5 kg の直方体の上に乗ったとき，床が直方体から受ける圧力は何 Pa ですか。
>
> 【　　　　　Pa】
>
> ② 体重 4320 kg のゾウのあしによって地面に加わる圧力は，何 Pa ですか。
> 　　ただし，ゾウの体重は 4 本のあしに均等に加わっており，あしの底面積は，4 本とも 1200 cm² であるものとします。
>
> 【　　　　　Pa】

問題文より，質量 1 kg にはたらく重力が 10 N になります。また，1 cm^2 = 0.0001 m^2 です。

① 床が受ける力の大きさは，人の重さと直方体の重さの合計なので，

$$(55 + 5) \times 10 = 60 \times 10 = 600 \text{ N}$$

また，床が力を受ける面積は，

$$200 \text{ cm}^2 = 0.02 \text{ m}^2$$

これらの数値を，圧力を求める式に代入すると，

$$圧力〔Pa〕= \frac{面を垂直に押す力〔N〕}{力がはたらく面積〔m^2〕} = \frac{600 \text{ N}}{0.02 \text{ m}^2} = 30000 \text{ Pa}$$

答【　30000　Pa】

② 地面が受ける力の大きさは，

$$4320 \times 10 = 43200 \text{ N}$$

また，地面が力を受ける面積は，

$$1200 \text{ cm}^2 \times 4 = 4800 \text{ cm}^2 = 0.48 \text{ m}^2$$

これらの数値を，圧力を求める式に代入すると，

$$圧力〔Pa〕= \frac{面を垂直に押す力〔N〕}{力がはたらく面積〔m^2〕} = \frac{43200 \text{ N}}{0.48 \text{ m}^2} = 90000 \text{Pa}$$ **答【　90000　Pa】**

別解 すべてのあしにはたらく力と面積が同じなので，あし 1 本あたりの重さを考えて求めることもできます。このとき，あし 1 本あたりの力は 43200 N ÷ 4 = 10800 N，あし 1 本の面積は 0.12 m^2 なので，

$$圧力〔Pa〕= \frac{面を垂直に押す力〔N〕}{力がはたらく面積〔m^2〕} = \frac{10800 \text{ N}}{0.12 \text{ m}^2} = 90000 \text{ Pa}$$

答【　90000　Pa】

⑵ 大気の重さによる圧力を【❺大気圧（気圧）】といいます。

　右の図のように，簡易真空ポンプを使ってペットボトルの中の空気を抜いていくと，ペットボトルはつぶれてしまいます。

　ふだん意識することはありませんが，空気にも重さがあり，上空の大気の重さによって圧力が生じます。この，大気の重さによる圧力を**大気圧（気圧）**といいます。

　空気を抜いていくとペットボトルの中の圧力が**小さくなって**，まわりの**大気圧によって押しつぶされた**のです。

　はじめの状態では，一見，圧力がはたらいていないように見えます。しかし実際は，空気がペットボトルの内側と外側を押す圧力がつり合っている状態だったのです。

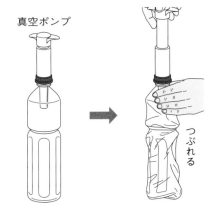

真空ポンプ

つぶれる

天気予報で耳にする[**❻ヘクトパスカル**]（記号：**hPa**）も圧力の単位で，おもに大気圧を表すときに使います。ヘクト（h）は 100 倍という意味なので，1 hPa = 100 Pa です。

海面と同じ高さの地点の大気圧は，平均すると約 1013 hPa で，これは 1 気圧とも表されます。

ということは，約 10 万 Pa の圧力を受けていることになります。**p.119** で計算したように，ゾウのあしによって地面に加わる圧力がおよそ 9 万 Pa であることを考えると，じつはとても大きな圧力を受けているんですね。

大気圧は，**物体の各面に対して垂直なあらゆる向き**にはたらきます。

また，標高が高くなるほど，その地点よりも上空にある空気の質量が小さくなるので，大気圧は[**❼小さく**]なります。

2 空気中の水蒸気

(1) 　空気 1m³ 中にふくむことのできる水蒸気の質量を【**❽飽和水蒸気量**】[g/m³]といいます。

　霧が発生したり，消えたりするように，温度変化によって水蒸気が水滴になったり，ふたたび空気中の水蒸気となったりします。

　これは，一定の体積の空気中にふくむことのできる水蒸気の質量が，温度によって変化するためです。

　空気 1 m³ 中にふくむことのできる水蒸気の質量を**飽和水蒸気量**といいます。

飽和水蒸気量の単位は g/m³ です。

温度が高くなると飽和水蒸気量は大きくなり，温度が低くなると飽和水蒸気量は小さくなります。

飽和水蒸気量

温度[℃]	飽和水蒸気量[g/m³]	温度[℃]	飽和水蒸気量[g/m³]
0	4.8	16	13.6
2	5.6	18	15.4
4	6.4	20	17.3
6	7.3	22	19.4
8	8.3	24	21.8
10	9.4	26	24.4
12	10.7	28	27.2
14	12.1	30	30.4

　空気中の水蒸気が水滴に変わるときの温度を【**❾露点**】といいます。

　空気中の水蒸気が冷やされると，やがて水滴になります。

これを**凝結**といい，凝結するときの温度を**露点**といいます。

露点は，一定の体積の空気中にふくんでいる水蒸気の量が多いほど高くなります。

したがって，露点がわかると，一定の体積の空気中にふくんでいる水蒸気の量を求めることができます。

たとえば　露点が 18 ℃の空気 1 m³ の中にふくまれている水蒸気の量は，18 ℃の空気の飽和水蒸気量に等しいので，上の飽和水蒸気量の表より，15.4 g であることがわかります。

部屋の空気の露点を調べる実験

実験手順

① 室温を測定した後，セロハンテープをはった金属のコップの中にくみ置きの水を入れ，水温をはかる。

② 氷を入れた試験管をコップの中に入れて水温を下げ，コップの表面がくもり始めたときの水温をはかる。

ポイント セロハンテープの表面はくもらないので，**コップとの境目付近**を見ると，くもり始めがわかりやすいです。

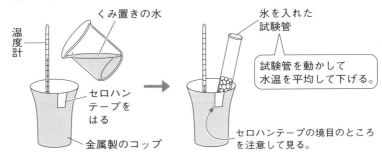

結　果

たとえば，次の実験結果であった場合を考察します。

① 室温と水温をはかると，どちらも 30 ℃であった。

② コップの表面がくもり始めたときの水温は 20 ℃であった。

考　察

　コップの表面の温度はコップの中の水温と同じ温度になり，コップの表面にふれている空気の温度はコップの表面の温度と同じになるので，コップの表面にふれている空気の温度はコップの中の水温に等しいと考えられます。

　よって，コップの表面がくもり始めたときの水温 20 ℃が，空気 1 m³ あたりにふくまれている水蒸気量が飽和水蒸気量と一致して水滴となり始めた温度なので，**露点**は 20 ℃であるといえます。したがって，この部屋の 30 ℃の空気 1 m³ にふくまれていた水蒸気の量は，20 ℃の飽和水蒸気量と同じ 17.3 g（前ページの表より）であることがわかります。

さらに この空気の温度を 10 ℃まで下げると，1 m³ あたり，20 ℃の飽和水蒸気量と 10 ℃の飽和水蒸気量の差である 7.9 g（17.3 − 9.4 ＝ 7.9）だけ，水蒸気が凝結し，水滴となって現れます。

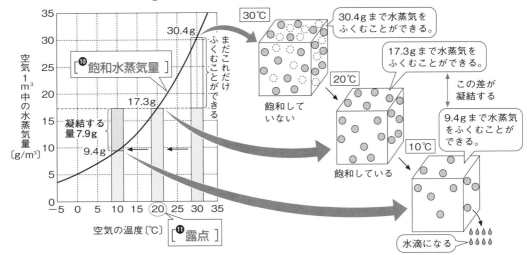

(2) 空気 1 m³ 中の水蒸気量の，その温度の飽和水蒸気量に対する割合を百分率で表したものを
【**⑫湿度**】といいます。

湿度とは，空気 1 m³ 中にふくまれている水蒸気量が，その温度の飽和水蒸気量に対してどれ
ぐらいの割合であるのかを**百分率**(パーセント，記号：%)で表したものです。

湿度は，次のような式で求めることができます。

$$\text{湿度}(\%) = \frac{\text{空気}[\overset{⑬}{1\ \text{m}^3}]\text{中にふくまれている水蒸気量}(\text{g/m}^3)}{\text{その温度の}[\overset{⑭}{\text{飽和水蒸気量}}](\text{g/m}^3)} \times 100$$

下の**図1**で示したように，空気 1 m³ 中の水蒸気量が変化しなければ，温度を下げるほど，湿
度は高くなり，露点に達すると，湿度は[**⑮100%**]になります。
その後，さらに温度を下げて水滴が出てきても，湿度は **100%** のまま変わりません。

図1と**図2**をくらべると，空気 1 m³ 中の水蒸気量が異なれば，同じ温度でも湿度が異なるこ
とがわかります。

このように，湿度は，空気 1 m³ 中の水蒸気量と温度によって変化し，空気の湿りけの度合い
を表しています。

ポイント 一定の体積あたりの水蒸気量が変化しなければ，気温が上がると湿度は下がり，気温が下が
ると湿度が上がります。

よって，**晴れた日(空気中の水蒸気量が大きく変化しない)の気温と湿度の1日の変化は，
まったく逆の変化を示します(p.130)**。

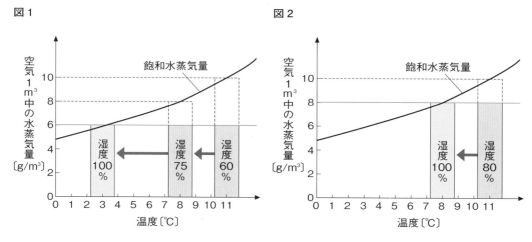

30 ℃，20 ℃，10 ℃の飽和水蒸気量を，それぞれ 30.4 g，17.3 g，9.4 g としたとき，1 m³ 中
に 17.3 g の水蒸気をふくむ 30 ℃の空気を冷やして，20 ℃，10 ℃にしたときの各湿度を求めると，

30 ℃… $\frac{17.3}{30.4} \times 100 = 56.90\cdots$　よって，56.9%

20 ℃… $\frac{17.3}{17.3} \times 100 = 100$　よって，100%

10 ℃…**露点以下の温度の場合，湿度はつねに 100% となっています。**

例題　実験室の温度を測定したところ，26℃であった。

次に，セロハンテープをはった金属のコップの中にくみ置きの水を入れ，水温を測定したところ，室温と同じ26℃であった。

その後，右図のように，氷を入れた試験管をコップに入れて，試験管を動かして水温を均一に下げていき，セロハンテープと金属のコップの境目がくもり始めたときの水温を測定したところ，14℃であった。

下の表は，いろいろな温度の飽和水蒸気量を示したものである。

これについて，あとの問いに答えなさい。

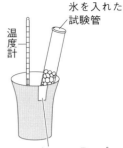

温度〔℃〕	2	6	10	14	18	22	26	30
飽和水蒸気量〔g/m³〕	5.6	7.3	9.4	12.1	15.4	19.4	24.4	30.4

① 実験室の空気の露点は何℃ですか。

【　　　　　℃】

② 実験室の空気1 m³ の中にふくまれている水蒸気の質量は何gですか。

【　　　　　g】

③ 実験室の空気1 m³ の中に，さらにふくむことのできる水蒸気の質量は何gですか。

【　　　　　g】

④ 実験室の空気の湿度は何％ですか。小数第2位を四捨五入して，小数第1位まで求めなさい。

【　　　　　％】

解き方

① 露点とは，空気中の水蒸気が凝結して水滴になるときの温度なので，金属のコップがくもり始めた14℃が露点です。　　　　答【　　14　　℃】

② 実験室の空気1 m³ の中には，露点の飽和水蒸気量と同じ質量の水蒸気をふくんでいます。

答【　　12.1　　g】

③ 26℃の飽和水蒸気量は表より24.4 g/m³ なので，さらにふくむことのできる水蒸気の質量は，

24.4 − 12.1 = 12.3 g　　　　答【　　12.3　　g】

④ 湿度を求める式

$$湿度〔％〕 = \frac{空気1 m³ 中にふくまれている水蒸気量〔g/m³〕}{その温度の飽和水蒸気量〔g/m³〕} × 100$$

にあてはめる。

26℃の飽和水蒸気量は24.4 g/m³ で，実験室の空気1 m³ 中にふくまれている水蒸気の量は12.1 g/m³ なので，実験室の湿度は，

$\frac{12.1}{24.4} × 100 = 49.59…$　よって，49.6％　　　　答【　　49.6　　％】

3 雲のでき方

(1)

> **上昇する空気の動きを**[❶⁶上昇気流]**といいます。**
>
> **下降する空気の動きを**[❶⁷下降気流]**といいます。**

　まわりとくらべてあたたかい空気は上昇し，冷たい空気は下降します。

　また，あたたかい空気(暖気)と冷たい空気(寒気)がぶつかると，暖気と寒気は混じり合わずに，暖気が寒気の上を上昇しようとします。

　このような，上昇する空気の動きを**上昇気流**といいます。

　これに対して，下降する空気の動きを**下降気流**といいます。

> [❶⁸上昇気流]**が生じている所では，雲ができやすくなります。**

　次の①～④のように上昇気流が起きている所では，雲ができやすくなります。

① 強い日射で地面が熱せられると，地面付近の空気があたためられて軽くなり，上昇気流が起きます。

② 風が[❶⁹山]にぶつかると，空気が山の斜面に沿って上昇します。

③ [❷⁰あたたかい]空気(暖気)と[❷¹冷たい]空気(寒気)がぶつかると，あたたかい空気が冷たい空気の上にはい上がったり，あたたかい空気が冷たい空気によって押し上げられたりして上昇します。

④ 低気圧(**p.132**以降でくわしく学習します)の中心付近では，まわりからふきこんできた空気が上昇気流となります。

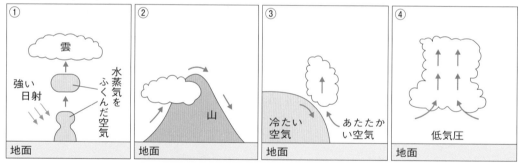

　雲ができるしくみは，**p.126**で説明します。

　大気圧は，上空にいくほど小さくなるので，地表付近の空気が上昇すると，膨張して体積が大きくなります。

雲をつくる実験

実験手順

① 丸底フラスコの中に少量のぬるま湯と線香の煙を入れ，右の図のような装置を組み立てる。

② ピストンをすばやく引いたり押したりして，温度や気圧を測定し，フラスコ内のようすを観察する。

ポイント フラスコ内に少量のぬるま湯を入れるのは，フラスコ内の水蒸気の量をふやして湿度を上げ，水蒸気が凝結しやすくするためです。
フラスコ内に線香の煙を入れるのは，**線香の煙を，水滴をつくる核とする**ためです。

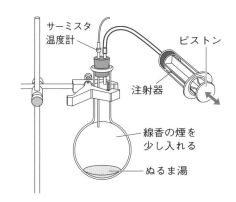

結　果

ピストンをすばやく引くと，フラスコ内が白くくもり，ピストンをすばやく押すと，フラスコ内のくもりが消えた。

考　察

　ピストンをすばやく引くと空気が膨張するので，温度が下がります。
温度が露点以下まで下がると，フラスコ内の水蒸気が凝結して水滴になるため，白くくもったと考えられます。
　また，ピストンをすばやく押すと空気が収縮するので，温度が上がります。
このとき，水滴が水蒸気となったため，くもりが消えたと考えられます。

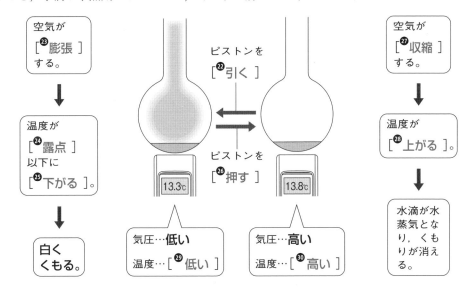

5章

気象と天気の変化

(2) 実際に雲ができるしくみを見ていきましょう。

　　空気が上昇すると，まわりの気圧が[❸ 低くなる]ため膨張します。

よって，上昇した空気の温度は下がっていき，やがて[❸ 露点]よりも低くなると，空気中の水蒸気の一部が**小さな水滴や氷の結晶**になります。

この，小さな水滴や氷の結晶が集まったものが[❸ 雲]です。

雲をつくる小さな水滴や氷の結晶はとても小さいので，空気中に浮いたまま落下しませんが，これらがたがいにぶつかって合体するなどして大きくなると，落ちてきます。

　　氷の結晶は，落ちてくる間にとけて水滴となり，雨として落ちてくることもあります。

このようにして雲から落ちてくる水滴や氷の結晶が**雨や雪**です。

　　これらの，雨や雪などをまとめて[❸ 降水]といいます。

降水をもたらす雲は，おもに**乱層雲や積乱雲**などの厚い雲です。

雲の名前や性質は，**p.134～139**でくわしく学習します。ここではちょっとだけ頭に入れておいてくださいね。

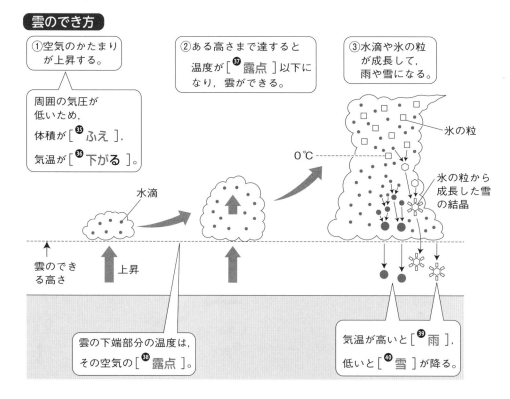

雲のでき方

①空気のかたまりが上昇する。

周囲の気圧が低いため，体積が[❸ ふえ]，気温が[❸ 下がる]。

②ある高さまで達すると温度が[❸ 露点]以下になり，雲ができる。

③水滴や氷の粒が成長して，雨や雪になる。

氷の粒

氷の粒から成長した雪の結晶

0℃

水滴

雲のできる高さ

上昇

雲の下端部分の温度は，その空気の[❸ 露点]。

気温が高いと[❸ 雨]，低いと[❹ 雪]が降る。

おまけ 寒くなるとはく息が白くなるのは，体内であたためられてたくさん水蒸気をふくんだ空気が外気で冷やされることで，水蒸気の一部が細かい水滴として現れるからです。

しかし，南極にすんでいるペンギンは息が白くなりません。

それは，南極の空気はとてもきれいで，核となるちりやほこりがなく，水滴がたがいにくっつくことができないためです。

そのかわり，ひげを伸ばした人が南極や北極に行けば，はく息にふくまれていた水分がたちまちひげに凍りついてくるでしょう。

(3) 地球上に存在する水の97%は海水です。

つまり，地球上の水の大部分は液体の状態で存在しているのです。

残りの3%は，川や湖，地下水，氷河，空気中の水蒸気(全体の1000分の1%以下)として存在しています。

液体の水は，海水面や地表面から蒸発し，水蒸気(気体の水)となって上空を移動します。地球上の水は，次の①〜③の3つの段階をくり返して，たえず循環しています。

① 海水や地表の水(川・湖など)は，その表面から蒸発し，空気中の水蒸気となります。
植物から蒸散した水蒸気も空気中へとけこんでいきます。

② 空気中へとけこんだ水蒸気の一部は，上昇して凝結し，雲をつくります。

③ 雲をつくっている水滴や氷の粒がぶつかって集まり，大きな粒になると，降水として海上や地上にもどります。

水の循環や大気の動きのもとになっているのは[❹¹太陽のエネルギー]です。

海上や地上の水が蒸発するのは，おもに太陽(日光)のエネルギーによって熱せられるためです。また，あたためられた地面や海面がその上の空気をあたため，それが上昇することによって大気の対流が起こり，大気中の水蒸気も大気といっしょに動きます。

つまり，水の循環や大気の動きのもとになっているのは，**太陽のエネルギー**であるといえます。

地球上の水の循環

空気の移動⑧

海からの蒸発 ⑦⑧
降水
蒸発 ⑧⑥
||等しい
海への降水
＋
流水

蒸発 ⑭
降水 ㉒

【❹²太陽】のエネルギーによる。

陸地への降水
||
陸地からの蒸発
＋
空気の移動

流水⑧

地球上の水の97%は【❹³海】に存在する。

地下水

※図中の数字は，全降水量を100としたときの値である。

　天気・風向・風力・気温・気圧・湿度・降水量などの気象要素の測定方法と表記方法を，しっかり身につけておきましょう。

　また，**乾湿計**と**湿度表**から気温と湿度を導きだせるようにしておくことと，**気温・気圧・湿度の変化を示したグラフ**から，さまざまなことを推察できるようになることが重要です。

1 気象の観測方法と表記方法

(1)　降水がなく，空全体を **10** としたときの雲が空をしめる割合が **0〜1** のときは［**❶快晴**］，

　　2〜8 のときは［**❷晴れ**］，**9〜10** のときは［**❸くもり**］としています。

　降水や雷などの気象現象がある場合の天気は，雲量（うんりょう）に関係なく雨，雪，雷などとします。
天気を示す**天気記号**は，下の表のようになっています。

記号	○	◑	◎	●	⊗
天気	［**❹快晴**］	［**❺晴れ**］	［**❻くもり**］	［**❼雨**］	雪

(2)　**風がふいてくる向き**を［**❽風向**］といいます。

　風向や**風力**は，図1のような**風向風速計**で測定します。

　風向は，図2のように，**風がふいてくる向き**を［**❾16方位**］で表します。

　風力は，風速から求めます（例：風速 0.3 m/s 以上 1.6 m/s 未満の風力は 1）。

　参考 風力は，木の葉がゆれる，池に波がたつなどまわりのようすからも求めることがあります。

　風向や風力は，図3のように，天気記号にはねをつけて示します。

図1　風向風速計

図2　16方位

図3　天気・風向・風力の表し方

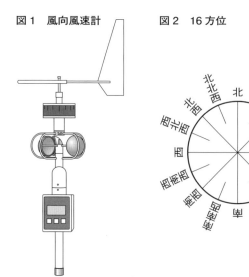

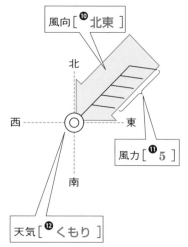

風向［**❿北東**］

風力［**⓫5**］

天気［**⓬くもり**］

(3) [**⓭気圧**]は，右の図のような**アネロイド気圧計**や**水銀気圧計**を用い
て測定します。

気圧の単位は，[**⓮ヘクトパスカル**]（記号：hPa）を用います。

1 気圧は約 1013 hPa です。

(4) **気温**は，**地上 1.5 m** の高さで，温度計の球部に**直射日光を当てない**
ようにして測定します。

下の図のような**乾湿計**を用いる場合は，乾球温度計の示度を読みとり
ます（乾湿計の球部も高さ 1.5 m で，直射日光を当てない）。

(5) **湿度**は，乾球温度計と湿球温度計の示度を読みとり，湿度表を用いて求めます。

〔湿度表の読み方〕

　乾球温度計の示度が 12.0 ℃，湿球温度計の示度が 10.0 ℃であれば，湿度表の縦の 12 の行
と横の 2.0 の列（12.0 − 10.0 = 2.0）との交点の値を読みとります。

　よって，このときの湿度は[**⓯76%**]です。**表から読みとる問題も入試に出ますよ**

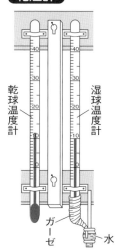

乾湿計

乾球温度計　湿球温度計

ガーゼ　水

湿度表（一部）

		乾球と湿球の示度の差〔℃〕					
		0.0	0.5	1.0	1.5	2.0	2.5
乾球の示度〔℃〕	15	100	94	89	84	78	73
	14	100	94	89	83	78	72
	13	100	94	88	82	77	71
	12	100	94	88	82	76	70
	11	100	94	87	81	75	69
	10	100	93	87	80	74	68

おまけ 小学校などで，百葉箱を見たことはありますか？

百葉箱は，直射日光や雨の影響を受けずに気温や湿度をは
かることができるようにつくられています。

この百葉箱の中には自動で気温・気圧・湿度の変化を記録
する装置が入っていて，これを自記記録計や自記温湿度記
録計といいます。

(6) **降水量**は，**雨量計**で測定します。

一定時間に降った雨の量を**雨量**といい，雨だけではなく雪やあられなどもふくめたものを**降水量**
といいます。

雨量は，雨水が流れたり，地面にしみこんだりしない場合にたまる水の**深さ〔mm〕**で表します。

2 気温・気圧・湿度の変化のグラフ

> 晴れた日の**気温**と**湿度**の1日の変化は，まったく[**⑯逆**]の変化をします。

晴れた日では，空気中の水蒸気の量は大きく変化しません。

気温が上がると飽和水蒸気量が大きくなる(**p.122**の湿度を求める式の分母が大きくなる)ので，湿度は小さくなります。

気温が下がると飽和水蒸気量が小さくなる(湿度を求める式の分母が小さくなる)ので，湿度は大きくなります。

下の図のような連続した6日間の気温，気圧，湿度の変化の記録から，どのようなことが読みとれるのか考えてみましょう。

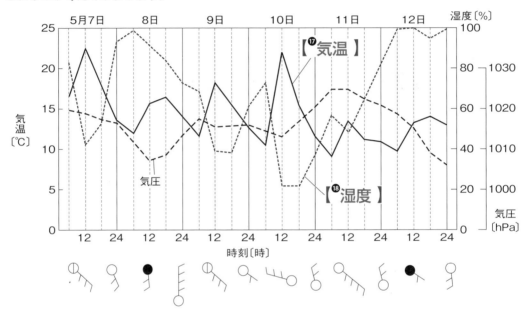

① 9日の24時，10日の12時，24時の天気記号がすべて快晴であることから，10日は晴れていたと推測できます。

10日の記録から，**晴れた日の気温と湿度は，まったく逆の変化を示し**，気温と湿度の1日の変化はどちらも[**⑲大きい**]ことがわかります。

また，気温は昼過ぎに最高になり，[**⑳明け方**]ごろに最低となっています。

さらに，湿度は昼過ぎに最低になり，明け方ごろに最高になります。

② 8日は，天気記号から昼間は雨であったことがわかります。

8日の記録から，雨の日の気温の変化は[**㉑小さく**]，湿度は1日中[**㉒高い**]ことがわかります。

③ 全体の天気の変化と気圧の変化から，気圧が[**㉓高く**]なると晴れ，気圧が[**㉔低く**]なるとくもりや雨になることがわかります。

次ページの例題重要です。**入試に出ます**

下の図は，ある連続した２日間の気温・気圧・湿度・天気・風向・風力の変化を示したものである。

これについて，あとの問いに答えなさい。

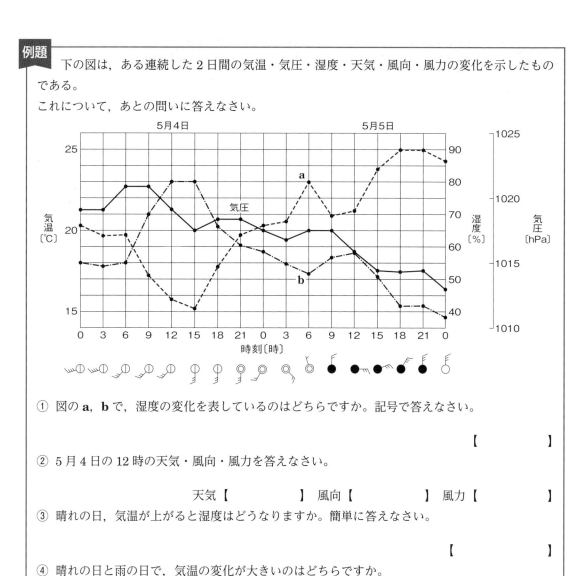

① 図の **a**，**b** で，湿度の変化を表しているのはどちらですか。記号で答えなさい。

【 　　　　　 】

② ５月４日の 12 時の天気・風向・風力を答えなさい。

天気【 　　　 】 風向【 　　　 】 風力【 　　　 】

③ 晴れの日，気温が上がると湿度はどうなりますか。簡単に答えなさい。

【 　　　　　 】

④ 晴れの日と雨の日で，気温の変化が大きいのはどちらですか。

【 　　　　　 】

解き方

① 天気記号から，５月４日は深夜０時から夕方 18 時頃まで，ほぼ１日中晴れていたことがわかります。

　　この日の昼頃高くなっている **b** が気温なので，湿度の変化は **a** のグラフです。

答【 　　**a**　　 】

② 天気記号で，①は晴れ，◎はくもり，●は雨，○は快晴です。

　　また，風向は矢の向きで表し，風力ははねの数で表しています。

答 天気【 　晴れ　 】 風向【 　南西　 】 風力【 　3　 】

③ ５月４日の晴れの日，昼ごろに気温(**b**)が上がると，湿度(**a**)は下がっています。

答【 　下がる。　 】

④ 晴れている５月４日の気温(**b**)の変化は大きく，雨の日の５月５日の気温の変化は小さくなっています。

答【 　晴れの日　 】

21 ▶ 前線と天気図

→書き込み編 p.61～66

　寒冷前線と**温暖前線**のつくりと特徴をしっかり理解し，前線通過後に気象がどのように変化するのか推測できるようになりましょう。

　また，日本上空で1年中ふいている**偏西風**という強い西風によって，低気圧や移動性高気圧は西から東へ移動することが多いので，日本では**天気が西から変化してくる**ということを理解しておきましょう。

1 気圧配置と風

(1)　まわりより**気圧が高い所**を【❶**高気圧**】，低い所を【❷**低気圧**】といいます。

　　気圧は測定する場所の高さによって異なります。

　　いろいろな地点で同時刻に測定した気圧を**海面と同じ高さの気圧に直し**，同時刻の気圧が等しい**地点を結んだなめらかな曲線**を【❸**等圧線**】といいます。

　　測定した気圧を海面の気圧に直すときは，高さが10m上がるごとに約1.2hPaずつ加えます。このような方法を，<ruby>海面更正<rt>かいめんこうせい</rt></ruby>といいます。

　　また，**等圧線**は，ふつう，**1000hPa**を基準にして，**4hPa**ごとに細い線でかき，**20hPa**ごとに太い線でかきます。

　　等圧線はたがいに交わることはなく，枝分かれしたりなくなったりもせずに，丸く閉じていて，まわりより気圧が高い所を**高気圧**，低い所を**低気圧**といいます。

　　等圧線によって示された気圧の分布のようすを[❹**気圧配置**]といい，高気圧や低気圧の位置も示されます。

(2)　**等圧線**や**高気圧・低気圧**の位置に加えて，**天気記号**などを用いて各地の**天気・風向・風力**などを地図上に記入したものを[❺**天気図**]といいます。

　　下の**図1**のように，等圧線が引かれた地図上に，各地の天気記号や風向・風力を示す記号が記入されたものを**天気図**といいます。

　　図2は同じ日時に気象衛星によって撮影された画像で，**図1**と見くらべると低気圧のある所に雲があることがよくわかります。

図1　天気図

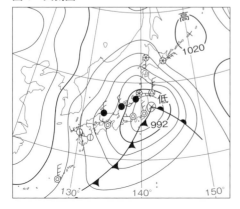

図2　衛星画像

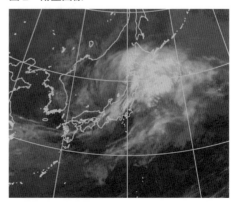

(3) 　風は，[**⑥**高気圧]の中心から[**⑦**低気圧]の中心に向かってふきます。

　高気圧の中心では[**⑧**下降気流]が発生していて，**低気圧**の中心では[**⑨**上昇気流]が発生しています。

　そのため，地表(付近)では高気圧の中心付近で下降してきた大気が低気圧の中心へ移動しようとする力がはたらきます。

　このような，気圧の差による地表付近での大気の水平方向の動きが，私たちが地表で感じている**風**です。

　下の図のように，日本のある北半球の高気圧のまわりでは，**高気圧の中心から時計回りにふき出す**ような風がふき，低気圧のまわりでは，**低気圧の中心に向かって反時計回りにふきこむ**ように風がふきます。

　また，低気圧の中心では上昇気流が発生しているため，雲が発生しやすく，**低気圧におおわれるとくもりや雨になる**ことが多くなります。

　高気圧の中心では下降気流が発生しているため，雲ができにくく，**高気圧におおわれると晴れになる**ことが多くなります。

　風の強さは，ふつう，一定の範囲の間で気圧の差が大きいほど強くなります。

したがって，天気図の等圧線の間隔が[**⑩**せまい]所ほど，風が強くなります。

　このように，天気図の気圧配置から，各地の天気や風向・風力などを推測することができます。

【**⑪**高気圧 】　　　　　　　　　　　　　　【**⑭**低気圧 】

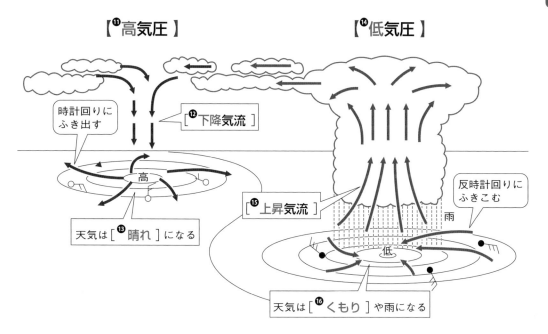

時計回りに
ふき出す　　　　[**⑫**下降気流]

天気は[**⑬**晴れ]になる

[**⑮**上昇気流]

雨

反時計回りに
ふきこむ

天気は[**⑯**くもり]や雨になる

2 気団と前線

(1) | **性質が一様で，大規模な大気のかたまりを【⑰気団】といいます。**

　大陸上や海洋上に大規模な高気圧ができると，その中の大気があまり動かないため，気温や湿度がほぼ一定になります。

このような，性質が一様で，大規模な大気のかたまりを**気団**といいます。

　たとえば，日本の**北側**には[⑱冷たい]気団ができ，日本の**南側**には[⑲あたたかい]気団ができます。

　また，**大陸上では**[⑳乾燥した]気団ができ，**海洋上では**[㉑湿った]気団ができます。

| **寒気団と暖気団が接したときの境界面を【㉒前線面】といいます。**
| **前線面と地面が交わってできる線を【㉓前線】といいます。**

　冷たい気団を**寒気団**といい，あたたかい気団を**暖気団**といいます。

　寒気団と暖気団は接しても混じり合わず，気団どうしの間に境界面ができます。この境界面を**前線面**といい，前線面と地面が交わってできる線を**前線**といいます。

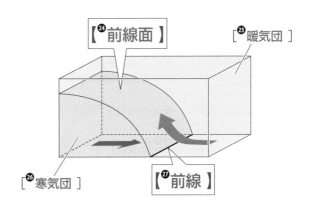

【㉔前線面】　　[㉕暖気団]

[㉖寒気団]　　【㉗前線】

　前線面では，暖気が寒気の上に上がろうとして[㉘上昇気流]が起こるため，雲が発生しやすく，**前線付近では**[㉙雨]**が降りやすくなります。**

前線の通過前後の天気の変化は重要です。入試でも聞かれます

(2) | **寒気が暖気を押し上げながら進んでいる前線を【㉚寒冷前線】といいます。**

　暖気より寒気の勢力のほうが強く，寒気が暖気を押し上げながら進む前線を**寒冷前線**といいます。寒冷前線を示す記号は ▼▼▼▼▼ です。

　寒冷前線の前線面の傾斜は大きく，**はげしい**[㉛上昇気流]が生じます。

そのため，[㉜積乱雲]や積雲などの垂直に発達する雲ができやすく，寒冷前線が通過するときは強い[㉝にわか雨]が降ることが多く，ときには，雷が鳴ったり，突風がふいたり，ひょうが降ることもあります。

しかし，**雲ができる範囲はせまいので，雨の降る時間は**[㉞短く]，天気は急速に回復します。

また，寒冷前線の通過後は寒気におおわれるため，**気温は急速に**[㉟下がり]，**風向は南よりから**[㊱北より]**に変わります。**

南よりの風とは，風向が南を中心に南東から南西の間でばらついている風のことをいいます。

　ちなみに　寒冷前線による雨の範囲(進行方向に対する長さ)はおよそ50 kmくらいで，寒冷前線の進行速度はおよそ50 km/hなので，雨の降り続く時間は，およそ1時間くらいです。

$$50 \text{ km} \div 50 \text{ km/h} = 1 \text{ h}$$

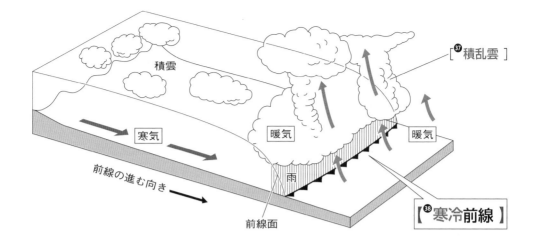

積雲

寒気

前線の進む向き

暖気

雨

前線面

暖気

[❸❼積乱雲]

【❸❽寒冷前線 】

(3) 暖気が寒気の上にはい上がりながら寒気を押して進んでいる前線を【❸❾温暖前線】といいます。

　寒気より暖気の勢力のほうが強く，暖気が寒気の上にはい上がりながら寒気を押して進む前線を**温暖前線**といいます。

温暖前線を示す記号は ━━●━━●━━●━ です。

　温暖前線の前線面の傾斜は小さく，**ゆるやかな**[❹⓪上昇気流]が生じます。

そのため，[❹❶乱層雲]や高層雲などの層状の雲が広い範囲にわたってできます。

温暖前線が近づいてくると，雲はしだいに低くて厚くなり，やがて[❹❷おだやかな雨]（弱い雨）が降り始めます（巻雲→高層雲→乱層雲と変化する）。

広い範囲にわたって雲ができるため，**雨が降り続く時間は**[❹❸長く]なります。

また，温暖前線の通過後は暖気におおわれるため，**気温は**[❹❹上がり]，[❹❺南より]**の風がふくようになります**。

ちなみに　温暖前線による雨の降る範囲は 200〜300 km なので，雨の降る範囲を 250 km とし，温暖前線の進行速度を 40 km/h とすると，雨の降り続く時間は，およそ 6 時間くらいです。

　　　　250 km ÷ 40 km/h = 6.25 h

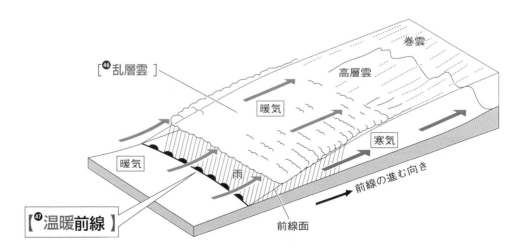

[❹❻乱層雲]

暖気

巻雲

高層雲

寒気

暖気

雨

前線面

前線の進む向き

【❹❼温暖前線 】

(4)　寒気と暖気の勢力がほぼ等しく、**あまり動かない前線**を【^㊽**停滞前線**】といいます。

　　北から南下しようとする寒気と南から北上しようとする暖気の勢力がほぼ等しいとき、前線があまり動かず、ほとんど同じ場所に停滞します。

　このような前線を**停滞前線**といいます。

　停滞前線を示す記号は ～～～ です。

　停滞前線はほぼ**東西方向にのび**、北へも南へもほとんど動きません。

　そのため、**長期間にわたって雨が降り続ける**ことが多くなります。

　6月から7月の雨やくもりの日が多くなる時期を**つゆ(梅雨)**といい、この時期にできる停滞前線を[^㊾**梅雨前線**]といいます。

　9月から10月の**初秋**にできる停滞前線を[^㊿**秋雨前線**]といいます。

(5)　**寒冷前線が温暖前線に追いついてできる前線**を[^㉛**閉塞前線**]といいます。

　　前線上に低気圧が発生すると、低気圧の中心から南西に寒冷前線がのび、南東に温暖前線がのびたかたちになります。これを**温帯低気圧**といいます(右ページの図③)。

　このとき、**寒冷前線のほうが温暖前線より**[^㉜**速く進む**]ので、しだいに接近し、やがて追いつきます(右ページの図④)。

　すると、下の図のように、暖気は2種類の寒気の上に押し上げられ、地表面は[^㉝**寒気**]だけにおおわれます。

　このようにしてできた前線を**閉塞前線**といいます。

　閉塞前線を示す記号は ▲●▲● です。

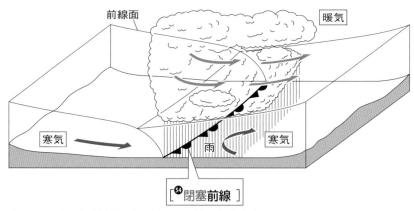

上の図は、寒冷前線側(左側)の寒気が温暖前線側(右側)の寒気より気温が低くて重くなっている場合のモデル図です。

前線の種類

種　類	でき方など	記　号
寒冷前線	寒気が暖気の下にもぐりこみ、暖気を激しく押し上げる。	▼▼▼
温暖前線	暖気が寒気の上にはい上がりながら、寒気を押して進む。	▲▲▲
停滞前線	寒気と暖気の勢力が等しいときにできる。動きにくい。	▲▼▲▼
閉塞前線	寒冷前線が温暖前線に追いついたときにできる。	▲●▲●

3 低気圧と前線

(1)
> 台風を除き，日本付近をおとずれる低気圧は[**⑤⑤温帯低気圧**]です。

　日本付近は，寒気団と暖気団が接して前線ができやすい環境にあります。

　そのため，次の①〜④のような順で，低気圧と前線が変化していきます。

① 寒気団と暖気団の勢力が同じくらいだと，**停滞前線**ができます。

② 前線上で大気のうずが生じて低気圧ができると，低気圧の中心の**西側**では寒気が暖気を押しながら進む**寒冷前線**ができ，**東側**では暖気が寒気の上にはい上がりながら進む**温暖前線**ができます。

　また，このようにしてできる低気圧を**温帯低気圧**といいます。

③ **寒冷前線のほうが温暖前線より進む速度が速い**ため，しだいに寒冷前線が温暖前線に近づいていき，地上の暖気の範囲がせまくなっていきます。

④ 低気圧の中心付近から，しだいに寒冷前線が温暖前線に追いついて，**閉塞前線**ができます。

　閉塞前線ができると，地表はすべて寒気におおわれて，低気圧は消滅していきます。

ポイント 温帯低気圧は，寒冷前線や温暖前線などの**前線をともないます**。

　これに対して，台風などの熱帯低気圧は前線をともないません。

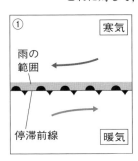 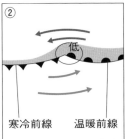 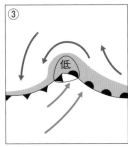 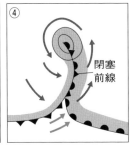

(2) 北半球での温帯低気圧と熱帯低気圧のちがいを確認しましょう。

・温帯低気圧…[**⑤⑥温帯地方**]（北緯 30°〜60° 付近）で発生する低気圧。

特徴 1. 低気圧の中心から[**⑤⑦南西**]にのびる**寒冷前線**と[**⑤⑧南東**]にのびる**温暖前線**をともないます。

　　　 2. 発生した後，発達しながら，およそ**西から東へ移動**します。

ポイント 日本付近の上空では，**偏西風**という強い**西風**が 1 年中ふいています。

　　　そのため，この付近の**低気圧や移動性高気圧**は，[**⑤⑨西から東**]へ移動していきます。

・熱帯低気圧…[**⑥⓪熱帯地方**]（北緯 5°〜20° 付近）の海洋上で発生する低気圧。

特徴 1. [**⑥①前線**]をともないません。

　　　 2. 等圧線はほぼ円形で，中心に近いところほど**密**になります。

　　　 3. 熱帯低気圧が発達し，最大風速が 17.2 m/s 以上になったものを[**⑥②台風**]といいます。

(3) 下の温帯低気圧の構造の模式図は，右の**図1**の**A－B**の位置での垂直断面図です。

温帯低気圧の一般的な構造は，およそ次の①～⑥のようになっています。

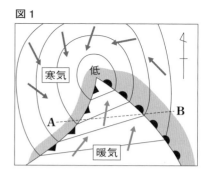

図1

① **全体の構造**

温帯低気圧の全体的なすがたは，下の**図2**のようになっています。

低気圧の影響のおよぶ範囲は，2000～3000 km にもなります。

② **ともなう前線**

　　・**寒冷前線**…低気圧の中心から**南西方向**にのびています。

　　・**温暖前線**…低気圧の中心から**南東方向**にのびています。

③ **暖気・寒気の分布のようす**

寒冷前線と温暖前線にはさまれた部分には［❻❸暖気 ］があり，それ以外の部分には［❻❹寒気 ］が分布しています。

④ **雲のようす**

　　・**寒冷前線にともなう雲**…せまい範囲に**積乱雲**や**積雲**が発生します。

　　・**温暖前線にともなう雲**…広い範囲に**乱層雲**などの層雲状の雲が発生します。

温暖前線が近づくにつれて，巻雲→巻層雲→巻積雲→高層雲→**乱層雲**というように，雲は厚くて低いものに変化していきます。

⑤ **雨が降る範囲**

　　・**温暖前線**の［❻❺前方 ］…範囲は広く，200～300 km です。

　　・**寒冷前線**の［❻❻後方 ］…範囲はせまく，50～60 km です。

⑥ **風のふき方**

　　・中心に向かって反時計回りに風がふきこんでいます。

　　・**寒冷前線**の通過後は**北よりの風**，**温暖前線**の通過後は**南よりの風**がふきます。

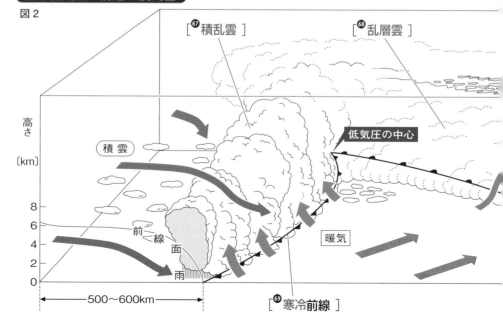

温帯低気圧の構造の模式図

図2

前線の通過と天気の変化（気象観測データ）

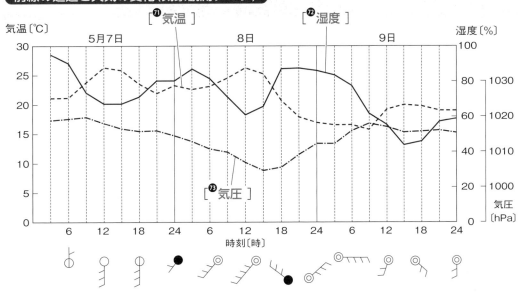

上のグラフで，5月8日の12時から18時の間で気温が急激に[⁷⁴下がり]，湿度は上がって，風向は南よりの風から急に[⁷⁵北より]の風に変化して，18時ごろに一時的に雨が降っています。このことから，5月8日の12時から18時までの間に[⁷⁶寒冷前線]が通過したことがわかります。

また，[⁷⁷気圧]は5月8日の15時まで下がり続け，そのあと上がり続けているので，5月8日の15時ごろに，**低気圧の中心に最も近いところが通過した**と考えられます。

これは，寒冷前線が通過したときともほぼ一致します。

その理由は，日本付近を温帯低気圧が通過するときは，およそ東または東北東へ向かって移動するので，寒冷前線が通過するころに気圧も最低となることが多いからです。

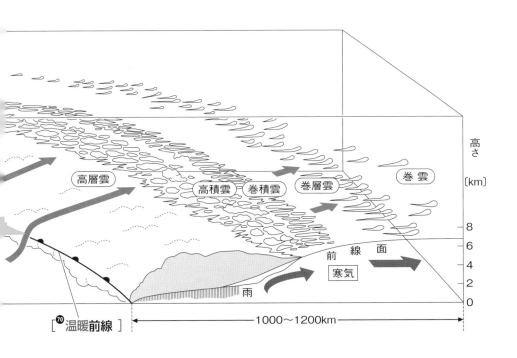

22 ▶ 日本の天気

➡書き込み編 p.67〜71

日本の各季節の天気に影響をあたえる**シベリア気団**，**小笠原気団**，**オホーツク海気団**という3つの気団の特徴は，日本の各季節の天気の特徴とともに，しっかり理解しておきましょう。

また，**偏西風**や**季節風**など，日本付近で生じる特徴ある気流も重要です。

1 日本付近の大気の動き

(1) 日本付近の上空でふく**西風**を【**❶偏西風**】といいます。

下の図のように，日本のある中緯度付近の上空では，全体として南北に蛇行しながら西から東へ移動する**偏西風**という大気の流れがあります。

日本付近の天気が西から東へ変わることが多いのは，偏西風の影響を受けるためなのです。

また，地球規模での大気の流れを見てみると，低緯度付近では，赤道付近で上昇気流が起こるので，高緯度から低緯度に向かって西向きに曲がった風(およそ北東の風)がふきます。

高緯度付近では，極付近で下降気流が起こるので，高緯度(極付近)から低緯度に向かって西向きに曲がった風がふきます。

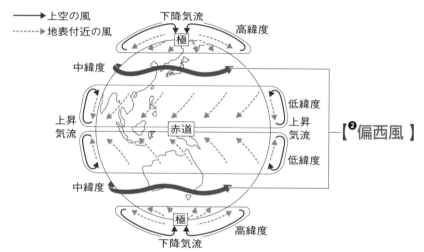

おまけ 地上から約10 km上空でふく強い偏西風を**ジェット気流**といいます。

その速さは400 km/hになることもあり，右の図のように，飛行機は東から西へ向かって飛ぶときより，西から東へ向かって飛ぶときのほうが速くなります。

成田―シアトル間では行きと帰りで2時間もちがうことがあるようです。

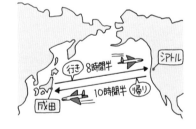

参考 地球をとりまく大気の中で，地表から約10 kmまでの高さを，空気が対流する範囲ということから**対流圏**といいます。

雲ができたり，雨が降ったりする気象現象は，対流圏の中だけで起こります。

もし，地球の大きさ(直径約12800 km)を大きめのリンゴ(直径13 cm)としたら，対流圏はリンゴの皮(厚さ0.1 mm)ぐらいなのです。

とても薄いですね。

地球が受けとる太陽からの放射熱は，緯度によって大幅にちがいます。

右の図のように，太陽から受けとる地表面の面積あたりの放射熱は低緯度地域では多く，高緯度地域では少なくなります。

このままでは，高緯度地域と低緯度地域の熱量の差が大きくなりますが，この不安定さを解消するために地球規模の大気の循環と海水の循環が起こり，熱が移動します。

(2) 季節によって生じる特徴的な風を【❸季節風】といいます。

水は，あたたまりにくくて，冷えにくい物質です。

よって，夏は海洋より大陸のほうがあたたまりやすく，冬は海洋より大陸のほうが冷えやすいため，大陸と海洋にはさまれた日本では，季節によって特徴的な風がふきます。
これを季節風といいます。

冬は［❹北西］の季節風がふき，夏は［❺南東］の季節風がふきます。

冬は，ユーラシア大陸は太平洋より冷えやすいので，ユーラシア大陸上で下降気流が起こって高気圧（シベリア高気圧）が生じ，太平洋上で上昇気流が起こって低気圧が生じます。
よって，図1のように，ユーラシア大陸から太平洋へ向かって北西の季節風がふきます。

夏は，ユーラシア大陸は太平洋よりあたたまりやすいので，ユーラシア大陸上で上昇気流が起こって低気圧が生じ，太平洋上で下降気流が起こって高気圧（太平洋高気圧）が生じます。
よって，図2のように，太平洋からユーラシア大陸へ向かって南東の季節風がふきます。

図1　冬の季節風

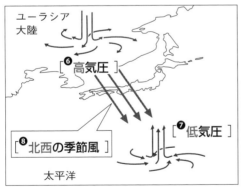

図2　夏の季節風

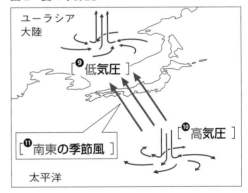

(3)　季節風と同じようなしくみで，海に面した地域では【⑫海陸風（かいりくふう）】という風がふきます。

　　昼は，海よりも陸のほうがあたたまりやすく，夜は，海よりも陸のほうが冷えやすいため，海に面した地域では，風向が1日のうちで変化します。

　　このような，海に面した地域で昼にふく風と夜にふく風をまとめて**海陸風**といいます。

　　海に面した地域で，**昼に海から陸に向かってふく風**を[⑬海風（うみかぜ）]といいます。

　　海に面した地域で，**夜に陸から海に向かってふく風**を[⑭陸風（りくかぜ）]といいます。

　　晴れた日の昼は，海よりも陸のほうがあたたまりやすいため，陸上では上昇気流が起こって気圧が低くなり，海上では下降気流が起こって気圧が高くなります。

　　よって，図3のように，**海から陸に向かって海風がふきます。**

　　晴れた日の夜は，海よりも陸のほうが冷えやすいため，陸上では下降気流が起こって気圧が高くなり，海上では上昇気流が起こって気圧が低くなります。

　　よって，図4のように，**陸から海に向かって陸風がふきます。**

図3

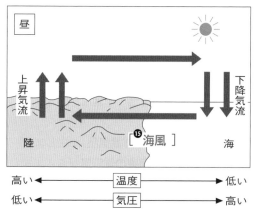

図4

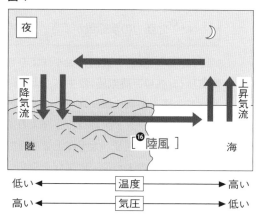

ポイント 季節風も海陸風も，温度の低いほうから高いほうへ向かって風がふきます。

　　朝方と夕方に風が一時的に止まる現象を[⑰なぎ]といいます。

　　海風と陸風が入れかわる朝方と夕方は，一時的に風が止まる時間帯があります。

　　このような現象を**なぎ**といいます。

　　特に，朝方に起こるなぎを**朝なぎ**，夕方に起こるなぎを**夕なぎ**といいます。

2 四季の天気

　　日本の四季の気候の変化には，日本のまわりにできる3つの気団が影響しています。

　　気団の性質については，まず次の2つのことを復習しておきましょう。

　　すると，3つの気団の性質もわかりやすくなります。

　① 日本より[⑱北側]には冷たい気団ができ，日本の[⑲南側]にはあたたかい気団ができます。

　② [⑳大陸]上には乾燥した気団ができ，[㉑海洋]上には湿った気団ができます。

次の表と図は，日本のまわりの３つの気団の特徴をまとめたものです。

気団名	発達する時期	温度・湿度	その他の関連事項
[㉒シベリア気団]	おもに冬	冷たい 乾燥している	冬の北西の季節風は，この気団の空気が流れ出したものである。
[㉓小笠原気団]	おもに夏	あたたかい 湿っている	夏の南東の季節風は，この気団の空気が流れ出したものである。
[㉔オホーツク海気団]	つゆの時期 秋雨の時期	冷たい 湿っている	梅雨前線や秋雨前線は，この気団と小笠原気団がぶつかった所にできる。

[㉕オホーツク海気団]
冷・湿
つゆや秋雨の時期

[㉖シベリア気団]
冷・乾
冬に影響

[㉗小笠原気団]
暖・湿
夏に影響

(1)　冬は，大陸上で【㉘シベリア高気圧】が発達し，この高気圧の中心付近には，**冷たくて乾燥した**【㉙シベリア気団】ができます。

　日本の[㉚西側]で高気圧が発達し，[㉛東側]に低気圧ができるので，このような気圧配置を[㉜西高東低]の気圧配置といいます。

　天気図を見ると，図１のように間隔の[㉝せまい]等圧線が[㉞南北]方向に走っているため，日本では冷たくて強い[㉟北西]の季節風がふきます。

　そのため，[㊱日本海側]では雪や雨が多く，[㊲太平洋側]では**乾燥した晴れの日**が続きます。

図１　冬の天気図

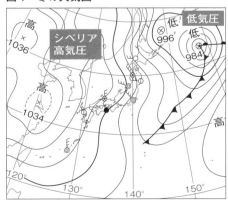

図２　冬の衛星画像

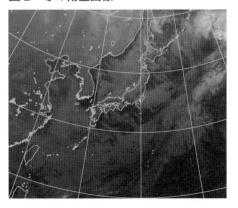

(2) 夏は，太平洋上で[㊳**太平洋高気圧**]が発達し，日本列島は，**あたたかくて湿った**【㊴**小笠原気団** 】におおわれます。

日本の[㊵**南側**]で高気圧が発達し，[㊶**北側**]に低気圧ができるので，このような気圧配置を[㊷**南高北低**]**の気圧配置**といいます。

天気図を見ると，**図3**のように太平洋高気圧に日本がおおわれるため，日本ではあたたかくて湿ったゆるやかな[㊸**南東**]**の季節風**がふきます。
そのため，全国的に**蒸し暑い日**が続きますが，ときどき積乱雲が発達して**夕立**や[㊹**雷**]が発生します。

図3　夏の天気図

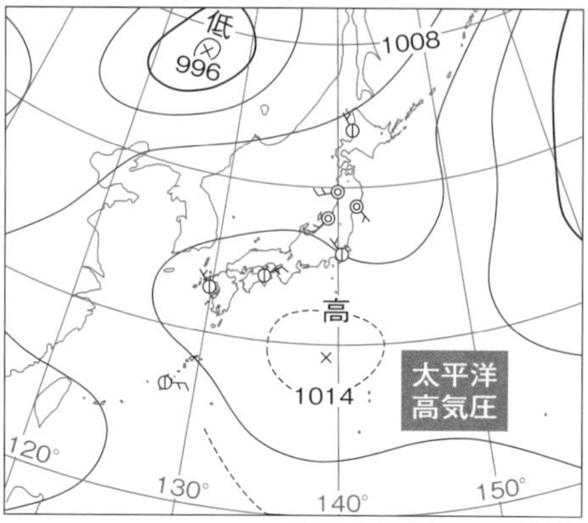

図4　夏の衛星画像

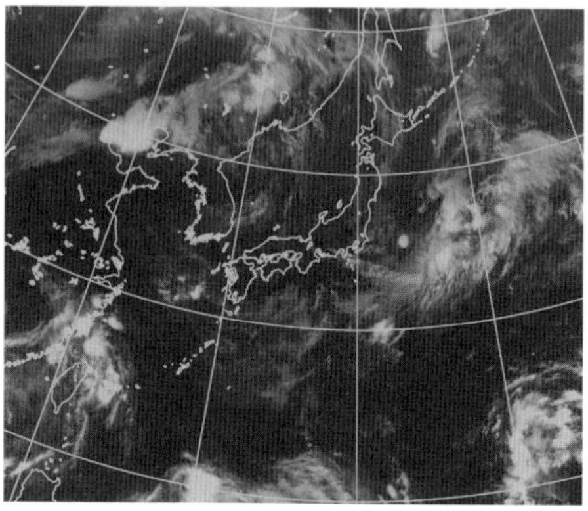

(3) 春と秋によく見られる**移動する高気圧**を特に[㊺**移動性高気圧**]といいます。

春と秋は，**高気圧**と**低気圧**が，およそ1週間周期で日本付近を[㊻**西から東**]**へ移動**します。
そのため，日本では**周期的に天気が**[㊼**変わりやすく**]**なります**。

(4) 夏の前のぐずついた天気が続く時期を[㊽**つゆ**](**梅雨**)，夏の後のぐずついた天気が続く時期を[㊾**秋雨**]といいます。
この時期は，[㊿**オホーツク海気団**]と[(51)**小笠原気団**]の勢力がほぼつり合い，その間に[(52)**停滞前線**]ができます。
この停滞前線のうち，夏の前のものを[(53)**梅雨前線**]，夏の後のものを[(54)**秋雨前線**]といいます。

図5　春や秋の天気図

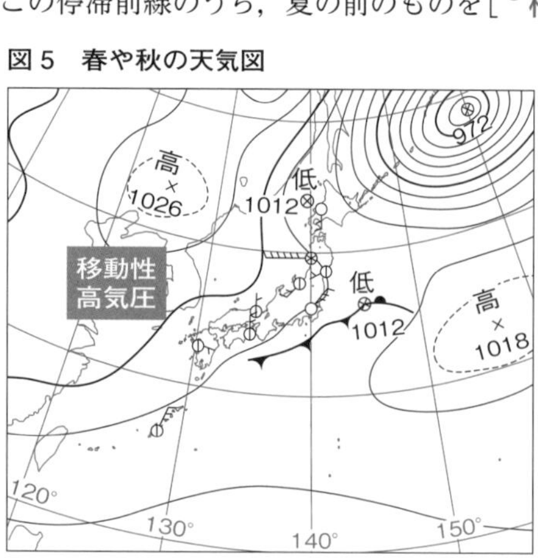

図6　つゆ（梅雨）や秋雨の天気図

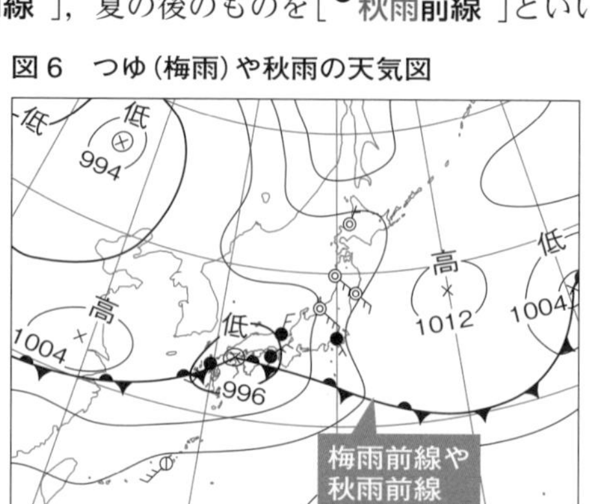

(5) 熱帯地方の海洋上で発生した**熱帯低気圧**が発達し，最大風速が 17.2 m/s 以上になったものを【^⑤**台風**】といいます。

台風の等圧線はほぼ同心円状で間隔がせまく，**前線はともないません**。

図7のように，中心付近に向かって強い風がふきこんで激しい[^⑤**上昇気流**]が生じるため，鉛直方向に発達した**積乱雲**が分布していますが，台風の中心では[^⑤**下降気流**]を生じ，雲がほとんど分布しない[^⑤**台風の目**]という部分があります。「眼」と書くこともあります。

また，強い雨と風をともない(特に中心の東側では風が強くなります)，湾内では高潮の被害が出ることもあります。

台風の進路は，**図8**のように進むことが多く，特に夏から秋にかけては小笠原気団のふちに沿って進み，日本に近づくことが多くなります。

図7 台風の構造

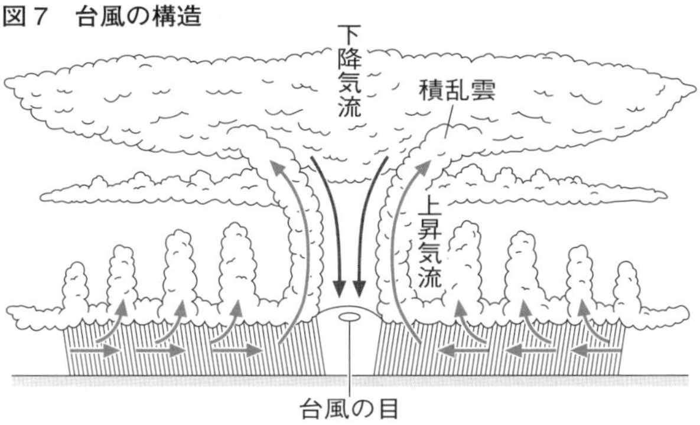

図8 台風の一般的な進路

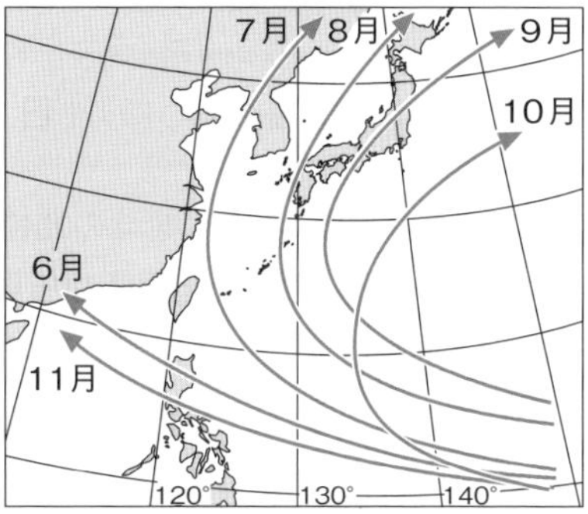

図9 台風の天気図

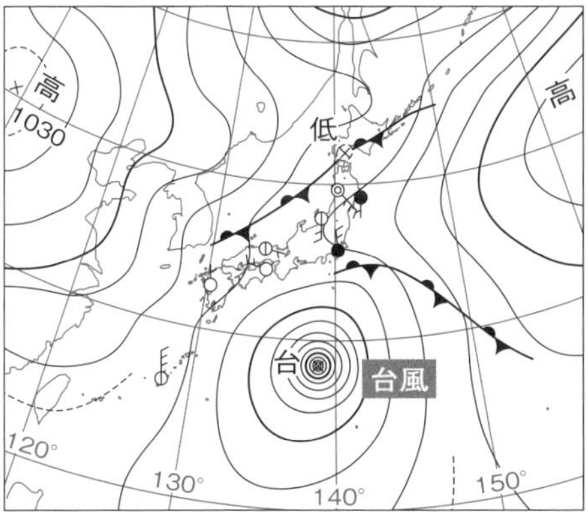

図10 台風の衛星画像

3 天気の予報

人工衛星からの画像や**アメダス**(地域気象観測システム)などのデータをもとに近い将来の天気のようすを予想し，それを一般の人々に知らせることを**天気予報**といいます。

気象に関する災害が起こるおそれがあるときは，状況に応じて**注意報・警報・特別警報**などが出されますが，基準は地域によって異なります。

たとえば 東京23区では12時間の降雪の深さ5 cm で大雪注意報が出されますが，札幌市では12時間の降雪の深さが20 cm にならないと大雪注意報は出されません。

23 ▶ 太陽の日周運動

➡書き込み編 p.72〜75

地球の**自転**によって，太陽の**日周運動**が起こっていることを理解しましょう。

また，太陽の日周運動の特徴や，それに関係する用語は，しっかり覚えておきましょう。

1 地球の自転

(1) 天体の動きを説明するための**見かけ上の球形の天井**を【❶天球】といいます。

太陽やいろいろな星々を観察するとき，地球から各天体までの距離のちがいを感じることはなく，どの天体も観測者を中心とした大きな球形の天井に散りばめられているように見えます。このような，見かけ上の天井を**天球**といいます。

(2) 地球は**地軸**を中心に，1日1回【❷自転】しています。

図1のように，地球の**北極と南極を結ぶ軸**を【❸地軸】といい，地球は地軸を中心に1日1回，**西から東へ(北極側から見て反時計回り)**自転しています。

地軸は，公転面に対して垂直な方向から，約[❹23.4°]傾いていて，この地軸を北と南に延長して天球と交わるところを，それぞれ[❺天の北極]と[❻天の南極]といいます。

また，地球の赤道面を延長して天球と交わってできる円を[❼天の赤道]といいます。

図2のように，北極点の真上(天の北極)から地球を見ると，地球のどの地点にいても**中心に向かう方向**が[❽北]となります。

これを基準として，各地点で方位が定められているのです。

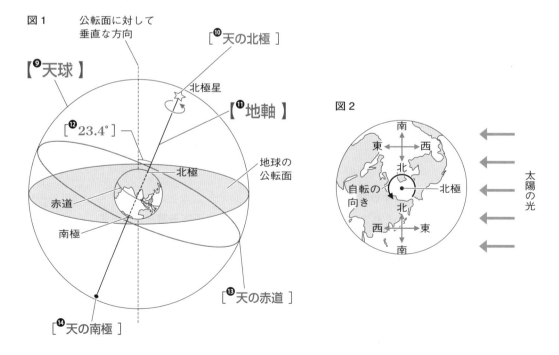

図1　公転面に対して垂直な方向　[❿天の北極]

【❾天球】

北極星

【⓫地軸】

[⓬23.4°]

北極

地球の公転面

赤道

南極

[⓭天の赤道]

[⓮天の南極]

図2

南　西　東　北

自転の向き　北極

北

西　東　南

太陽の光

2 太陽の日周運動

太陽の1日の動きの観測

観測手順

① 水平な台の上に，白い画用紙を固定し，その上に，垂直に交わる2本の直線を引いて，東・西・南・北を記入する。

② 1日中，日かげにならない場所に，台を置き，方位磁針のN極の向きに，北と記入した向きを合わせて台の向きを調整する。

③ 2本の直線の交点を中心として，透明半球と同じ大きさの円をかき，その円に合わせて透明半球を置いて，セロハンテープで固定する。

④ **フェルトペンの先の影が中心にくるような位置**をさがして印(•)をつけ，観測時刻を書く。

⑤ 朝から夕方まで，④の操作を1時間ごとに行う。

⑥ 記録した印(•)をなめらかな線で結び，その線を透明半球のふちまで延長する。

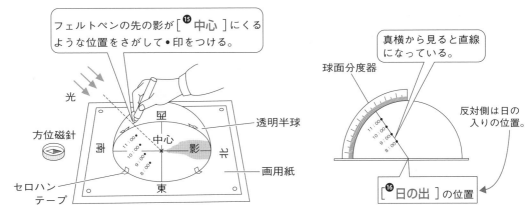

フェルトペンの先の影が[⓯ 中心]にくるような位置をさがして•印をつける。

真横から見ると直線になっている。

球面分度器

反対側は日の入りの位置。

光

方位磁針

透明半球

中心

影

画用紙

セロハンテープ

[⓰ 日の出]の位置

結果

観測した印は，東→南→西へと移動し，**各印間の長さは一定**になっていた。

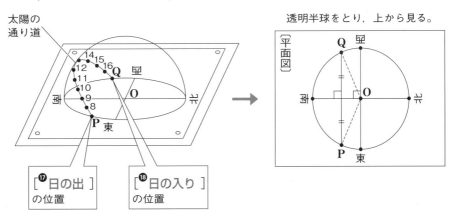

太陽の通り道

透明半球をとり，上から見る。

(平面図)

Q

O

P

[⓱ 日の出]の位置

[⓲ 日の入り]の位置

考察

① 印を結んだなめらかな線が[⓳ 太陽の通り道]を表しています。

② 印を結んだなめらかな線がふちと交わる点で，東側(時刻の早いほう)は[⓴ 日の出]の位置，西側(時刻の遅いほう)は[㉑ 日の入り]の位置です。

③ **印の間隔が等しい**ことから，太陽の動く速さが[㉒ 一定]であることがわかります。

④ 太陽の高さは，**真南を通るとき**に最も[㉓ 高く]なります。

(1) 地球の自転による太陽の1日の見かけの動きを，太陽の【^㉔日周運動】といいます。

太陽は，[^㉕東]の地平線からのぼり，南の空を通って，[^㉖西]の地平線に沈みます。

このとき，太陽の動く速さは一定で，実際には**図1**のように**天球上を1日に**[^㉗1回転]（360°）しています。

これは，地球が西から東へ**自転**していることによる見かけの動きで，太陽は自転の動きとは反対の東から西へ動いて見えます（**図2**）。

このように，地球の自転による太陽の1日の見かけの動きを，太陽の**日周運動**といいます。

また，太陽などの天体の高度が真南の空で最も高くなることを【^㉘南中】といい，そのときの時刻を[^㉙南中時刻]，高度を【^㉚南中高度】といいます。

参考 天球上で，観測地点の真上の点を**天頂**といいます。

また，天球上の真南・天頂・真北を結んだ円を天の子午線といいます。

つまり，「天の子午線を通るとき，太陽は南中する」ということです。

重要 太陽の日周運動の速さは，1時間あたり約15°です。

これは，他の天体（星や月）とほぼ同じです。

$360 ÷ 24 = 15°$

図1　天球上の太陽の動き（春分・秋分）

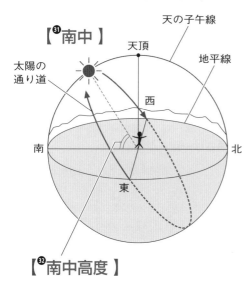

図2　地球の自転による太陽の見かけの動き

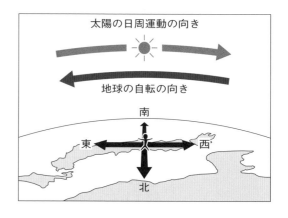

太陽の動きは，確実に理解しておきましょう。テストに出ます

(2) 地球上では，子午線にそって北極の方位が[^㉝北]，南極の方位が[^㉞南]となります。

それに垂直な方向で，太陽がのぼってくる方位が[^㉟東]，太陽が沈んでいく方位が[^㊱西]となります。

次のページの図のように，北極の真上（天の北極）から地球を見ると，**地球の自転の向き**は[^㊲反時計回り]となり，これから太陽の光が当たり始めるところが[^㊳日の出]の地域，これから太陽の光が当たらなくなるところが[^㊴日の入り]の地域です。

また，太陽の側にあるところは太陽が**南中**している[^㊵正午]の地域，太陽と反対側にあるところは[^㊶真夜中]の地域です。

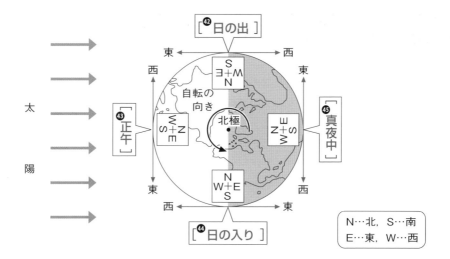

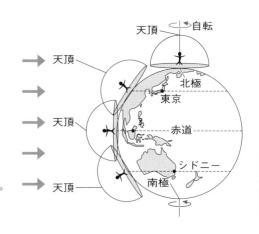

参考 **各地の太陽の日周運動**

太陽の1日の動きは，各地点によってちがいますが，それには規則性があります。

太陽の日周運動は回転運動となりますが，その**回転の軸は天の北極と天の南極を結んだ線**となります。

地点により天の北極や天の南極の位置がちがうので，それに合わせて太陽の日周運動のようすも変化します。

天の北極や天の南極の高度は，緯度に等しくなります。
北極付近の天の北極の位置…天頂付近
東京（北緯35°）の天の北極の位置…真北の高度35°
赤道付近の天の北極の位置…真北の地平線上
シドニー（南緯34°）の天の南極の位置…真南の高度34°

各地の太陽の日周運動（春分・秋分）

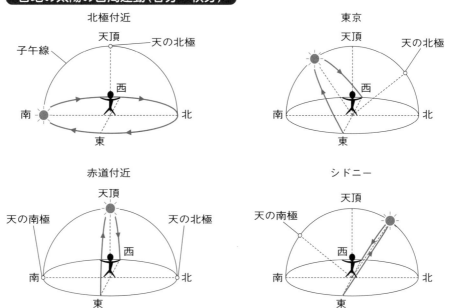

24 ▶ 星の日周運動

➡書き込み編 *p.76〜78*

星の日周運動も，太陽の日周運動と同じように，地球の**自転**によって起こる見かけの運動です。
考え方は太陽の日周運動とほとんど同じなので，太陽の日周運動と比較しながら覚えましょう。
ただし，太陽は北を通らないので，北の空の星の日周運動については，ここでしっかり身につけておきましょう。

1 天体の位置と天球

太陽や星座をつくる星のように，自ら光を出して輝いている天体を【❶ 恒星 】といいます。

地球から星までの距離は，**光が1年間に進む距離**を単位とした［❷ 光年 ］で表します。

星座をつくる星は，時刻とともに位置が変化しますが，星と星との位置関係は変化しません。
恒星とは，惑星(**p.167**)と異なり，星どうしの位置関係が「恒に変わらない星」という意味からつけられた名前です。

また，地球から太陽以外の恒星までの距離は非常に遠いため，光が1年間で進む距離を単位とした**光年**で表します。

光が1年間で進む距離は1光年（1光年は約9兆5000億km），2年間で進む距離は2光年と表しますが，地球に最も近い恒星（太陽を除く）でも約4.2光年も離れています。

地球から恒星までの距離はそれぞれ異なりますが，このように，それらの距離が非常に遠いため，地球から肉眼で見ても距離のちがいが感じられず，プラネタリウムの天井に投影された星のように見えます。

このプラネタリウムの天井のような見かけ上の球を**天球**といいます。

図1は，天球上のオリオン座と，オリオン座をつくるそれぞれの恒星までの距離を示したモデル図です。

図2は，天球と天球上の各地点を示す用語を表しています。

天球については太陽の日周運動でも学習しましたが，ここで復習しておきましょう。

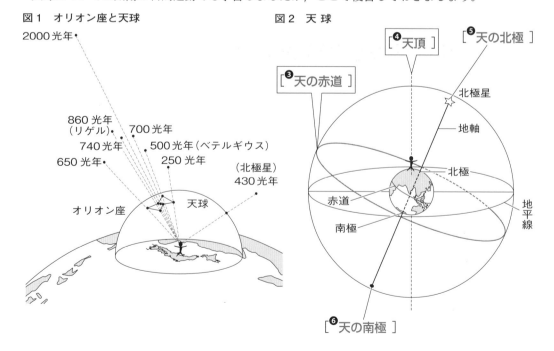

図1　オリオン座と天球

2000光年・
860光年（リゲル）・　700光年
740光年・　500光年（ベテルギウス）
650光年・　250光年
（北極星）430光年
オリオン座　天球

図2　天球

［❹天頂］　［❺天の北極］
［❸天の赤道］
北極星
地軸
北極
赤道
南極
地平線
［❻天の南極］

〔天球の各部の名称〕

① ［**❼天球の中心** ］…地球の中心ですが，観測者の位置として考えます。

② ［**❽天の北極** ］・［**❾天の南極** ］…地軸を延長した線が天球と交わる点で，北側のものを天の北極，南側のものを天の南極といいます。

　　天の北極の位置には北極星が見られます。

③ ［**❿天の赤道** ］…地球の赤道面を延長したものが天球と交わってできる線を天の赤道といいます。

④ ［**⓫天頂** ］…観測者の真上の天球上の点を天頂といいます。

⑤ ［**⓬地平線** ］…観測地点の地平面を延長したものと天球が交わった線が，地平線を示しています。

星の１日の動きの観測

観測手順

① 空が暗くて，見晴らしのよい場所で観測する。

② 方位磁針や北極星の位置（真北）を参考にして，方位を確認する。

③ 図１のような記録用紙をつくり，観測する東西南北それぞれの方位にある木や建物などを目印として，各方位の地上風景をスケッチする。

④ 記録用紙に，各方位に見られた星座の星やとくに明るい星などを数個記入し，記入した時刻も書いておく。

⑤ 各方位で１～２時間，④で記録用紙に記入した星の位置を観測して記録し，④の記録と結ぶ。

⑥ 観測した各方位の記録をコピーして切りとり，図２のように透明半球の内側にはりつける。

図１

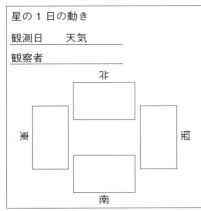

図２

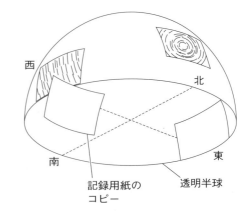

記録用紙のコピー
透明半球

結　果

　図２の透明半球から，全天の星の動きは，右の図のようになっていた。

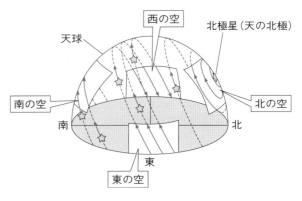

考　察

① 天の北極と天の南極を結んでできる軸が日周運動の回転軸となっています。

② 星は，東から西へ動いています。
北の空の星は，北極星を中心に反時計回りに動いています。

③ 北の空の星の動きから，星は１時間で15°回転していることがわかります。
よって，１日（24時間）で１回転（360°）するといえます。

2 星の日周運動

(1) 北の空の星は，［**⑬北極星**］を中心にして，［**⑭反時計回り**］に回転します。

東の空の星は，［**⑮右ななめ上**］向きに動いていきます。

南の空の星は，大きな弧をえがくように，［**⑯東から西**］へ動いていきます。

西の空の星は，［**⑰右ななめ下**］向きに動いていきます。

注意 すべての星は，たがいの位置を変えずに，東から西へ弧をえがきながら動いています。

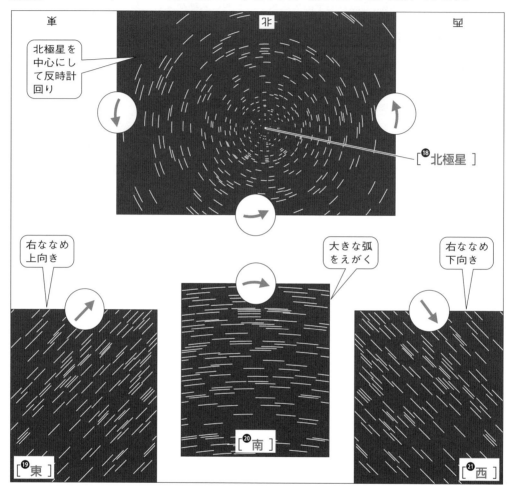

北極星を
中心にして
反時計回り

［**⑱北極星**］

右ななめ
上向き

大きな弧
をえがく

右ななめ
下向き

［**⑲東**］

［**⑳南**］

［**㉑西**］

それぞれの方位の星の動きは覚えましょう。入試に出やすいです

(2) 星や太陽などの天体の1日の動きを【**㉒日周運動**】といいます。

星や太陽などの**日周運動**は，地球が【**㉓自転**】していることによって起こる見かけの動きです。

地球は[㉔**西から東**]へ向かって**1日に1回自転している**ので，星や太陽などの天体は[㉕**東から西**]へ向かって**1日に1回転**（**1時間では**[㉖**15°**]**回転**）しているように見えます。

北の北極星のまわりの星は，[㉗**北極星**]を中心にして[㉘**反時計回り**]（**左回り**）に**1日に1回転**（**1時間で15°**）しているように見えます。

> **参考** 星の日周運動が1時間に15°という場合，どこの角度のことをいうのでしょうか。
>
> 北の空の星は，右の図のように，北極星を中心として動きます。星が動いた道すじを弧とした扇形（おうぎがた）の中心角が動いた角度であり，1時間では，この角度が15°になります。
>
> 東，南，西の空の星についても同じように1時間で15°回転していますが，回転の中心を示しにくいので，テストで問われるのは，ほとんどが北の空の星です。

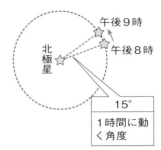

例題　ある日の18時，右の図の北の空の**J**の位置に星**x**が見えた。

次の問いに答えなさい。

ただし，点線は30°ごとに引いてある。

① 星**x**が，同じ日に**L**の位置に見えるのは何時ごろですか。

【　　　　時ごろ】

② 次の日の4時に，星**x**はどの付近に見られますか。図の**A~L**から選び，記号で答えなさい。

【　　　　】

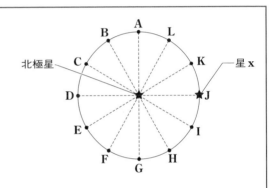

解き方

① 北の空の星は，**北極星を中心に1時間に15°ずつ反時計回りに移動**します。

図の**J**から**L**まで移動するのに60°回ったことになります。

$$30 \times 2 = 60°$$

よって，星**x**が**J**から**L**まで移動するのにかかった時間を求めると，

$$60 \div 15 = 4 時間$$

18時の4時間後は22時です。

答【　　**22**　　時ごろ】

② 18時から次の日の4時までの時間は，

$$24 + 4 - 18 = 10 時間$$

1時間に15°ずつ反時計回りに移動するので，10時間では，

$$15 \times 10 = 150°$$

点線は30°ごとに引かれているので，150°では，

$$150 \div 30 = 5 区切り$$

Jから反時計回りに5区切り分先の位置は**C**です。

答【　　**C**　　】

(3) 日本の空で観察できる各方位の星の動きを天球に表すと，図1のように北の空の星は北極星を中心に反時計回りに回転しているように，南の空の星は東から西へ移動しているように見えます。また，東の空の星は右ななめ上に，西の空の星は右ななめ下に移動しているように見えます。

　　空全体の星の動きを考えると，［❷⁹地軸］を延長した軸を中心として，天球が［❸⁰東から西］へ回転しているように見えるのです。

北極星の高度は，その土地の緯度に等しく，地軸の傾きもそれに合わせて変わるので，世界各地の星の動きも，図2のようにちがいがあります。

図1　星と太陽の日周運動（日本）

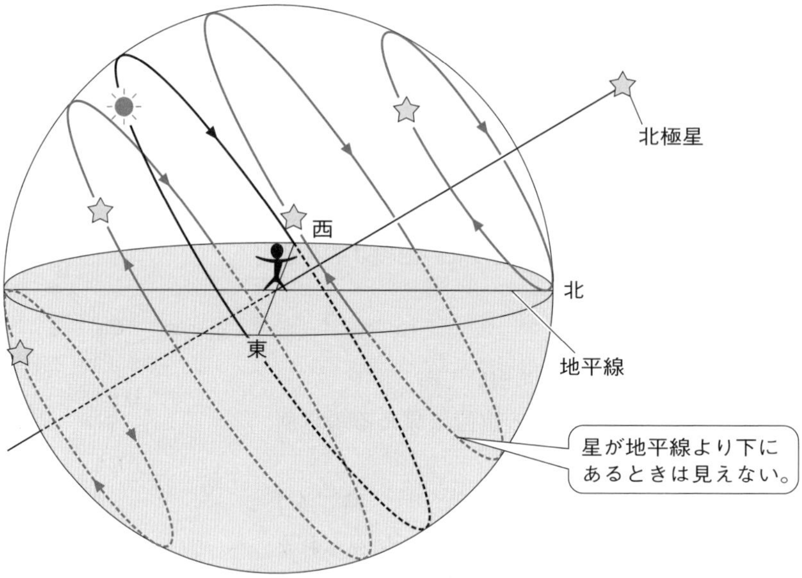

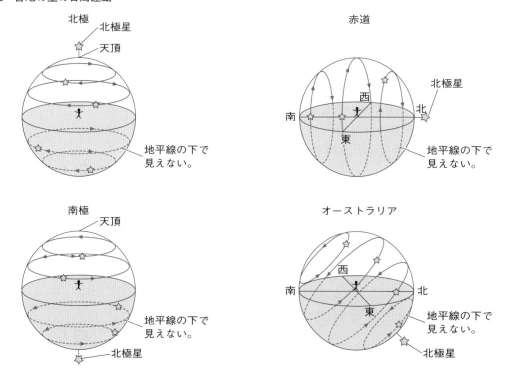

図2　各地の星の日周運動

25 ▶ 太陽と星の年周運動

太陽の年周運動と**星の年周運動**のどちらも，地球の**公転**によって起こる見かけの運動です。

太陽の年周運動では，太陽は星座の中を**西から東へ動く**ことを理解しましょう。

星の年周運動では，北の空の動きと南の空の動きが重要です。

とくに，南の空の動きでは，**オリオン座**の動きをしっかり学習しましょう。 テストに出ます

1 地球の公転

(1) 地球などの天体が，他の天体のまわりを回ることを【❶ 公転 】といいます。

　　図1のように，**地球は，**[❷ 1年]**に1回太陽のまわりを北極側から見て**[❸ 反時計回り]**に回っています。**自転の向きと同じです。

　このように，地球などの天体が，太陽などの他の天体のまわりをまわることを**公転**といいます。

　地球の公転の道すじがつくる面を公転面といい，自転の軸である**地軸**は**公転面に対して66.6°**（**公転面に垂直な向きに対して23.4°**）の傾きをつねに保ったまま自転や公転をしています。

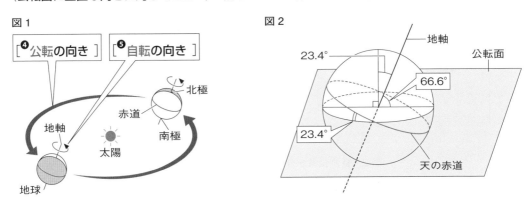

　地球は，**図3**のように1年かけて太陽のまわりを公転していますが，これを地球上から観察すると，**図4**のように，太陽が1年かけて星座の中を1周しているように見えます。これを太陽の年周運動といい，次のページでくわしく学習します。

　また，季節によって，夜に見られる星座が変化するのも，地球が公転することによって起こる見かけの動きです。これを星の年周運動といい，あとでくわしく学習します。

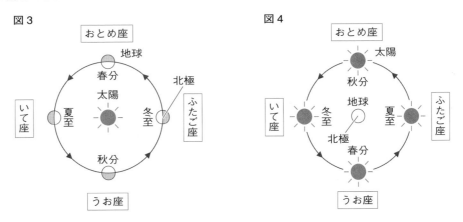

2 太陽の年周運動

(1) 星空に対する太陽の位置の変化を調べましょう。

日没時の星座の変化を調べる

　ふつう，太陽が見えているときは星座が見えず，すっかり夜になってからでは太陽の位置がわからないので，太陽の位置がほぼ正確にわかり，星座も見える日没直後に調べます。

観測手順

① 太陽が西の地平線(または水平線)に沈んだ直後に，西の空に見える星座のようすと太陽の位置をスケッチする。

② ①を半月～1か月ごとにくり返し，その結果を合成する。

結　果

図1は，12月15日から1か月ごとに観測したときのスケッチである。

図2は，観測結果を合成したものである。

図1

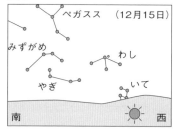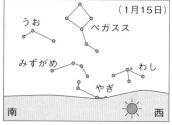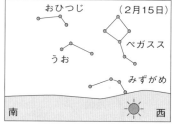

図2　観測結果を合成したもの

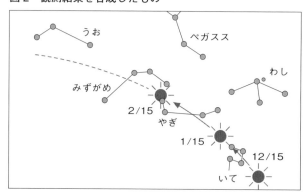

考　察

　図1のように，太陽の位置を固定すると，太陽のまわりの星座が変化しているのがわかります。さらに，図2のように図1の3つのスケッチを合成すると，日がたつにつれて，太陽の位置が，いて座→やぎ座→みずがめ座と移動していくのがわかります。

　このことから，太陽は星座の中を[❻ 西から東]へ毎日少しずつ移動していくといえます。

　観測を続けていくと，1年後にはもとの星座の位置にもどってくるので，太陽は1年を周期として星座の間を動いているように見えると考えられます。

(2)　太陽は星座の中を**西から東へ移動して見え**，［**❼ 1 年** ］かけて 1 周します。この動きを，**太陽の【❽ 年周運動 】**といいます。

　　地球から見ると，太陽は星座の中を**西から東へ移動**し，**1 年かけて 1 周する**ように見えます。このような，太陽の見かけ上の動きを，**太陽の年周運動**といいます。

1 年（約 365 日）で 1 周（360°）するので，**太陽は 1 日に約 1°ずつ西から東へ星座の中を移動している**といえます。

　　太陽が年周運動によって天球上を移動していく道すじのことを【**❾ 黄道** 】といいます。

　　図 1 のように，地球から見た太陽は，冬（12 月）にはさそり座の方向にあったものが，地球の公転によって，その方向が移動していくようすがわかります。

この，太陽の天球上の見かけの通り道を**黄道**といいます。

また，黄道にそって並んでいる 12 の星座を，［**❿ 黄道 12 星座** ］といいます。

　　図 2 のように，太陽は，これらの黄道 12 星座の中を順に移動しているように見えます。

注意 オリオン座とペガスス座は黄道 12 星座に入りません。

図 1　地球の公転と太陽の年周運動

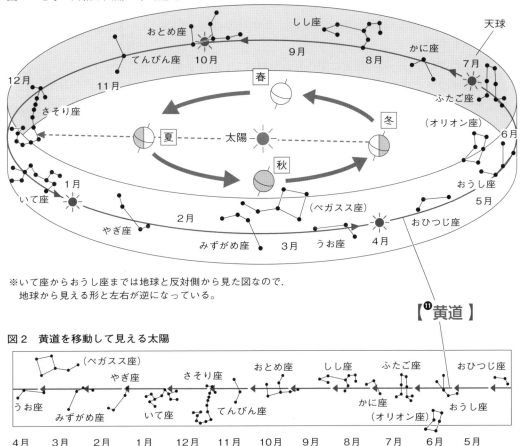

※いて座からおうし座までは地球と反対側から見た図なので，
　地球から見える形と左右が逆になっている。

【**⓫ 黄道** 】

図 2　黄道を移動して見える太陽

3 星の年周運動

(1)　星の**同時刻の位置**は，1か月に約30°[⑫東から西]へ移動し，[⑬1年]で1周します。このことを，星の【⑭年周運動】といいます。

　　地球が公転していることによって，同じ星が同時刻に見られる位置や，同じ星が同じ位置に見られる時刻が，1年周期で変化します。

このことを，星の**年周運動**といいます。

公転の向きが自転の向きと同じなので，**年周運動の向きも日周運動の向きと同じ**となります。

(2)　北の空の星の**同時刻の位置**は，[⑮北極星]を中心にして，**1か月で約**[⑯30°]ずつ

[⑰反時計回り]（日周運動と同じ向き）に回転します。

　　北の空の星(北斗七星など北極星付近の星)は，ほとんどのものが1年中見えますが，同じ時刻に見える位置は，1年間で少しずつ変化していきます。

1年(約365日)で1周(360°)してもとにもどるので，1日では約1°移動し(360 ÷ 365 ＝約1°)，1か月では約30°動きます。

　　このことから，同じ位置に見られる時刻は，1か月で2時間ずつ早くなります（年周運動の向きが日周運動の向きと同じなので早くなります）。

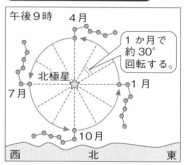

北斗七星の1年の動き

午後9時　4月
1か月で約30°回転する。
北極星
7月　1月
10月
西　北　東

　復習　日周運動では1時間あたり15°ずつ動くので，30°動くのにかかる時間は，2時間ですね。

　　　　30 ÷ 15 ＝ 2時間

次の例題重要です

例題

　　右の図のように，1月1日の午後11時に，星 **x** が **A** の位置に見えた。

また，この日，星 **x** の動きを観察すると，星 **y** を中心にして回転していることがわかった。

これについて，次の問いに答えなさい。

ただし，点線は30°ごとに引いてある。

① 星 **y** の名称を答えなさい。　　　　　　　【　　　　　】

② 6月1日の午後11時ごろ，星 **x** はどのあたりに見られますか。

　図の **A~L** から選び，記号で答えなさい。　　　　　　　【　　　　　】

③ 3月1日に星 **x** が **A** の位置に見られるのは何時ごろですか。最も適当なものを，次から選び，記号で答えなさい。　　　　　　　【　　　　　】

　ア　午後7時ごろ　　イ　午後9時ごろ　　ウ　午後1時ごろ　　エ　午後3時ごろ

④ 4月1日の午後9時ごろ，星 **x** はどのあたりに見られますか。図の **A~L** から選び，記号で答えなさい。　　　　　　　【　　　　　】

解き方

① 北の空の星は，日周運動も年周運動も北極星を中心にして移動します。

答【　北極星　】

② 同時刻の星の位置は，1か月で30°ずつ反時計回りに回転します。

　よって，5か月では150°反時計回りに移動しています。

　Aの位置から反時計回りに150°移動するので，**F**の位置に見られます。

答【　F　】

③ 同じ位置に見える時刻は，1か月で2時間早くなります。

　よって，2か月では4時間早くなります。

　　　2時間×2＝4時間

　午後11時の4時間前なので午後7時です。

答【　ア　】

④ 3か月後の4月1日の午後11時には，**A**の位置から90°反時計回りに回転した**D**の位置に見られます。

　星は1時間で15°反時計回りに動くので，4月1日の午後9時に，星**x**は**D**の位置から時計回りに30°移動した（30°あともどりした）**C**の位置に見られます。

答【　C　】

(3) 　南の空の星の**同時刻の位置**は，**1か月**で約[**⑱** 30°]ずつ，**弧をえがくように**[**⑲** 東から西]へ移動します。

　　南の空の星の回転の中心は地平線より下となるため，回転角を表すのは北の空よりむずかしいのですが，同時刻の星の位置は**1か月で約30°ずつ東から西へ弧をえがくように**移動します。これは，**日周運動と同じ向き**です。

　　南の空の星座の動きとして最も重要なのは**オリオン座**です。テストに出題されやすいですオリオン座は，太陽が春分の日や秋分の日に通る道すじとほぼ同じ道すじを通るので，日周運動で考えると，地上に出ている時間が約12時間で，年周運動で考えると，同時刻に地上で見られる期間は約6か月間です（たとえば，下の図のように，午後8時にオリオン座が地上に見られる期間は11月から5月の6か月間です）。

このような特徴があるため，テストで出題されやすいのです。

　　また，**さそり座**も南の空の星座として有名なので，テストで出題されることがあります。さそり座はオリオン座より南中高度が低いので，同じ日に地上に出ている時間も12時間よりかなり短く（約8時間），同時刻に地上で見られる期間も6か月よりかなり短く，4か月ぐらいです。

南の空の星座の1年の動き

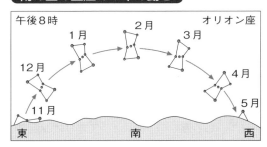

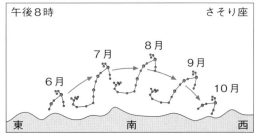

(4) 星の年周運動は，[⑳地球]が公転することによって起こります。

次の図のように，地球が1か月で約30°公転することによって，同じ星座の同時刻の位置は
[㉑東から西]へ約30°移動して見えます。

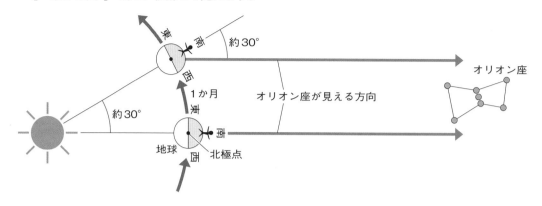

次の図は，地球の公転と，各季節に見られる星座を表したモデル図です。

この図から，季節と時刻と方位によって，見える星座を読みとる練習をしましょう。

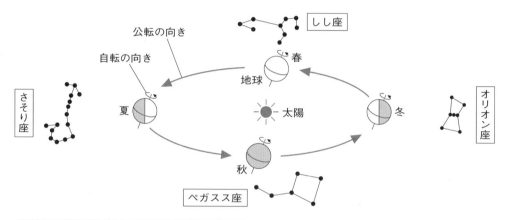

各季節・各時刻・各方位に見える星座　（　）の星座は太陽と同じ向きにあるため，明るくて見えません。

		東の空	南の空	西の空
春	夕　方	[㉒　しし座　]	[㉓オリオン座]	（ペガスス座）
	真夜中	[㉔　さそり座　]	[㉕　しし座　]	[㉖オリオン座]
	明け方	（ペガスス座）	[㉗　さそり座　]	[㉘　しし座　]
夏	夕　方	[㉙　さそり座　]	[㉚　しし座　]	（オリオン座）
	真夜中	[㉛ペガスス座]	[㉜　さそり座　]	[㉝　しし座　]
	明け方	（オリオン座）	[㉞ペガスス座]	[㉟　さそり座　]
秋	夕　方	[㊱ペガスス座]	[㊲　さそり座　]	（しし座）
	真夜中	[㊳オリオン座]	[㊴ペガスス座]	[㊵　さそり座　]
	明け方	（しし座）	[㊶オリオン座]	[㊷ペガスス座]
冬	夕　方	[㊸オリオン座]	[㊹ペガスス座]	（さそり座）
	真夜中	[㊺　しし座　]	[㊻オリオン座]	[㊼ペガスス座]
	明け方	（さそり座）	[㊽　しし座　]	[㊾オリオン座]

26 ▶ 太陽の動きの 1 年の変化と季節の変化

➡書き込み編 *p.82〜84*

太陽の 1 日の動きが 1 年間で変化する理由を正確に覚えておきましょう。

その理由として「地球が公転しているから。」だけでは正解になりません。

「地球が地軸を傾けたまま公転しているから。」と答えれば完ペキです。

この理由を，このあとくわしく学習していきます。

■ 太陽の 1 日の動きの 1 年の変化

(1) 　太陽の**南中高度**は[❶夏至]の日に最も高く，[❷冬至]の日に最も低くなります。

　　季節によって太陽の南中高度がちがいます。

　　日本(北半球)では，太陽の南中高度は夏至の日に最も高く，冬至の日に最も低くなります。

(2) 同じ場所で，1 年間にわたり太陽の動きを調べると，季節によって日の出・日の入りの位置も変化していることがわかります。

　　夏至の日には，日の出と日の入りの位置は最も[❸北より]となります。

　　夏至の日(6 月 21 日ごろ)…太陽の 1 日の通り道が最も[❹北より]となります。

　　よって，日の出や日の入りの位置も最も北よりとなります。

　　また，**太陽の南中高度は最も高くなり，昼の長さは最も長くなります。**

　　冬至の日には，日の出と日の入りの位置は最も[❺南より]となります。

　　冬至の日(12 月 22 日ごろ)…太陽の 1 日の通り道が最も[❻南より]となります。

　　よって，日の出や日の入りの位置も最も南よりとなります。

　　また，**太陽の南中高度は最も低くなり，昼の長さは最も短くなります。**

　　春分・秋分の日には，太陽は[❼真東]から出て，[❽真西]に沈みます。

　　春分の日(3 月 21 日ごろ)・秋分の日(9 月 23 日ごろ)…夏至と冬至の太陽の 1 日の通り道のちょうど[❾中間]を太陽が通ります。

　　よって，太陽は**真東**から出て，**真西**に沈みます。

　　また，**昼の長さ**はおよそ **12 時間**です。

季節による太陽の動きの変化を次ページの図と一緒に覚えましょう。**入試でも問われますよ**

> **おまけ** 大昔の人々にとって，季節を知る手がかりとなる春分や秋分，
> 夏至や冬至は，特別な意味をもっていました。
> 季節を知ることは，農作物を育てるためにとても大切ですからね。
>
> たとえば，古代マヤ文明のチチェン・イッツァ遺跡にあるピラ
> ミッドには，春分の日や秋分の日にだけ細長く光が当たるよう
> なしかけが残されていて，ヘビのかたちをした神様のすがたが
> 浮き上がって見えるようになっています。

6 章

地球と宇宙

季節による太陽の１日の動きの変化

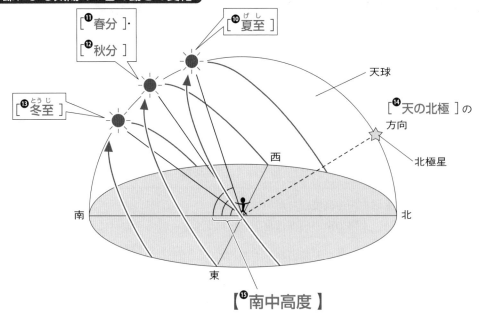

[⑪ 春分]・
[⑫ 秋分]

[⑩ げ し 夏至]

天球

[⑭ 天の北極]の
方向

北極星

[⑬ とうじ 冬至]

西

南

北

東

【⑮ 南中高度 】

参考 太陽の１日の通り道を天球上に表すと，下の図のように天の北極と天の南極を軸として回転することがわかります。

太陽の通り道は，この，冬至の日の通り道と夏至の日の通り道の間を平行移動しながら，１年かけて１往復します。

よって，夏至の日は回転の中心が地平線より上にあるので，昼の長さが長くなります。

冬至の日は回転の中心が地平線より下にあるので，昼の長さが短くなります。

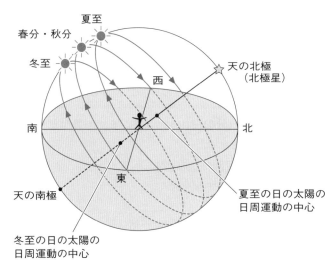

夏至

春分・秋分

冬至

天の北極
（北極星）

西

南

北

東

天の南極

夏至の日の太陽の
日周運動の中心

冬至の日の太陽の
日周運動の中心

夏は，太陽の南中高度が高く，昼の長さが長くなるため，気温が高くなり，冬は，太陽の南中高度が低く，昼の長さが短くなるため，気温が低くなります。

春分の日と秋分の日は，昼と夜の長さがだいたい同じでおよそ12時間くらいになります。

2 地球の公転と季節の変化

(1) 季節によって太陽の1日の動きが変化するのは，地球が【⑯**地軸**】を傾けたまま【⑰**公転**】
しているためです。

季節ごとの太陽の南中高度を調べる実験

実験手順

① 地球は，地軸を公転面に対して垂直方向から 23.4° 傾けたまま公転しているため，**図1**のように，地軸の傾きと同じ 23.4° 傾けられた地球儀を使う。

② 同心円の目もりをかいた円形の厚紙の中心に短い棒を垂直に立てて，地球儀の日本の位置にはる。

③ **図2**のように，夏至の位置のときに北半球が最も電球側に傾くような向きとし，他の日も同じ向きの傾きを保ったまま，それぞれの季節の位置に置き，日本で太陽が南中したとき(地球儀を回転させて日本を電球側に向かせたとき)の棒の影の長さを調べる。

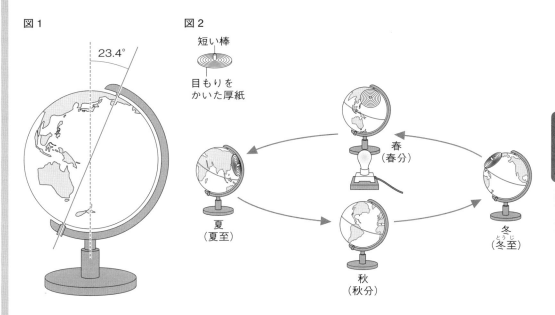

図1   図2

短い棒

目もりを
かいた厚紙

春
(春分)

夏
(夏至)

冬
(冬至)

秋
(秋分)

結果

夏至の日の棒の影が最も短くなり，冬至の日の棒の影が最も長くなっていた。
春分の日の棒の影と秋分の日の棒の影の長さは等しく，夏至の日の棒の影の長さと冬至の日の棒の影の長さの中間ぐらいであった。

考察

夏至の日の棒の影が最も短いことから，太陽の南中高度は夏至の日に最も高くなることがわかります。
冬至の日の棒の影が最も長いことから，太陽の南中高度は冬至の日に最も低くなることがわかります。
春分の日と秋分の日の棒の影の長さが等しいことから，春分の日と秋分の日の太陽の南中高度が等しいことがわかります。

地球が地軸を公転面に垂直な向きに対して 23.4°（公転面に対して 66.6°）傾けたまま【**⑱公転** 】
していることによって，季節による太陽の 1 日の動きの変化が起こります。

図1

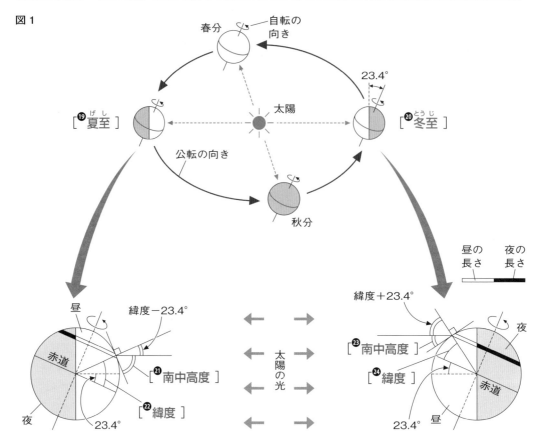

図1のように，夏は日本のある北半球が太陽のほうへ傾くため，太陽の南中高度が[**㉕高く**]なり，昼の長さが[**㉖長く**]なります。

逆に，冬は北半球が太陽と反対側に傾くため，太陽の南中高度が[**㉗低く**]なり，昼の長さが[**㉘短く**]なります。

図2のように，春分・秋分の日は，地軸が太陽に対して傾いていないので，昼の長さと夜の長さは[**㉙等しく**]なっています。

図2　春分・秋分

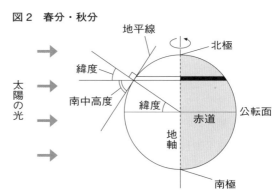

(2)

> 春分・秋分の日の太陽の南中高度 ＝ 90°－その土地の[**㉚緯度**]
>
> 夏至の日の太陽の南中高度 ＝ 90°－その土地の緯度[**㉛＋**]23.4°
>
> 冬至の日の太陽の南中高度 ＝ 90°－その土地の緯度[**㉜－**]23.4°

　前ページの図1，図2より，太陽の南中高度を次のような式によって求めることができます。

　図2より，春分・秋分の日の太陽の南中高度が，「**90°－その土地の緯度**」という式によって求められることがわかります。

　図1より，夏至の日と冬至の日の太陽の南中高度が，次のような式によって求められることがわかります。

**　　夏至の日の太陽の南中高度 ＝ 90°－（その土地の緯度 － 23.4°）**
**　　　　　　　　　　　　　 ＝ 90°－その土地の緯度 ＋ 23.4°**
**　　冬至の日の太陽の南中高度 ＝ 90°－（その土地の緯度 ＋ 23.4°）**
**　　　　　　　　　　　　　 ＝ 90°－その土地の緯度 － 23.4°**

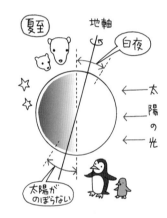

　おまけ　地球上には，季節によって1日中太陽が沈まない場所があることを知っていますか？
　　　　北極や南極のあたりでは，夏至の日や冬至の日の前後に，1日中太陽が沈まない白夜とよばれる現象が起こります。
　　　　夏至の日には，北極で白夜となり，一方南極では太陽が1日中のぼりません。
　　　　逆に，冬至の日には，南極で白夜となり，一方北極では太陽が1日中のぼりません。

(3)

> 　季節の変化は，[**㉝太陽**]の**南中高度**や[**㉞昼の長さ**]が変化することによって起こります。

　夏は，太陽の南中高度が高く昼の長さが長いため，地表面があたためられやすくなります。
そのため，気温が上がりやすくなるのです。
　冬は，太陽の南中高度が低く昼の長さが短いため，地表面があたためられにくくなります。
そのため，気温が上がりにくくなるのです。

　このように，太陽の動きが季節によって変化するのは，**地球が**[**㉟地軸**]**を傾けたまま**
[**㊱公転**]**している**ためです。
　よって，**季節の変化**が生じる原因は，**地球が地軸を傾けたまま公転している**ためであるということもできます。

　ちなみに　高緯度地域の夏はとても昼が長く，時と場所によっては太陽が沈まない日（白夜）もありますが，太陽の高度が1日中低いため，地表面があたたまりにくく，気温はあまり上がりません。

6章

地球と宇宙

下の**図1**のように，太陽の高度が高いほど，同じ面積の地表が受ける光の量が多くなるため，地表面があたたまりやすくなります。

30°の角度で光が当たるとき，同じ面積に当たる光の量は，真上から光が当たるときの半分の量になります。

　太陽の光が当たる角度による温度上昇のちがいを調べるためには，**図2**のように，液晶温度計を板にはりつけたものを2つつくり，太陽の光の当たる角度を変えて，5～10分後に2つの液晶温度計の示す温度のちがいを調べます。

このとき，**太陽の光の当たる角度が板に対して[㊲垂直]に近いほど，あたたまりやすく，液晶温度計の示度も高くなります。**

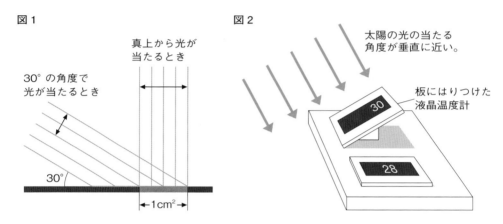

　図3のように，月平均気温の1年間の変化は，太陽の南中高度の変化を1～2か月遅らせたような変化となります。

太陽の南中高度が最高になるのは[㊳6月]ですが，月平均気温が最高になるのは2か月後の8月です。太陽の南中高度が最低になるのは[㊴12月]ですが，月平均気温が最低になるのは1～2か月後の1月か2月となります。

　図4のように，日の出の時刻と日の入りの時刻の変化をグラフにすると，昼の長さの変化がわかりやすくなります。

昼の長さとは，日の出の時刻から日の入りの時刻までの長さのことです。

昼の長さが最も長くなるのは夏至の日で，昼の長さが最も短くなるのは冬至の日です。

図3　太陽の南中高度と月平均気温の変化

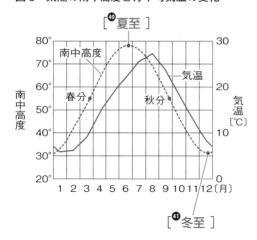

図4　季節による昼夜の長さの変化

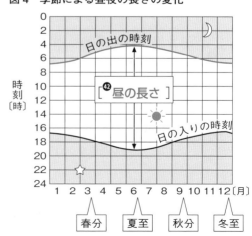

27 ▶ 太陽系の天体

➡書き込み編 *p.85～88*

太陽系の **8 つの惑星**の名前を太陽から近い順に覚えておきましょう。

8 つの惑星の特徴とその周りの代表的な**小惑星**や**衛星**についても押さえておきましょう。

また，**金星の動きと満ち欠け**については，最もテストで出題されやすい内容です。

例題で，しっかり解答方法を身につけましょう。

1 太陽系

(1) 太陽を中心とした惑星などの天体の集まりを【❶ **太陽系** 】といいます。

太陽と太陽のまわりを公転している**惑星**，**小惑星**，**太陽系外縁天体**，**すい星**と，惑星のまわりを公転している**衛星**などの天体の集まりを**太陽系**といいます。

(2) 恒星のまわりを公転していてある程度の大きさと質量をもつ天体を【❷ **惑星** 】といいます。

太陽のまわりを公転している天体は多数ありますが，そのなかで，ある程度の大きさと質量をもつ天体である**惑星**は［❸ **8 つ** ］あります。

太陽から近い順に，［❹ **水星・金星・地球・火星・木星・土星・天王星・海王星** ］です。

「**水・金・地・火・木・土・天・海**」と覚えます。

どの惑星の軌道も太陽を中心とした**円軌道**(正確にはわずかにだ円軌道)となっていて，すべての惑星の公転の方向は等しく，北極側から見て**反時計回り**です。

また，惑星は自分では光を出しませんが，**太陽の光を反射**して光っています。

それぞれの惑星の特徴については，このあとでくわしく学習します。

太陽系の構造図

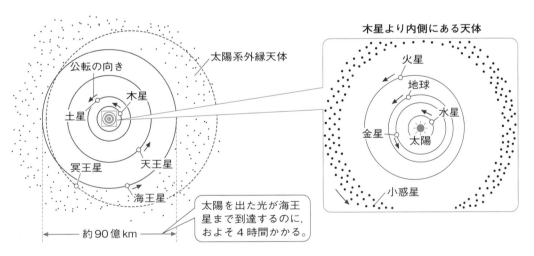

太陽を出た光が海王星まで到達するのに，およそ 4 時間かかる。

約 90 億 km

参考 1930 年に発見された**冥王星**は，かつて惑星とされていました。

しかし，研究が進むにつれて，月よりも小さい天体であることや，周辺に同じような天体が多数あることがわかったので，2006 年に国際天文学連合(IAU)の総会で惑星からはずされ，周辺の天体とともに**太陽系外縁天体**とされました。

6 章

地球と宇宙

(3) 惑星のまわりを公転している天体を【❺衛星】といいます。

衛星も惑星と同じように自分では光を出さず，太陽の光を[❻反射]して光っています。
太陽系では，水星と金星以外の惑星は，**衛星**をもっています。
地球の衛星は[❼月]の1つだけですが，惑星によっては数十個の衛星をもつものもあります。

また，右の図のように，公転の向きは，惑星の自転の向き
と同じものが多く見られます。

衛星には，月のように球形をしたもの以外に不規則な形を
したものもあります(火星の衛星フォボスなど)。
また，木星や土星の衛星には，水星より大きいものもあります
(木星の衛星ガニメデや土星の衛星タイタン)。
その他に，表面に氷があるエウロパ(木星の衛星)，カリスト(木
星の衛星で，大きさはほぼ水星と同じくらい)や，活火山をもつイオ(木星の衛星)などもあります。

地球の衛星である月は，日本の月周回衛星かぐやによっても調査されてきました。
月の表面に大気や水がないため，いん石が衝突したときにできたくぼみである[❽クレーター]
などの地形が変化せずに残っています。

ちなみに 地球の衛星のことだけでなく，衛星自体のことを「月」とよぶこともあります。
例えば，「火星は月を2個もっている。」と表現することもあるのです。

惑星の自転と衛星の公転

惑星の公転の向き
衛星の公転の向き
惑星の自転の向き
太陽
惑星 衛星

フォボス(火星の衛星)

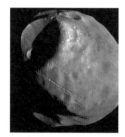

月周回衛星「かぐや」

月の表面から見た地球

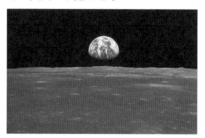

(4) おもに，**火星と木星の間**で太陽のまわりを公転する小天体を【❾小惑星】といいます。

現在，**小惑星**は数十万個以上発見されていますが，その多くは**火星と木星の間**に見られます。
形は，不規則な形をしたものも多く，大きさは，大きい**ケレス**で直径が約910 km，小さい**リュ
ウグウ**は長さが約900mと，さまざまです。
小惑星の[❿イトカワ]は日本の探査機**はやぶさ**によって，また，**リュウグウ**は，日本の探査機
[⓫はやぶさ2]によってさまざま
な調査がされました。

また，小惑星のなかには，地球
の軌道と交差する軌道をもち，地
球と衝突する可能性のあるものも
あり，**いん石**となって地球上に落
下する場合もあります。

小惑星「リュウグウ」

小惑星探査機「はやぶさ2」

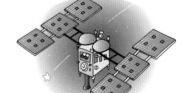

(5) かつて，惑星とされていた[⓬ 冥王星]など，海王星の近くやその外側を公転している天体を，[⓭ 太陽系外縁天体]といいます。

　おもに，[⓮ 氷]と岩石からできていて，現在 1800 個以上発見されています。
そのなかで，**冥王星・ハウメア・マケマケ・**[⓯ エリス]の 4 つは比較的大きく，**冥王星型天体**とよばれています（エリスは冥王星より大きい天体です）。
これらの天体は，起源や構造，軌道などが惑星とはちがいます。

(6) 氷のかたまりや小さいちりが集まってできた小さな天体を[⓰ すい星]といいます。

　すい星は，だ円軌道で太陽のまわりを公転しているものが多く，太陽に近づくと温度が上がって氷がとけ，蒸発したガスやちり（小さな石の粒）を放出し，**尾を引いて見える**ものがあります。
また，一度太陽に近づいたら，二度と近づくことのないものもあります。
すい星には，1997 年に地球に最接近した[⓱ ヘールボップすい星]などがあります。

　おもに，すい星から放出されたちりが地球に飛びこんできて，大気とぶつかって高温になり，ガスとなって光るものを[⓲ 流星]といいます。

　すい星が地球に近づいたときなど，すい星から放出されたちり（小さな石の粒）が地球に飛びこんでくると，大気とぶつかって高温になり，ガスとなって光って見えます。
これを，**流星**といい，「流れ星」ともよばれます。
　大きく，燃えつきずに地上に落ちてきたものは[⓳ いん石]とよばれます。
　また，すい星から小さなかけらが大量に飛ばされ，地球がその近くを横切ることによって多くのかけらが地球に飛びこんだとき，たくさんの流星が見られますが，これを[⓴ 流星群]といいます。
　流星群には，**しし座流星群**や**ふたご座流星群**などがあります。
しし座のほうから流星が飛んでくるのがしし座流星群です。

2 太陽系の惑星

> 太陽系の惑星は，大きさは小さいが密度が大きい[㉑ 地球型惑星]と，
> 大きさは大きいが密度が小さい[㉒ 木星型惑星]に分けられます。

　惑星は，火星と木星を境に，大きさ，質量，密度が大きくちがっています。
おもに岩石でできていて，大きさや質量は小さいが密度が大きい**水星・金星・地球・火星**のことを**地球型惑星**といい，厚いガスや氷におおわれていて，大きさや質量は大きいが，密度が小さい**木星・土星・天王星・海王星**のことを**木星型惑星**といいます。

(1) 地球型惑星

【㉓ 水星 】

　太陽に近いので，表面温度が昼間は 400℃ にもなりますが，夜間は −150℃ まで下がるというように，寒暖差が激しくなっています。
また，大きさが**最も**[㉔ 小さい]惑星で，質量が小さく重力が小さいため大気はほとんどなく，液体の水もないため，月と同じように表面にたくさんの**クレーター**が見られます。

【㉕ 金星 】

　二酸化炭素や窒素を主成分とする厚い大気におおわれているので，表面のようすが見えにくく，厚い大気によって熱が逃げにくいため，表面温度は 450℃ 以上になっています。
[㉖ 日没後]に西の空に見える金星を**よいの明星**，[㉗ 日の出前]に東の空に見える金星を**明けの明星**といい，[㉘ 真夜中]に金星を見ることはできません。
また，望遠鏡で観察すると，大きく[㉙ 満ち欠け]することがわかります。

【㉚ 地球 】

　私たちが生活している地球は，**大気・水・適当な温度**などの条件から，太陽系のなかで[㉛ 生物の生存]が可能である**唯一**の惑星です。
大気中に酸素を約 21% ふくみ，また，海や，水や氷の粒からできた雲が浮かび，豊富な水があることから温度が大きく変化しません。
宇宙から見ると，海の青さと雲の白さのコントラストがとても美しく見える天体です。

【㉜ 火星 】

　おもに二酸化炭素からなるうすい大気におおわれています。
火星探査機による調査の結果，地表は酸化鉄をふくむ[㉝ 赤かっ色]（赤色）の土でおおわれていて，火山やクレーター，渓谷など，複雑な地形が明らかになっています。
また，**フォボス**，デイモスという 2 つの衛星をもっています。

(2) 木星型惑星

【^㉞木星 】

太陽系で大きさが**最も**[^㉟**大きい**]惑星ですが，密度は地球の約4分の1しかありません。

水素とヘリウムからなる大気をアンモニアの雲がおおっていて，自転周期が10時間と短いため，アンモニアの雲がしま模様をつくり，**大赤斑**とよばれる巨大な大気のうずも見られます。

70個をこえる衛星をもち，なかでも**ガニメデ**，**カリスト**，**エウロパ**，**イオ**は大きい衛星です。

【^㊱土星 】

木星に次ぐ大きな惑星ですが，密度は最も小さい惑星です。

氷や岩石の粒でできた大きな[^㊲**環**]をもち，これは地球から小型の望遠鏡で簡単に観測できます。

また，60個をこえる[^㊳**衛星**]をもち，なかでも**タイタン**は水星より大きい衛星です。

【^㊴天王星 】

水素とヘリウムを主成分とする大気をもち，内部には氷や岩石なども存在します。

地軸が公転面に対してほとんど横倒し（公転面に垂直な方向に対して約98°）の状態で自転しているめずらしい惑星です。

表面に存在するメタンの影響で，望遠鏡では青緑色に見えます。

【^㊵海王星 】

太陽系の惑星のなかで**最も**[^㊶**外側**]を公転していて，大気中のメタンの影響で青く見えます。

ヘリウムやメタンをふくむ水素の多い大気と，氷や岩石からできています。

太陽系の惑星のいろいろな値 （太陽と月は比較のために入れてあります。）

天体名	直径〔地球＝1〕	質量〔地球＝1〕	密度〔g/cm³〕	太陽からの距離〔億km〕	公転周期〔年〕	自転周期〔日〕	衛星数
太　陽	109	332946	1.41	—	—	25.38	—
水　星	0.38	0.055	5.43	0.579	0.2409	58.65	0
金　星	0.95	0.815	5.24	1.082	0.6152	243.02^{※1}	0
地　球	1.00	1.000	5.51	1.496	1.0000	0.9973	1
火　星	0.53	0.107	3.93	2.279	1.8809	1.0260	2
木　星	11.21	317.83	1.33	7.783	11.862	0.414	79 以上
土　星	9.45	95.16	0.69	14.294	29.458	0.444	65 以上
天王星	4.01	14.54	1.27	28.750	84.022	0.718	27 以上
海王星	3.88	17.15	1.64	45.044	164.774	0.665	14 以上
月	0.27	0.012	3.34	0.0038^{※2}	0.0748	27.3217	—

※1　金星の自転は他の惑星と逆向き。　※2　地球からの距離

3 金星の見え方

(1)
> 金星や水星のように，地球より内側を公転する惑星を[**⑫内惑星**]といい，
>
> 火星や木星などのように，地球より外側を公転する惑星を[**⑬外惑星**]といいます。

　　内惑星である金星や水星は，いつも太陽の方向にあるので，朝夕の限られた時間にしか観測できず，**真夜中に観察することはできません**（外惑星は真夜中に観察することもできます）。

惑星が真夜中に南の空に見えるのは，「**太陽・地球・惑星**」の順に並ぶときです。

しかし，金星や水星は地球の内側を公転する内惑星なので，このような並び方にならないため真夜中に見えないのです。

　金星はつねに太陽の近くに見え，いちばん遠く離れたときでも，「**金星・地球・太陽**」がつくる角度は約 48°で，それ以上になりません。

このときの金星を望遠鏡で見ると，半月のように半分だけ光って見えます。

　　水星も金星と同じように見えます。「水星・地球・太陽」のいちばん大きい角度は 28°です。

　また，地球から観測したとき惑星は満ち欠けして見えますが，**内惑星は外惑星よりも大きく満ち欠けします**。

(2)
> 明け方に，東の空に見える金星を[**⑭明けの明星**]といい，
>
> 夕方に，西の空に見える金星を[**⑮よいの明星**]といいます。

　　金星の位置と見え方をしっかり頭に入れてください。入試に出ます

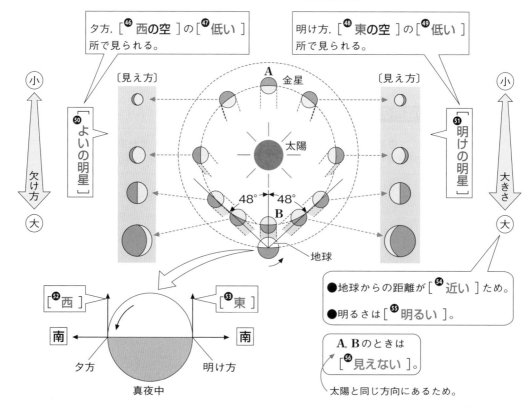

夕方, [**⑯西の空**]の[**⑰低い**]所で見られる。

明け方, [**⑱東の空**]の[**⑲低い**]所で見られる。

[**⑳よいの明星**]

[**㉑明けの明星**]

小　欠け方　大

小　大きさ　大

A　金星

〔見え方〕

〔見え方〕

太陽

48°　48°

B

地球

[**㉒西**]

[**㉓東**]

南　南

夕方　真夜中　明け方

●地球からの距離が[**㉔近い**]ため。

●明るさは[**㉕明るい**]。

A, Bのときは
[**㉖見えない**]。

太陽と同じ方向にあるため。

172

金星はいつでも太陽に向いた半面だけ光って見えますが，「**太陽・地球・金星**」の位置関係が日々変化しているため，地球から金星の光っている半面をいろいろな角度から見ることになります。そのため，**金星は月と同じように大きく**［❺❼満ち欠け］**して見えます**。

　また，地球と金星の距離も大きく変わるので，**金星の見かけの大きさも大きく変わります**。
金星が地球に近づいたときは，欠け方は［❺❽大きく］なりますが，見かけの大きさは［❺❾大きく］
なり，明るさは［❻⓿明るく］見えます。
金星が地球から遠ざかったときは，欠け方は［❻❶小さく］なりますが，見かけの大きさは
［❻❷小さく］なり，明るさは［❻❸暗く］見えます。

[ただし] 遠ざかったときでも，他の星よりは明るく見えます。

例題
　右の図は，太陽・地球・金星の位置関係を模式的に表したものである。
これについて，次の問いに答えなさい。

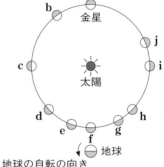

① 明け方に見られる金星の位置を，**a～j**からすべて選び，記号で答えなさい。

【　　　　　　　】

② ①の金星は，およそどの方位に見えますか。
　東・西・南・北のいずれかで答えなさい。

【　　　　　　　】

③ 最も明るく見える金星の位置を，**a～j**から１つ選び，記号で答えなさい。

【　　　　　　　】

④ 望遠鏡で観察したとき，肉眼で見た向きの右側の半分が光って見える金星の位置を，**a～j**から１つ選び，記号で答えなさい。

【　　　　　　　】

6章

地球と宇宙

解き方

① 地球の自転の向きから考えると，**b**，**c**，**d**，**e**は日没直後に見られるよいの明星，**g**，**h**，**i**，**j**は明け方に見られる明けの明星です。

答【　**g, h, i, j**　】

② 金星は太陽の近くで見られるため，よいの明星は西の空に見られ，明けの明星は東の空に見られます。

答【　　東　　】

③ 地球に近づくほど，大きくて明るく見えます。
　ただし，金星が**f**の位置にあるときは，金星と太陽が同じ方向にあるので，太陽の光が明るすぎて金星を見ることはできません。

答【　　**e**　　】

④ 地球から見て，金星が太陽から最も離れているとき，ちょうど半分が光って見えます。
　また，太陽のある側が光って見えるので，明けの明星は左側が光って見え，よいの明星は右側が光って見えます。
　よって，**d**では右側半分が光って見え，**h**では左側半分が光って見えます。

答【　　**d**　　】

28 ▶ 月の動きと満ち欠け

➡書き込み編 p.88〜91

月の動きと満ち欠けのしくみについては，テストで出題されやすい内容なので，しっかり学習しておきましょう。

また，日食や月食のしくみについての問題も出題数がふえています。

その年に日本で日食や月食が起こったときは次の年の入試で出題されやすいので，受験前年の天体現象については確認しておきましょう。

1 月の満ち欠け

(1)
> 月は，地球のまわりを公転する唯一の【 **①衛星** 】です。

夜空に見える月は，地球のまわりを公転する唯一の**衛星**で，地球と同じように球形をしていて，表面には無数のクレーター（いん石が衝突したあと）が見られます。

その直径は地球（約1万3000km）の**約[②4分の1]**（約3500km），太陽（約140万km）の**約[③400分の1]**で，地球から見ると満ち欠けして見えます。

また，地球から月までの距離は約38万kmで，地球から太陽までの距離（約1億5000万km）の**約[④400分の1]**です。これらの数字，少し頭に入れておくと便利ですよ。

これらのことは，あとで学習する皆既日食が起こる理由にも関係しています。

(2)
> 月の満ち欠けの周期（新月から新月まで）は約[**⑤29.5日**]です。

月が満ち欠けするのは，**月が地球のまわりを公転する**ことによって，次のページの図のように，太陽・地球・月の位置関係が変化し，月の光って見える部分（太陽の光が当たっている部分）が変化するためです。

このとき，新月から次の新月になるまでには，**約29.5日**かかります。

月の公転の向きは，北極星の側から見て反時計回りです。

また，地球から見た月は，満ち欠けの周期である29.5日の間に1周（360°回転）するため，**同じ時刻に見られる月は，1日につき約12°ずつ[⑥西から東]へ移動**していきます。

$360° ÷ 29.5 = 約12°$

よって，同じ場所で見られる時刻（月の出の時刻や月の入りの時刻）は，**1日に約[⑦50分]ずつ遅くなっていきます。**

$60分 × 24 = 1440分$

$1440分 ÷ 29.5 = 48.8…$　より，約50分

参考 月は，自転の周期と公転の周期が等しい（どちらも約27.3日）ので，地球に対してつねに同じ面を向けています。

そのため，地球からは月の裏側を見ることができません。

月の満ち欠けの順序

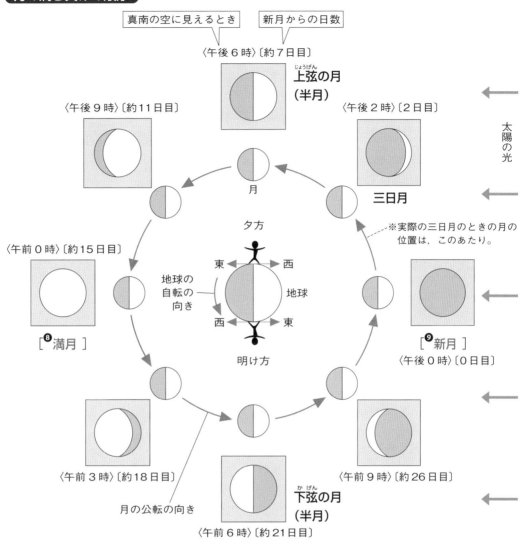

真南の空に見えるとき　　新月からの日数

〈午後 6 時〉〔約 7 日目〕

上弦の月
(半月)

〈午後 9 時〉〔約 11 日目〕

〈午後 2 時〉〔2 日目〕

三日月

太陽の光

※実際の三日月のときの月の
位置は，このあたり。

月

夕方

東　西

地球の
自転の
向き

地球

西　東

明け方

〈午前 0 時〉〔約 15 日目〕

[❽満月]

[❾新月]

〈午後 0 時〉〔0 日目〕

〈午前 3 時〉〔約 18 日目〕

月の公転の向き

下弦の月
(半月)

〈午前 9 時〉〔約 26 日目〕

〈午前 6 時〉〔約 21 日目〕

6 章

地球と宇宙

(図中の四角の中は，地球から見たときの月の形で，南中したときの向きで示している。)

各月の近くに，南中時刻と新月からの日数を示しています。

注意 三日月とは，新月から 3 日後の月ではなく，新月から 2 日後の月のことをいいます。

おまけ 与謝蕪村の俳句に「菜の花や 月は東に 日は西に」
という句があります。春の夕暮れ時に，東にのぼる
月と西に沈む太陽のことを詠った俳句ですが，月と
太陽が観測者をはさんで反対側にあることから，そ
のときの月がほぼ**満月**であったことが推測されます。

次の例題は重要です。**テストに出ます**

　　右の図は，月の公転と「太陽・地球・月」の位置関係を
示したものである。これについて，次の問いに答えなさい。

① **c** の位置にあるときの月を何といいますか。

【　　　　　　　】

② **g** の位置にあるときの月を何といいますか。

【　　　　　　　】

③ **a** の位置に月があるとき，この月が南中するのは何時ごろ
　ですか。最も近いものを次から選び，記号で答えなさい。

【　　　　　　　】

ア　0時ごろ　　　　イ　6時ごろ　　　ウ　12時ごろ　　　エ　18時ごろ

④ **h** の位置にある月が南中したとき，どのような形に見えますか。最も近いものを次から選び，
　記号で答えなさい。　　　　　　　　　　　　　　　　　　　　　　【　　　　　　　】

ア 　　　イ 　　　ウ 　　　エ

解き方

① 図のように，**c** の位置は，地球から見て太陽と同
　じ方向にあるので，光っている部分が見えません。
　このような月を新月といいます。

答【　　新月　　】

② 図のように，**g** の位置は，地球から見て太陽と反
　対方向にあるので，欠けている部分がなく，円形
　に見えます。
　このような月を満月といいます。

答【　　満月　　】

③ 図のように，**a** の位置に月があるとき，月は明け
　方ごろ(6時ごろ)に南中して見えます。

答【　　イ　　】

④ 図のように，**h** の位置に月があるとき，右側が少し欠けた形の月となります。

答【　　ウ　　】

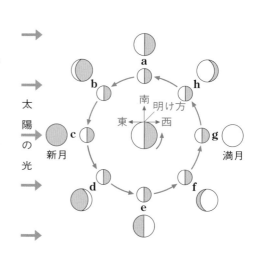

2 日食

(1) | 太陽・月・地球の順に一直線に並び，太陽の全体，または一部が月にかくされる現象を
【❿日食】といいます。

　太陽の直径は月の直径の 400 倍の大きさがありますが，地球から太陽までの距離は地球から月までの距離の約 400 倍あるので，**地球から見ると，太陽と月はほぼ同じ大きさに見えます。**
そのため，月が太陽と地球の間に入って，[⓫太陽・月・地球]の順に一直線上に並び，月と太陽がきれいに重なって，太陽の全体を月が数分間かくしたり，月と太陽の一部が重なって，太陽の一部を月がかくしたりする現象が起こることがあります。

　このように，太陽の全体または一部が月にかくされる現象を**日食**といいます。

　日食は「太陽・月・地球」の順に並んだときに起こり，そのときの月は[⓬新月]ですが，新月のときに必ず日食が起こるわけではありません。
これは，月の公転面が地球の公転面に対して少し傾いているためです。

(2) | 太陽全体が月にかくされる日食を[⓭皆既日食]といいます。

太陽と月が完全に重なっているのに，月の外側に太陽がはみ出して**細い光の輪**が見える日食を[⓮金環日食]といいます。

太陽の一部が月にかくされる日食を[⓯部分日食]といいます。

　太陽と月の見かけの大きさがほぼ同じ大きさなので，太陽と月がほぼ完全に重なると（わずかに月のほうが大きい），太陽のまわりに，ふだんは見られない真珠色に輝く[⓰コロナ]や，炎のようなガスの動きである[⓱プロミネンス](紅炎)が見られる**皆既日食**が起こります。

　しかし，地球と月の間の距離は少しだけ近づいたり遠ざかったりしていて，月が地球から少し遠ざかっているときに太陽と重なると，月の大きさが少し太陽より小さく見えるため太陽をすべてかくすことができず，月の外側に太陽がはみ出して細い光の[⓲輪]が見えます。
この日食を**金環日食**といいます。

　また，皆既日食や金環日食が起こっている地域のまわりでは，太陽の一部だけが月にかくされる**部分日食**が起こっています。

　日食は，地球上で 1 年に 2 回程度起こっていますが，日食が起こるのは地球上のせまい範囲なので，自分たちの住む地域で日食が見られる機会はあまり多くありません。
皆既日食は特にせまい範囲でしか起こらないので，見られる機会はとても少ないです。

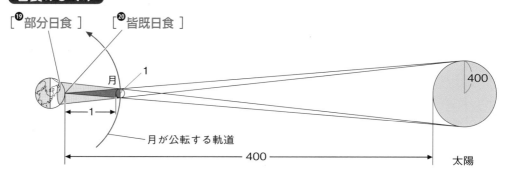

　日食のしくみ

[⓳部分日食]　　[⓴皆既日食]

月

1

月が公転する軌道

1

400

400

太陽

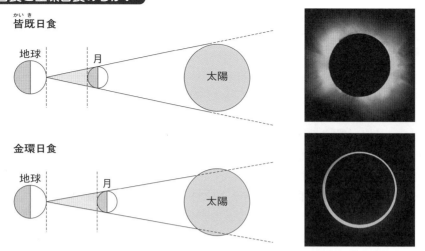

皆既日食と金環日食のちがい

皆既日食

金環日食

月の日周運動より太陽の日周運動のほうが[**㉑** 速い]ので，太陽が月の後ろを東から西へ通過します。そのため，下の図のように，**太陽は**[**㉒** 西]**(右)側から欠け始めます。**

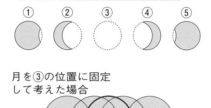

日食のときの太陽の欠け方

① ② ③ ④ ⑤

月を③の位置に固定
して考えた場合

→   →

東   ① ②③④ ⑤   西

西(右)側から欠けていく。

3 月食

(1) **太陽・地球・月の順に一直線上に並び，月が地球の影に入って，月の全体または一部に直射日光が当たらなくなる現象を【㉓ 月食 】といいます。**

　月が太陽と反対側にきて[**㉔** 太陽・地球・月]の順に一直線上にならび，月が地球の影に入って欠けることを**月食**といいます。

　月食は「太陽・地球・月」の順に並んだときに起こるので，月食が起こるときの月の形は[**㉕** 満月]となっています。

しかし，満月のときに必ず月食が起こるわけではなく，1年に2回程度しか起こりません。

それは，月の公転面が地球の公転面に対して少し(約5°)傾いているためです。

(2) 月の全体が地球の影に入る現象を[**㉖** 皆既月食]といいます。

月の一部が地球の影を通過し，月の一部が欠ける現象を[**㉗** 部分月食]といいます。

　月のすべてが地球の影に入ると，それまで欠けていた月の全体が暗い[**㉘** 赤かっ色]に見えます。このような現象を**皆既月食**といいます。

この場合、直接太陽の光が当たらなくなるので明るく光る部分はありませんが、地球のふちを通ったわずかな太陽の赤い光が当たっているので、月全体が暗い赤かっ色に見えます。

注意 太陽の光が少しでも直接当たっているときは、光が当たっている部分が明るすぎて、それ以外の部分は見えません。

月全体が影に入ると全体が暗くなるので、地球のふちを通った太陽の弱い光が当たったところも見えるようになるのです。

月全体が地球の影に入る皆既月食では、月全体が見えなくなることはないので、注意しましょう。

　月の一部が地球の影をかすめて通過すると、地球の影に入った部分だけが欠けて見えます。このような現象を**部分月食**といいます。

　また、日食は限られた範囲でしか見られませんでしたが、月食は月が地球の影に入っているときに夜である地域すべてで見られるため（天候の条件は除く）、地球の半分以上の地域で月食を観測することができます（欠け始めてから満月に戻るまでの一部が見られる地域もふくみます）。

　皆既月食や部分月食は、長いときは3〜4時間続くこともあります。

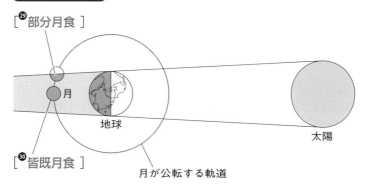

月食のしくみ

[❷⁹部分月食]

月

地球

[❸⁰皆既月食]

月が公転する軌道

太陽

　月は、地球のまわりを北半球から見て[❸¹反時計回り]に公転しているため、地球の影を西から東へ通過します。

そのため、下の図のように、**月は[❸²東](左)側から欠け始めます。**

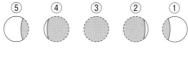

月食のときの月の欠け方

⑤　④　③　②　①

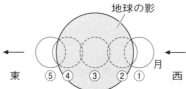

地球の影

東　⑤④③②①　西　月

29 ▶ 太陽と銀河系の天体

➡ 書き込み編 *p.92〜94*

太陽の黒点の移動の観察からわかる，**太陽が球形であること**と**太陽が自転していること**は重要です。太陽の中央付近と端の付近で「黒点の移動する速さのちがい」と「黒点の形の変化」について，しっかり理解しておきましょう。 出題されやすいです

■ 太陽のようす

(1) ┌───┐
    太陽の表面には，【❶**黒点**】とよばれる**黒い斑点**（はんてん）が見られます。
    └───┘

太陽は，直径約 140 万 km（地球の約 109 倍，月の約 400 倍）の[❷**球形**]で，自ら光り輝く【❸**恒星**】です。

地球からは約[❹**1億5000万 km**]離れていて，水素やヘリウムなどの気体からできています。

太陽の表面には，**黒点**とよばれる黒い斑点が見られますが，これは太陽の自転とともに，天の北極側から見て反時計回りに移動し，約 27 日で 1 周します。

表面温度は約[❺**6000℃**]ですが，黒点の部分の温度は約[❻**4000℃**]で，**黒点が黒く見えるのは，まわりより温度が**[❼**低い**]ためです。

> 参考 太陽の活動が活発になると黒点が多くなり，おだやかになると黒点の数は減少します。
> このように，黒点の数を調べることによって，太陽の活動のようすを知ることができます。
> 太陽の活動が活発になると，**磁気あらし**という現象が発生し，地球で**電波障害**を引き起こすことがあります。
> 太陽の活動が活発なとき，おもに高緯度地域で見られる**オーロラ**の発生も多くなります。
> このため，中緯度地域の日本でもオーロラが観測されることがあります。

また，毎日黒点を観察すると，端の付近を移動するときより中央付近を移動するときのほうが，移動する速さが速くなります。

さらに，中央で円形に見えた黒点が端のほうへ移動すると，縦長のだ円形に見えます。

この 2 つのことは，太陽が**球形**であることを示す証拠となります。

(2) ┌───┐
    太陽をとり巻く高温（100万℃以上）のガスの層を[❽**コロナ**]といいます。
    ├───┤
    太陽の表面に見られる炎のようなガスの動きを[❾**プロミネンス（紅炎）**（こうえん）]といいます。
    └───┘

太陽の外側に広がる非常にうすいガスの層を**コロナ**といい，その部分の温度は 100 万℃以上もあります。

また，太陽の表面に見られる炎のような高温（約 10000℃）のガスの動きを**プロミネンス（紅炎）**といいます。

コロナやプロミネンスは，ふだんは太陽の光が強すぎて見ることができません。

しかし，**皆既日食**（かいき）が起こっているときは太陽の光がさえぎられるので，次のページの図のように，コロナは白く輝いて見え，表面のプロミネンスも見られます。

太陽のようす

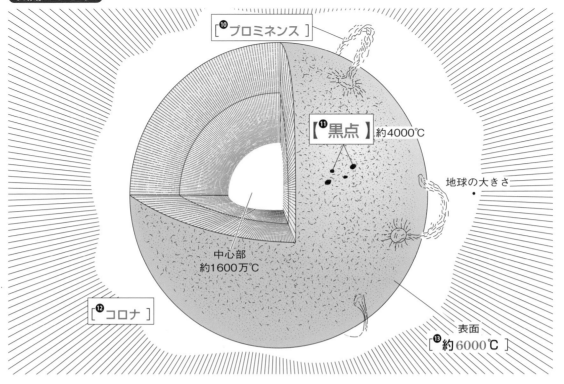

[⑩ プロミネンス]

【⑪ 黒点 】約4000℃

地球の大きさ

中心部
約1600万℃

[⑫ コロナ]

表面
[⑬約6000℃]

黒点の移動

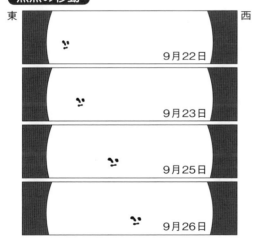

東　　　　　　　　　　西

9月22日

9月23日

9月25日

9月26日

①黒点が少しずつ移動する。
　→太陽は自転している。

②太陽の周辺部ではだ円形に
　見えていた黒点が中心部で
　は円形に見える。
　→太陽は球形である。

❷ 太陽の観測

太陽の表面の観測

観測手順

① 図1のように，太陽の像をうつす円をかいた記録用紙を太陽投影板にクリップでとめ，天体望遠鏡にとりつける。

② 太陽の像を記録用紙にかかれた円に合わせてうつし，ピントを合わせる。

③ 図2のように，黒点の位置，形を記録用紙にスケッチする。

④ 太陽は東から西へ動いていくので，**太陽の像が動いていく方向を西**として，方位を記入する。

⑤ 2日後と4日後，①～④と同様の操作をして黒点を記録用紙にスケッチする。

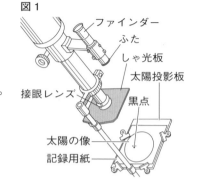

図1

ファインダー
ふた
しゃ光板
接眼レンズ
太陽投影板
黒点
太陽の像
記録用紙

厳禁 ファインダーや天体望遠鏡で直接太陽を見てはいけません。また，肉眼で直接太陽を見てもいけません。

ファインダーの対物レンズや接眼レンズには，必ずふたをしておきましょう。

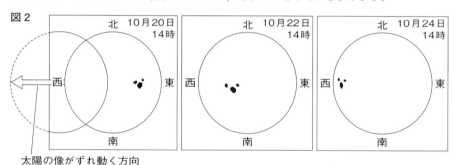

図2

太陽の像がずれ動く方向

結果

① 黒点は**東から西へ**移動した。

② 記録用紙上では，中央付近の黒点のほうが端付近の黒点より移動距離が長かった。

③ 中央部で円形に見えていた黒点が，周辺部に移動するにつれて縦長のだ円形になっていった。また，周辺部で縦長のだ円形に見えていた黒点が，中央部に近づくにつれて円形になっていった。

考察

1. 結果①より，太陽が［❶₄ **自転** ］していることがわかります。

2. 結果②，③より，太陽が［❶₅ **球形** ］であることがわかります。

注意 この実験での黒点の動く向きが **p.181** の黒点の移動を示した図と異なるのはなぜでしょう？

その理由は，この観察の記録が太陽投影板にうつした像をスケッチしたものであるため，肉眼で見た向きと同じようにうつしている **p.181** の図とは，黒点の動く向きが左右逆向きになるからです。

3 銀河系

> 太陽系をふくむ，うずを巻いた凸レンズ状の恒星の大集団を【⑯ 銀河系 】といいます。

地球をふくむ太陽系は，**銀河系**という約2000億個の恒星の集団に属しています。

> 銀河系の中で見られる**恒星の集団**を
> [⑰ 星団]といいます。

> 銀河系の中で見られる**ガスのかたまり**を
> [⑱ 星雲]といいます。

銀河系は，うずを巻いた凸レンズ状の形をしていて，その中に，恒星の集団である**星団**やガスのかたまりである**星雲**が存在しています。
・**星団**…プレアデス星団(すばる星団)，ヘルクレス座の球状星団など。
・**星雲**…オリオン大星雲，いて座の三裂星雲など。

太陽系は銀河系の端に近い所にあります。そのため，地球からは凸レンズ状に分布した恒星が帯状に集まって，川のように見えます。これが[⑲ 天の川]です。
特に，銀河系の中心方向に夏の天の川，銀河系の外側方向に冬の天の川が見られます。

> 銀河系と同じような天体の大集団を
> 【⑳ 銀河 】といいます。

銀河系以外にも，銀河系と同じような天体の大集団が多数存在しています。
これを**銀河**といいます。
銀河にはさまざまな形のものがあります。
・**銀河**…アンドロメダ銀河，りょうけん座の銀河など。
さらに，近くの銀河どうしが引き合って衝突し，合体したり，**銀河の集団**をつくったりします。
参考 銀河の集団を銀河群，より大きな集団を銀河団といいます。
　　　・**銀河団**…おとめ座銀河団など。

銀河系の構造

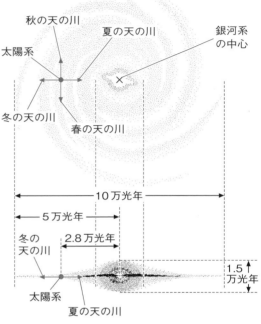

上から見た図

横から見た図

※光が1年かかって進む距離を1光年という。
　1光年は約9兆5千億km。

宇宙の広がり

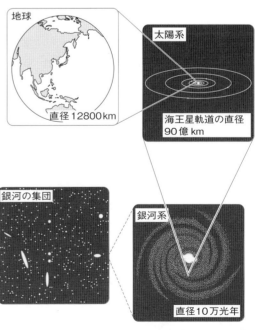

6章 地球と宇宙

30 ▶ 自然界のつり合い

➡書き込み編 *p.95〜96*

　自然界の生物どうしの**「食べる・食べられる」**という関係の一連のつながりと，生物どうしの数量的な関係が重要です。出題されます

基本的には，食べるものより食べられるものほど個体数が多いということを覚えておきましょう。

1 「食べる・食べられる」という関係

(1)　ある地域の生物とまわりの環境(水，空気，土など)を１つのまとまりとしてとらえたものを【❶ 生態系 】といいます。

　自然界の生物どうしの**「食べる・食べられる」**という関係の一連のつながりを，【❷ 食物連鎖 】といいます。

　ある地域に生息する生物と，その地域にある水や空気，土などをふくめた環境との間には関連性があり，これらを総合的にとらえたもののことを**生態系**といいます。

　また，自然界の生物は，**「食べる・食べられる」という関係**で鎖のようにつながっていて，この一連の関係を**食物連鎖**といいます。

(2)　植物のように，**無機物から有機物をつくる生物**を【❸ 生産者 】といいます。

　動物のように，**植物や他の動物を食べる生物**を【❹ 消費者 】といいます。

　植物のように光合成を行う生物は，自分で無機物から有機物をつくり出します。

　このように，自分で栄養分をつくる生物を**生産者**といいます。

　水の中では，水生植物や藻類のほかに，植物プランクトンなどがおもな生産者となっています。

　これに対して，動物のように光合成を行うことができず，からだに有機物をふくむ植物や他の動物を食べることによって栄養分をとり入れている生物を**消費者**といいます。

　ある生態系で，生産者のからだの中の有機物のうちの一部は草食動物に食べられて移動します。その後，草食動物を食べる肉食動物，その肉食動物を食べる肉食動物となるにつれ，それぞれにとりこまれる有機物の量は少なくなっていきます。

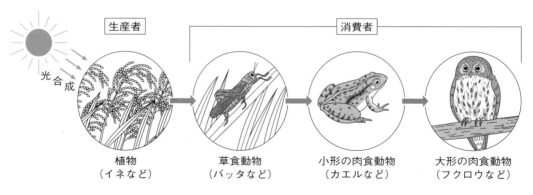

※矢印は，食べられるものから食べるものに向かってつけている。

(3) 食物連鎖はすべての生態系で見られますが，自然界の動物は数種類の生物を食べているので1本の鎖のようなつながりにならず，複雑に絡み合います。

このような**食物連鎖による網の目のようなつながり**を【❺**食物網**】といいます。

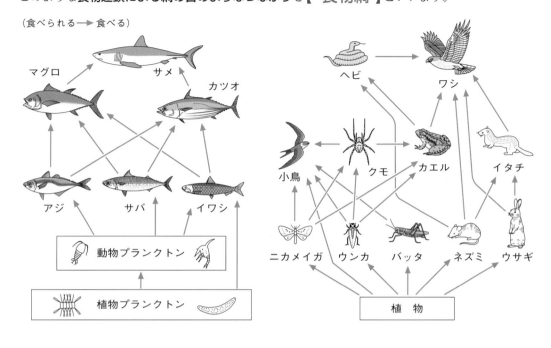

（食べられる ━➤ 食べる）

2 生物の数量的な関係

(1) ある生態系で，そこに生息している生物は，生産者といくつかの段階の消費者に分けられます。

それらの段階の生物を，個体数によって，[❻**生産者**]を一番下として食物連鎖の順に積み上げていくと，ふつう食物連鎖で上位の[❼**消費者**]ほど個体数が少ないので，下の図のように植物を最も下の層にした**ピラミッドの形**となります。

食物連鎖と個体数の関係

【❽**消費者**】

大形の肉食動物

▲

小形の肉食動物

▲

草食動物

【❾**生産者**】

植　物

ピラミッドの形になる。

[❿**少ない**]

個体数

[⓫**多 い**]

(2) 自然界では，生産者と消費者の個体数がそれぞれ増減をくり返しながら，[⑫食物連鎖]のなかで，そのつり合いは一定に保たれています。

下の図は，ある地域のオオヤマネコとカンジキウサギの個体数の変化を表したものです。

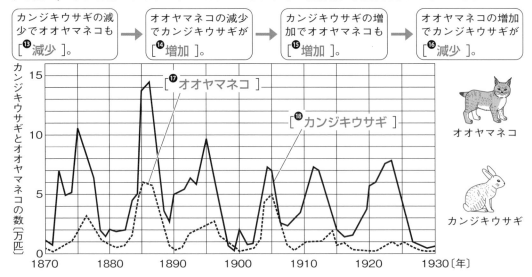

| カンジキウサギの減少でオオヤマネコも[⑬減少]。 | → | オオヤマネコの減少でカンジキウサギが[⑭増加]。 | → | カンジキウサギの増加でオオヤマネコも[⑮増加]。 | → | オオヤマネコの増加でカンジキウサギが[⑯減少]。 |

① カンジキウサギがオオヤマネコに食べられて個体数が減少すると，オオヤマネコにとっては食物が減少するので，少し遅れてオオヤマネコの個体数も減少する。

② オオヤマネコの個体数が減少すると，カンジキウサギの食べられる数も減少するので，カンジキウサギの個体数が増加する。

③ カンジキウサギの個体数が増加すると，オオヤマネコにとっては食物が増加するので，オオヤマネコの個体数が増加する。

④ オオヤマネコの個体数が増加すると，カンジキウサギの食べられる数も増加するので，カンジキウサギの個体数が減少する。

⑤ ①〜④をくり返しながら，オオヤマネコとカンジキウサギの個体数の割合は，**ほぼ一定に保たれていく。**

ポイント 1. 食物連鎖の上位であるオオヤマネコの個体数はカンジキウサギの個体数よりつねに少なくなっています。

2. 食物連鎖で上位のオオヤマネコ(食べる側の生物)の個体数は，食物連鎖で下位のカンジキウサギ(食べられる側の生物)の個体数の変化より少し遅れて変化しています。

このように，ある[⑲生態系]のなかで生物の数量のつり合いが一時的にくずれると，生物の個体数の関係を示すピラミッドの各段階も一時的に増減しながら，つり合った状態にもどります。このしくみ，理解しておきましょう。

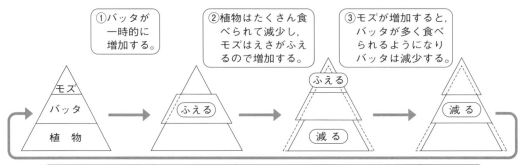

おまけ 前ページで学習したように，生態系は一時的に個体数のつり合いがくずれても，増減をくり返しながら，ふたたびつり合いが一定に保たれます。

しかし，人間の活動や自然災害などによって，短時間のうちにある生物が大量に減少したり，新たな生物がその生態系に大量に追加されたり，すみかなどの環境が大きく変化したりして，生物の数量的なつり合いが大きくくずれてしまうと，**もとの状態にもどるまでにとても長い年月がかかったり，もとの状態にはもどらなかったりすることもあります。**
そのため，人間が自然に手を加えなければならないときは，とても慎重な検討が必要になります。

たとえば，アメリカ合衆国のアリゾナ州のカイバブ高原で，シカを保護するために，シカを食べるオオカミやピューマを射殺して個体数をいちじるしく減少させました。
ところが，その後 20 年ほどシカの個体数が増加し続けたため，食物となる草が無くなってしまい，ある年からシカの個体数が急激に減少し始めて，最終的にはふたたび少なくなってしまいました。

③ 生物濃縮

> 生物をとりまく環境より高い濃度で物質が体内に蓄積されることを [**⑳生物濃縮**] といいます。

　食物にふくまれた分解されにくい物質は，食物としてとりこまれると，そのまま体内にとどまってしまいます。
そのため，まわりの環境より高い濃度でその物質が体内に蓄積されていきます。
これを**生物濃縮**といいますが，このような物質を体内にためた生物が食物連鎖の上位の動物に次々に食べられていくと，その物質の濃度がどんどん [**㉑高く**] なっていきます。
このように，**食物連鎖によって生物濃縮は進行していく**のです。

　過去に農薬として日本でも使われていた DDT，BHC やコンデンサーの絶縁に使われていた PCB なども生物濃縮によって濃度が高くなります。
そのため，日本では使用のみを禁止したり（BHC），生産と使用を禁止したり（DDT，PCB）しています。

たとえば 1949～1957 年に，アメリカ合衆国のある湖で，ユスリカに似た昆虫が大量発生し，これを駆除するために，DDD という殺虫剤が散布されました。
　その濃度はとても低いものでしたが，大形の魚，水鳥のカイツブリなどの体内にはとても高い濃度で蓄積され，魚は食用にならなくなり，カイツブリは大幅に減少しました。

31 ▶ 分解者のはたらきと物質の循環

➡書き込み編 *p.96〜97*

分解者(土の中の小動物や微生物)のなかでも**菌類**や**細菌類**などの微生物のはたらきは重要です。また，物質の循環に関しては，**呼吸**と**光合成**，**食物連鎖**によって，酸素と二酸化炭素および有機物としての炭素がどのように循環するのか考えましょう。

1 土の中の小動物

(1) 土の中の小動物は，次のような方法で観察します。

観察手順

① 落ち葉の下の土を掘ってとり，図1のように土を白いバットに少量ずつ広げ，見つかった小動物をピンセットでとり出して，70%エタノールの入ったビーカーに入れる。

② 肉眼で見つかった小動物をとり除いた土を，図2のような装置(**ツルグレン装置**)にのせ，土の上の電球をつけて，ビーカーに集まった小動物をルーペや顕微鏡で観察する。

ちなみに 下線部のツルグレン装置(図2)は，**土の中の小動物が[❶光]や熱を嫌って，電球と反対方向へ移動することを利用し，小動物がビーカーに落ちてくるしくみになっています。**

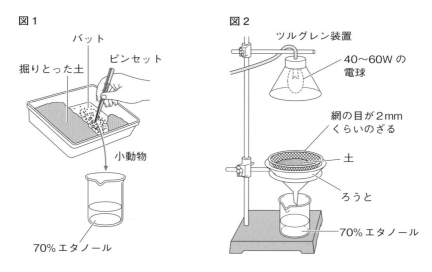

図1　バット　ピンセット　掘りとった土　小動物　70%エタノール

図2　ツルグレン装置　40〜60Wの電球　網の目が2mmくらいのざる　土　ろうと　70%エタノール

結　果

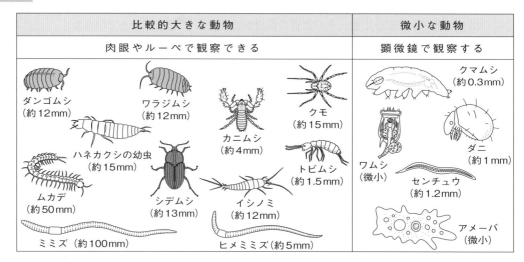

比較的大きな動物		微小な動物
肉眼やルーペで観察できる		顕微鏡で観察する

ダンゴムシ(約12mm)　ワラジムシ(約12mm)　カニムシ(約4mm)　クモ(約15mm)　ハネカクシの幼虫(約15mm)　トビムシ(約1.5mm)　ムカデ(約50mm)　シデムシ(約13mm)　イシノミ(約12mm)　ミミズ(約100mm)　ヒメミミズ(約5mm)

クマムシ(約0.3mm)　ダニ(約1mm)　ワムシ(微小)　センチュウ(約1.2mm)　アメーバ(微小)

(2) 土の中でも，下の図のように，[**②落ち葉**]や生物の死がいを出発点とした食物網が見られます。

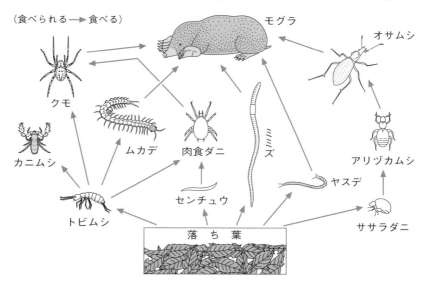

（食べられる → 食べる）

モグラ

オサムシ

クモ

ムカデ

肉食ダニ

ミミズ

アリヅカムシ

カニムシ

ヤスデ

トビムシ

センチュウ

ササラダニ

落 ち 葉

2 土の中の微生物

生物の死がいや排出物などの有機物を無機物に分解する生物を【**③分解者**】といいます。

土の中の**小動物**や，[**④菌類**]（カビ，キノコのなかま）・[**⑤細菌類**]（乳酸菌や大腸菌などの単細胞生物で，バクテリアともいう）などの**微生物**のように，生物の死がいや排出物などにふくまれる有機物を得て，**呼吸**によって有機物を水や二酸化炭素などの無機物に分解し，エネルギーを得ている生物を**分解者**といいます。

分解者がつくり出した水や二酸化炭素などの無機物は，ふたたび植物の**光合成**に利用されます。

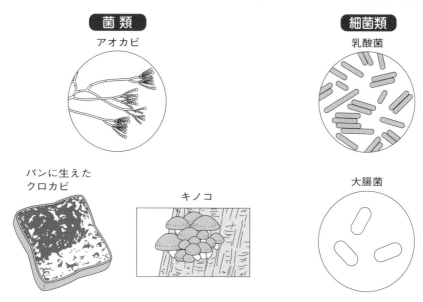

菌 類

アオカビ

細菌類

乳酸菌

パンに生えた
クロカビ

キノコ

大腸菌

参考 分解者が得ている有機物は，もともとは生産者がつくり出したものであるため，分解者は消費者にふくまれると考えることもできます。

7章

自然と人間

微生物のはたらきを調べる実験

実験手順

① 図1のように，水を入れたビーカーに森林の中の落ち葉の下の土を入れ，よくかき混ぜた後，しばらく置く。

② 0.1%デンプン溶液 100 mL に，寒天粉末 2 g を加え，加熱して溶かしたものを滅菌したペトリ皿 **A**，**B** に入れてふたをする。

これを寒天培地といい，菌類や細菌類をふやすための栄養分となるデンプンをふくんでいる。

③ ペトリ皿 **A** には①の上ずみ液を加え，ペトリ皿 **B** には①の上ずみ液を煮沸(しゃふつ)して冷ましたものを同量加え，20～35 ℃の暗室に 5 日間置く。

④ ペトリ皿 **A**，**B** の寒天培地のようすを観察する。

また，5 日間置いた後，ヨウ素溶液を加えて変化のちがいを調べる。

> **ちなみに** ③の下線部の操作は，①の上ずみ液の中の菌類や細菌類を死滅させるための操作です。

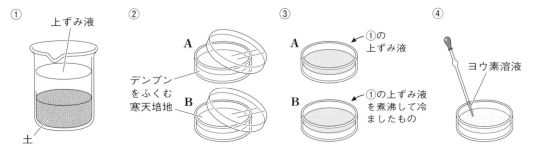

結 果

・2日後：ペトリ皿 **A** の培地の表面に小さな粒が現れた。

　ペトリ皿 **B** では，まったく変化が見られなかった。

・3～5日後：ペトリ皿 **A** の表面の粒は少し大きなかたまりになり，毛のようなものも見られた。

　ペトリ皿 **B** では，まったく変化が見られなかった。

・ヨウ素溶液の反応：ペトリ皿 **A** では，かたまりのその周辺では[❻ **変化しなかった**]。

　ペトリ皿 **B** では，表面全体が青紫色に[❼ **変化した**]。

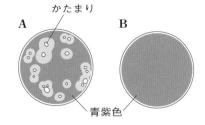

考 察

ペトリ皿 **A** のヨウ素溶液の反応から，**土の中の微生物が培地にふくまれていたデンプンの一部を**[❽ **分解**]したことがわかります(ペトリ皿 **B** は対照(たいしょう)実験です)。

よって，土の中の微生物はデンプンを使ってふえ，目に見えるかたまりになったと考えられます。

3 自然界での物質の循環

(1) 炭素は，二酸化炭素として [**❾**光合成] によって空気中から植物にとりこまれ，**有機物**として生物間を移動したり，生物の [**❿**呼吸] によって**二酸化炭素**として空気中へ放出されたりします。

炭素は，有機物や二酸化炭素にふくまれていて，次の①～③をくり返しながら，自然界を循環しています。
① 有機物の合成…植物などの生産者は，**光合成**によって，無機物の水と二酸化炭素からデンプンなどの有機物を合成します。➡空気中の二酸化炭素の中の炭素が有機物にとりこまれます。
② 生物間での炭素の移動…**食物連鎖**によって，有機物が「生産者→消費者→分解者」と移動します。➡有機物の中の炭素もそれにともなって移動します。
③ 二酸化炭素の放出…すべての生物が**呼吸**によって有機物を分解し，二酸化炭素を空気中に放出します。➡有機物の中の炭素が二酸化炭素の形で空気中へ出ます。

(2) 酸素は，生物の [**⓫**呼吸] によって消費され，水となって自然界を移動したり，植物体内で [**⓬**光合成] によって水が分解されて，ふたたび大気中へ放出されたりします。

酸素は，次の①～③をくり返しながら，自然界を循環しています。
① 酸素の消費…空気中の酸素が生物の**呼吸**に使われ，有機物が分解されて，無機物である水ができます。(水 H_2O は酸素 O と水素 H からできています。)
② 生物間での酸素の移動…**食物連鎖**によって，有機物が「生産者→消費者→分解者」と移動します。➡おもな有機物には酸素もふくまれていて，有機物中の酸素もそれにともなって移動します。
③ 酸素の放出…植物の体内では，**光合成**によって水から酸素がつくられ，体外へ放出されます。

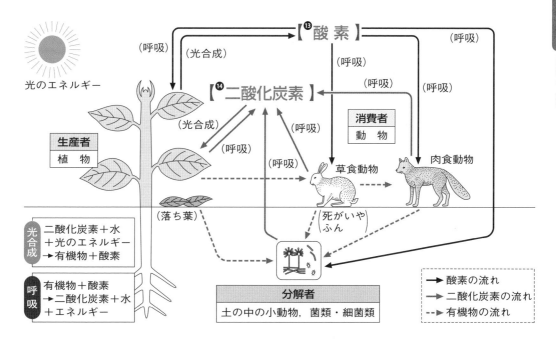

水生生物による水質調査，マツやカイヅカイブキの葉を使った空気のよごれの調査の方法は重要です。また，**環境問題**については，その問題が発生した原因について，よく理解しておきましょう。

◼1 身近な環境の調査

水や空気のよごれなど，身近な環境を調査しましょう。

(1) 調査1…川の水質調査

川の石の表面などについている[❶指標生物]を採集し，種類と数を調べて記録する。

どのような水に生息する指標生物が多いか調べ，水質階級を決定する。

きれいな水	少しきたない水	きたない水	大変きたない水
[❷サワガニ]	ゲンジ ボタル	タニシ	[❸アメリカザリガニ]
カワゲラ，ウズムシ	カワニナ，ヤマトシジミ	ヒル，ミズムシ	セスジユスリカ

(2) 調査2…空気のよごれの調査

マツの葉の気孔や，カイヅカイブキの葉のよごれの度合いを顕微鏡で観察し，交通量や葉を採集した高さとどのような関係があるか調べると，交通量が多く，高さが低いところほど，よごれの度合いが[❹高く]なっていることがわかる。

コツ マツの葉の気孔を顕微鏡で観察するときは，光を[❺ななめ上]から当て，100倍程度で観察する。

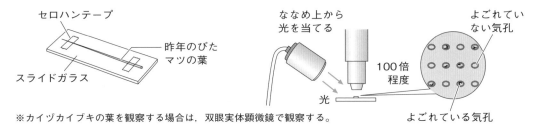

※カイヅカイブキの葉を観察する場合は，双眼実体顕微鏡で観察する。

◼2 人間の活動と自然界のつり合い

(1) 地球規模で気温が上昇することを[❻地球温暖化]といいます。

近年，石油や石炭などの[❼化石燃料]の大量消費や森林の樹木の大量伐採・大量燃焼によって，大気中の[❽二酸化炭素]の割合が年々高くなっています。

二酸化炭素やメタンなどは，宇宙へ出ていこうとする熱を地表へもどす[❾温室効果]があるため，それらの気体の増加によって，地球の気温が上昇する**地球温暖化**が起こっていると考えられています。

地球温暖化が進むと，海水面が上昇して低地が水没することが心配されています。

また，洪水や干ばつなどの異常気象が発生しやすくなると考えられています。

(2) [❿赤潮]・**アオコ**…海や湖に生活排水が大量に流れこむと，これらを栄養分として植物プランクトンが大量発生し，海では赤潮，湖ではアオコとよばれる現象が起こって，魚が大量に死ぬことがあります。

(3) [⑪光化学スモッグ]…大気中の窒素酸化物が太陽光の紫外線によって化学変化を起こし，目やのどを強く刺激する光化学スモッグの原因となる物質に変化します。

(4) [⑫酸性雨]…工場や車から排出される硫黄酸化物や窒素酸化物が雨にとけこんで強い酸性を示す雨となったもので，野外の金属やコンクリートなどを腐食させたり，湖沼の魚を死滅させたりします。

(5) [⑬オゾン層]の破壊…大気の上空には太陽光の中の有害な紫外線を吸収するオゾン層があります。しかし，過去に冷蔵庫やエアコンで使われていた[⑭フロン]という気体によって，オゾン層のオゾンの量が減少し，地表へ届く有害な**紫外線の量がふえていて**，皮膚がんの増加が心配されています。

(6) 種の絶滅…近年，人間の活動による環境の変化の影響で生態系が変化することによって，野生の生物の種の絶滅が進行しています。環境省によって，日本での絶滅のおそれがある野生の生物（**絶滅危惧種**）についての調査が行われ，これをもとに[⑮レッドリスト]（国際自然保護連合が作成した絶滅のおそれのある野生生物のリスト）が公表されています。2020年のレッドリストによると，日本では3700種以上の野生生物に絶滅のおそれがあると指摘されています。

(7) [⑯外来種（外来生物）]…本来分布していない地域に他の地域から持ちこまれて定着した生物のことです。これに対して，昔からその地域に生息していた生物を**在来種**（在来生物）といいます。
外来種は在来種の食物や生息場所などの環境をうばうことがあり，その地域の生態系をこわし，在来種の絶滅の原因となるおそれがあります。
例：オオクチバス，アライグマ，ヌートリア，セイタカアワダチソウ，ボタンウキクサ。

(8) 農村の集落とその周辺の雑木林や田畑などをふくめたその地域一帯のことを[⑰里山]といいます。

里山では，人間が生活に必要な産物をとるだけでなく，下草をかったり間伐したりして手入れをすることで，動植物の生育環境も整い，一定の自然界のつり合いが保たれています。

3 自然と人間

(1) 自然の災害

① **地震や火山活動**…日本は4つのプレートの境界付近にあり，地震や火山のとても多い国です。地震では，ゆれによる建築物の倒壊や土砂くずれ，**津波**などによる一次災害と，火災や水道・電気・ガスの供給路の寸断などの二次災害が生じます。
火山活動では，溶岩流や有毒ガス（硫化水素など）が発生し，広い範囲に火山灰を降らせます。

② **豪雨**…夏から秋にかけて，**梅雨前線**，**秋雨前線**，**台風**などにともなう豪雨により，河川が氾らんして洪水が生じたり，土砂くずれが起きたりします。
近年では，せまい範囲で集中豪雨が起こることもふえ，テレビでよくゲリラ豪雨という言葉を耳にするようになりました。

(2) **防災**…さまざまな自然災害を想定して，さまざまな防災がなされています。

　① ［ ⓲緊急地震速報 ］…地震のＰ波とＳ波の速さのちがいを利用して，主要動が届く数秒前に大きなゆれが起こることを伝える緊急地震速報が出されています。

　② ［ ⓳ハザードマップ ］（災害予測図）…地震や津波，火山の噴火，洪水が起こったときに予測される被害の程度や範囲，緊急避難場所や避難経路などを示したもので，その地域の災害に合わせて作成されています。

(3) **自然の恵み**…火山はさまざまな災害を起こしますが，**美しい景観**や周辺で湧き出る**温泉**は観光資源となり，高温の温泉水は**地熱発電**にも利用されています。

また，台風や前線などによる降水は，農業や工業および生活に欠かせない貴重な**水資源**となるだけでなく，**水力発電**にも利用されています。

自然は大きな災害ももたらしますが，私たちの生活にとって，なくてはならないものなのです。

さくいん

②

著者紹介

●**西村 賢治**(にしむら けんじ)
　教育企画室ボーダー代表

1962年大分県生まれ。高校時代に行った上高地の風景に心をうばわれ，信州大学に進学！

大学卒業後，東京都内の有名進学塾の講師を経て，1999年から塾用・学校用教材，全国および県別模擬テストなどを作成するかたわら，エデュケーション・アドバイザーとして塾講師へのアドバイスや父母への受験指導および，麻布個人指導会にて個人指導にも従事している。

塾の講師時代から，「自分から学習できる環境づくり」を最も重要なこととし，そのために何ができるのかということを常に考えて，次のような学習循環をつくりだしている。

① まずは，わかりやすくて楽しい授業！

② 次に，家庭学習の方法・順序の徹底した説明と，それに合わせた教材の提供！

③ 学習した成果が的確に現れる質の高い(難しいという意味ではない)テストを行う！

この学習循環をくり返すことで，はじめはやらされていた生徒でも，自分から考えて学習するようになり，さらには，自分にあった学習方法を生み出して成果を倍増させる生徒も多く見てきた。

また，趣味の充実も重要だと考えており，自らも幼いころからピアノにふれ，大学時代にはバンド活動で全国大会に出場した経験ももつ。今も，ピアノやウクレレの演奏を趣味としているが，音楽だけに限らず，さまざまな趣向が頭の柔軟性を養うという思いから，生徒や親たちには，趣味ともバランスよく付き合っていくことを薦めている。

「最高水準問題集 高校入試」，「最高水準問題集特進」シリーズ，「今日からスタート 高校入試」，「高校入試 中学3年分まるごと総復習」(いずれも文英堂)など，執筆や監修多数。

□ 編集協力　㈱ファイン・プランニング　鈴木香織　平松元子

□ 本文デザイン　㈱ウエイド　土屋裕子

□ 図版作成　㈱ファイン・プランニング　甲斐美奈子

□ 写真提供　JAXA　NASA　Johns Hopkins University Applied Physics Laboratory
　　　　　　　Carnegie Institution of Washington　JPL-Caltech　USGS　気象庁　国立天文台　東京大学など

□ イラスト　ふるはしひろみ

シグマベスト
高校入試
実力メキメキ合格ノート
中学理科[生命・地球]

本書の内容を無断で複写(コピー)・複製・転載することを禁じます。また，私的使用であっても，第三者に依頼して電子的に複製すること(スキャンやデジタル化等)は，著作権法上，認められていません。

Ⓒ BUN-EIDO　2021　　　Printed in Japan

著　者	西村賢治
発行者	益井英郎
印刷所	株式会社加藤文明社
発行所	株式会社文英堂

〒601-8121　京都市南区上鳥羽大物町28
〒162-0832　東京都新宿区岩戸町17
(代表)03-3269-4231

●落丁・乱丁はおとりかえします。

文英堂

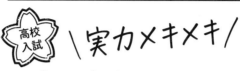

Σ BEST
シグマベスト

高校
入試

＼実力メキメキ／

合格ノート
中学理科
［生命・地球］

書き込み編

書き込み編の特長と使い方

❶ 空らんに答えを書いて覚える

単元ごとにはっきりと分かれている**整理ノート**です。定期テストや模擬試験の前などに，試験範囲の空らんを，自分で書いて完成させましょう。

自分で書いてみると，しっかり覚えることができます。

空らんの答えは，**解説編**にすべてのっています。❶，❷などの番号で対照させることができます。

空らんの答え以外にも，自分用のメモとして，気になることを書いておくことができます。

❷ 自分専用のまとめノートにする

この**書き込み編**は，**解説編**を整理したまとめとなります。

赤色フィルターで消える色のペンで書いておけば，定期テストや模擬試験，入試のときには，自分専用のノートとして直前チェックに役立つはずです。

もくじ ▶書き込み編

1章 いろいろな生物とその共通点

1 ▶ 生物の観察のしかた

→解説編 p.6〜9

1 スケッチ

(1) 観察物をスケッチするときは[**❶**　　　　　　　**線**]ではっきりとかく。

(2) 観察したときの[**❷**　　　　　　　]や**天気**，まわりのようす，気づいたことなどを記録する。

2 ルーペ

(1) ルーペは，必ず[**❸**　　　　　]に近づけて持つ。

(2) ルーペの倍率は **10 倍**程度である。

3 顕微鏡 <ruby>顕微鏡<rt>けん び きょう</rt></ruby>

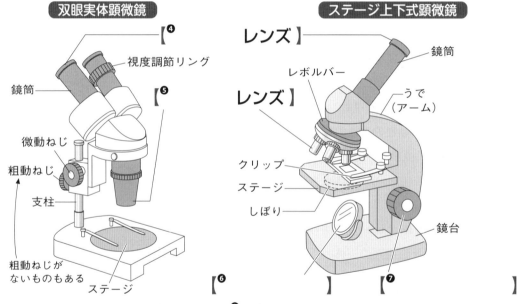

双眼実体顕微鏡

【**❹** 】

視度調節リング

鏡筒

【**❺** 】

微動ねじ

粗動ねじ

支柱

粗動ねじが
ないものもある

ステージ

【**❻** 】

ステージ上下式顕微鏡

レンズ 】

鏡筒

レボルバー

うで
（アーム）

レンズ 】

クリップ

ステージ

しぼり

鏡台

【**❼** 】

(1) **20〜40 倍**程度で観察するときは，[**❽**　　　　　　　**顕微鏡**]を使う。

　　→この顕微鏡は観察物を**両目で観察**するので，観察物を[**❾**　　　　　 **的**]に観察できる。

(2) **40〜600 倍**程度で観察するときは，[**❿**　　　　　　　　　**顕微鏡**]を使う。

・顕微鏡の倍率 = **接眼レンズの倍率**[**⓫**　　　　　]**対物レンズの倍率**

・顕微鏡の倍率が高くなるほど，視野の大きさは[**⓬**　　　　　　]なり，明るさは
[**⓭**　　　　　　]なる。

・倍率の高い対物レンズほど長さが[**⓮**　　　　　　]ので，ピントが合ったときの対物レ
ンズとプレパラートの距離は[**⓯**　　　　　]なる。

(3) **対物レンズをプレパラート**から[**⓰**　　　　　　　]ながら，ピントを合わせる。

4 水中の小さな生物

　池や川の中には，次のような肉眼では見えない小さな生物がいる（ミジンコは肉眼で見える）。これらの生物を観察するときは顕微鏡(けんびきょう)を用いる。

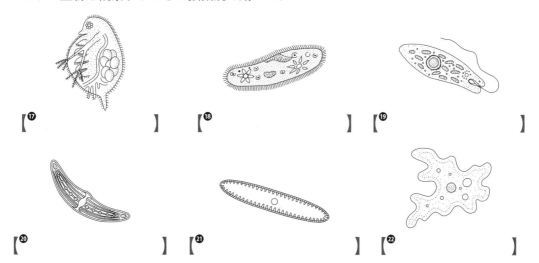

【⑰　　　　　】　【⑱　　　　　】　【⑲　　　　　】

【⑳　　　　　】　【㉑　　　　　】　【㉒　　　　　】

2 ▶ 植物の特徴
⇒解説編 p.10〜16

1 花のつくり

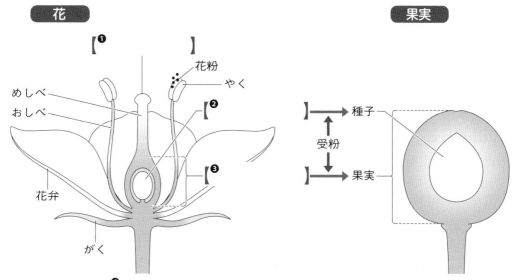

花　　　　　　　　　　　　　　　　　　　　　果実

【❶　　　　　】

花粉
やく
めしべ
おしべ
❷
❸
受粉
花弁
種子
果実
がく

(1)　めしべの先を【❹　　　　　　　】，めしべの根もとの**ふくらんだ部分**を
　　【❺　　　　　　　】といい，その中の**小さな粒状のもの**を【❻　　　　　　　】という。

(2)　おしべの先の小さな袋を【❼　　　　　　　】といい，この中に【❽　　　　　　　】が
　　入っている。

(3)　花弁が**1枚1枚離れている花**を[❾　　　　　　　]，花弁がたがいにくっついている花
　　を[❿　　　　　　　]という。

2．植物の特徴　　5

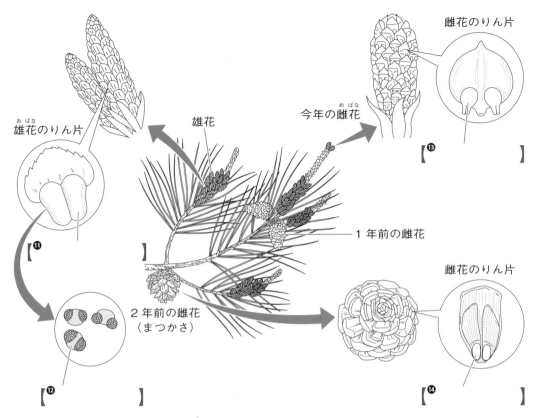

雌花のりん片

雄花のりん片

雄花

今年の雌花

【⓭　　　　　　　　　　　】

1年前の雌花

【⓫　　　　　】

2年前の雌花
（まつかさ）

【⓬　　　　　　　　】

雌花のりん片

【⓮　　　　　　　　　　　】

(4)　マツの**雌花**の**りん片**には[⓯　　　　　　　　　　]がついていて，**雄花**の**りん片**には
　　[⓰　　　　　　　　]の入った[⓱　　　　　　　　　　　]がついている。

(5)　【⓲　　　　　　　　**植物**】：種子でなかまをふやす植物。

(6)　┌[⓳　　　　　　　　　**植物**】：胚珠が子房の中にある植物。
　　　└[⓴　　　　　　　　　**植物**】：子房がなく胚珠がむき出しになっている植物。

2 花のはたらき

(1)　**おしべ**から出た**花粉**が，**めしべ**の**柱頭**につくことを【㉑　　　　　　　　】という。

　　受粉が行われると，⎰[㉒　　　　　　　　　]➡**果実**⎱に成長する。
　　　　　　　　　　　　⎱[㉓　　　　　　　　　]➡**種子**⎰

(2)　**花弁**をもち，**においや蜜**を出す花の花粉は，[㉔　　　　　　　　　]や鳥によって運ばれる。
　　例：アブラナ，ツツジ，アサガオ，サクラ，カボチャ。

(3)　**花弁をもたない花**の花粉は，[㉕　　　　　　]によって運ばれるものが多い。
　　例：マツ，スギ，イネ，トウモロコシ。

(4)・タンポポ，ススキ，マツ，スギ，カエデの種子は，[㉖　　　　　　]によって運ばれる。
　　・ヤドリギ，ナンテンの種子は，鳥などの**動物**に[㉗　　　　　　　　　　]運ばれる。
　　・ホウセンカ，カタバミ，フジなどの種子は，実がはじけて四方八方に飛ばされる。
　　・オナモミ，イノコヅチなどの種子は，動物のからだにくっついて運ばれる。

3 葉のつくり

(1) 葉に見られる**すじ**を【❷⁸　　　　　　　】という。

(2) ［❷⁹　　　　　　　脈 ］：平行に並んでいる葉脈。［❸⁰　　　　　　　類 ］の葉に見られる。
　　［❸¹　　　　　　　脈 ］：網目状に分かれている葉脈。［❸²　　　　　　　類 ］の葉に見られる。

4 根のつくり

(1) **葉脈が網目状**に通る植物の根…【❸³　　　　　　　】という太い根と，そこから枝分かれした
　　　　　　　　　　　　　　　　　　【❸⁴　　　　　　　】という細い根からできている。

(2) **葉脈が平行**に通る植物の根…【❸⁵　　　　　　　】という多数の細い根が広がっている。

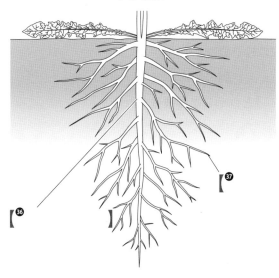

葉脈が網目状に通っている植物の根

タンポポ

❸⁷

❸⁶

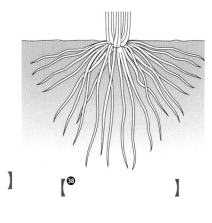

葉脈が平行に通っている植物の根

スズメノカタビラ

❸⁸

(3) 根の先端に生えている**毛のようなもの**を【❸⁹　　　　　　　】という。

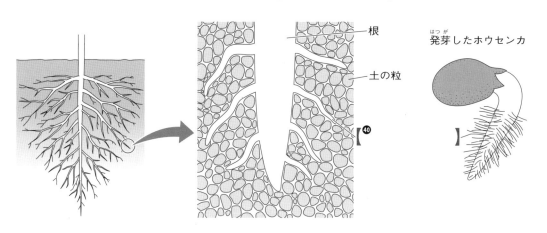

根

土の粒

❹⁰

発芽したホウセンカ

3 ▶ 植物のなかま分け

➡解説編 p.17〜22

1 種子をつくる植物のなかま

(1) 【❶　　　　　　　植物】：種子をつくってなかまをふやす植物。

(2) 種子植物

【❷　　　　　　　植物】：胚珠が子房の中にある植物。

【❸　　　　　　　植物】：子房がなく胚珠がむき出しになっている植物。

(3) 被子植物

【❹　　　　　　類】：子葉が1枚の被子植物。

① 葉脈がおよそ平行に通っている［❺　　　　　脈］である。

② 単子葉類の根は，［❻　　　　　　　　］になっている。

【❼　　　　　　類】：子葉が2枚の被子植物。

① 葉脈が網目状に広がっている［❽　　　　　脈］である。

② 双子葉類の根は，太い［❾　　　　　　　］と，そこから枝分かれした［❿　　　　　　　］

からできている。

単子葉類と双子葉類の特徴

	子 葉	葉 脈	根	茎の断面
❶❶ 類	 ［❶❷　　枚］	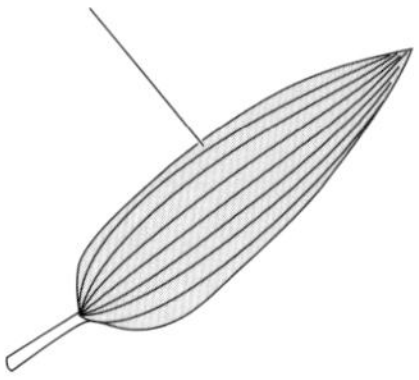 ［❶❸　　　　］	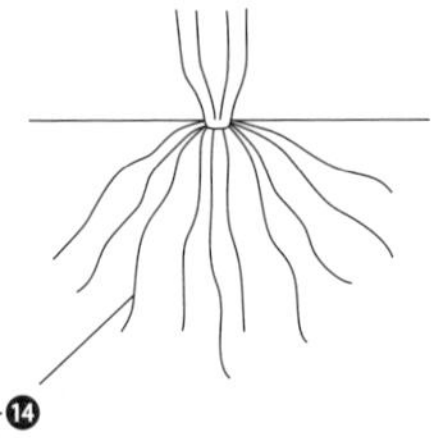 ［❶❹　　　　］	維管束が散らばっている。 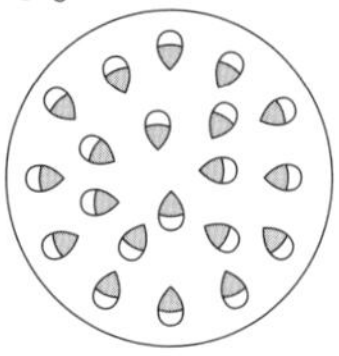
❶❺ 類	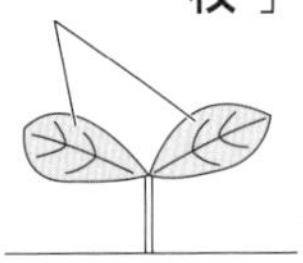 ［❶❻　　枚］	 ［❶❼　　　　］	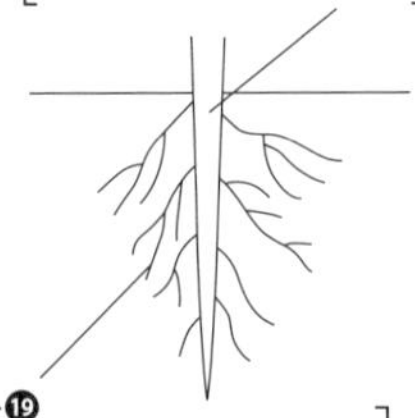 ［❶❽　　　　］ ［❶❾　　　　］	維管束が輪のように並んでいる。 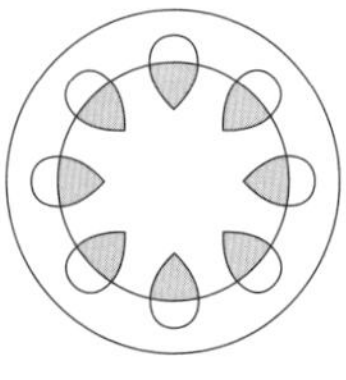

(4) 双子葉類

[⑳　　　　　　類] ：双子葉類で，**花弁が1つにくっついている花**をつける植物。

[㉑　　　　　　類] ：双子葉類で，**花弁が1枚1枚離れている花**をつける植物。

2 種子をつくらない植物のなかま

(1) **種子をつくらない植物**は，[㉒　　　　　　　　] をつくってなかまをふやすが，これは，**胞子のう**という袋の中でつくられる。

また，種子をつくらない植物には，**シダ植物**と**コケ植物**がある。

(2) [㉓　　　　　　植物] ：イヌワラビやゼンマイなど。

・シダ植物は**葉緑体**をもっているので**葉の色**は[㉔　　　色] をしており，**光合成**を行うことができる。

・一般に，葉の[㉕　　　側] に**胞子のう**をつけ，この中で[㉖　　　　　　] をつくる。

・**根・茎・葉**の区別が[㉗　　　　　　]。

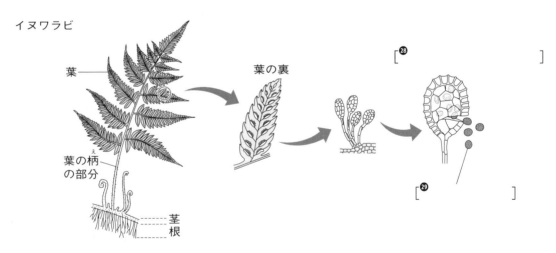

イヌワラビ

葉

葉の裏

[㉘　　　　　　　　　]

[㉙　　　　　　]

葉の柄
の部分

茎
根

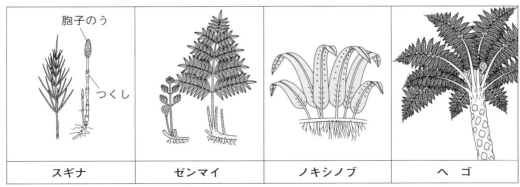

胞子のう

つくし

| スギナ | ゼンマイ | ノキシノブ | ヘ　ゴ |

⑶ 【❸⓪   植物】：ゼニゴケやスギゴケなど。

・コケ植物も**葉緑体**をもっているので**緑色**をしていて，**光合成**を行うことができる。

・ゼニゴケやスギゴケは**雌株**^{（めかぶ）}と**雄株**^{（おかぶ）}があり，**胞子**^{（ほうし）}は[❸❶   株]の胞子のうにできる。

・**根・茎・葉の区別が**[❸❷   ]。

　根のように見える部分は[❸❸   ]とよばれ，おもにからだを地面に固定する役目をしていて，水を吸収するはたらきはない。

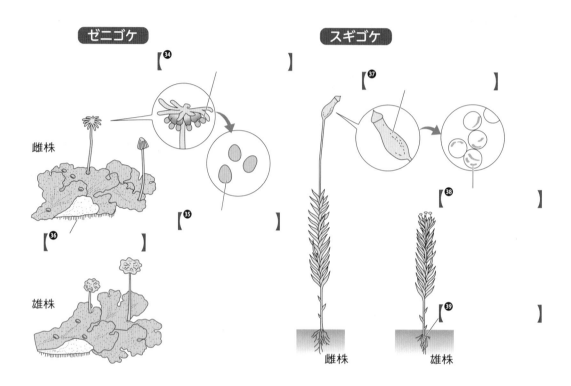

⑷ シダ植物とコケ植物の共通点と相違点をまとめると次のようになる。

シダ植物とコケ植物の共通点と相違点

	シダ植物	コケ植物
共通点	葉緑体をもち，光合成によって栄養分をつくることができる。 種子をつくらず，[❹⓪]によってなかまをふやす。	
相違点	根・茎・葉の区別が[❹❶]。	根・茎・葉の区別が[❹❷]。

植物のなかま分け

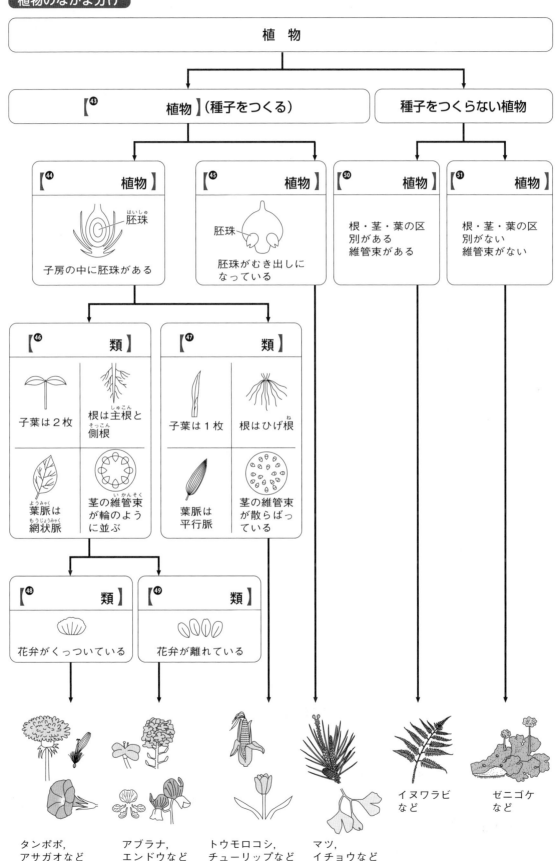

植物

【㊸　植物】（種子をつくる）　　　種子をつくらない植物

【㊹　植物】
胚珠（はいしゅ）
子房の中に胚珠がある

【㊺　植物】
胚珠
胚珠がむき出しになっている

【㊿　植物】
根・茎・葉の区別がある
維管束がある

【51　植物】
根・茎・葉の区別がない
維管束がない

【㊻　類】
子葉は２枚
根は主根と側根（しゅこん・そっこん）
葉脈は網状脈（ようみゃく・もうじょうみゃく）
茎の維管束（いかんそく）が輪のように並ぶ

【㊼　類】
子葉は１枚
根はひげ根（ね）
葉脈は平行脈
茎の維管束が散らばっている

【㊽　類】
花弁がくっついている

【㊾　類】
花弁が離れている

タンポポ，
アサガオなど

アブラナ，
エンドウなど

トウモロコシ，
チューリップなど

マツ，
イチョウなど

イヌワラビ
など

ゼニゴケ
など

4 ▶ 動物のなかま分け

➡解説編 p.23〜29

1 草食動物と肉食動物

[**❶**   ]：シマウマやウシのように，おもに**植物を食べる動物**。

[**❷**   ]：ライオンやネコのように，おもに**他の動物を食べる動物**。

・歯の特徴

　　草食動物…草をかみ切る門歯が発達していて，草をすりつぶす臼歯(きゅうし)は平たくて大きい。

　　肉食動物…獲物(えもの)をとらえる犬歯(けんし)は先がするどくて大きく，肉を切りさく臼歯はギザギザ

　　　　　　している。

・目のつき方

　　草食動物…目は顔の[**❸**   ]についていて，視野が[**❹**   ]なっている。

　　肉食動物…目は顔の[**❺**   ]についていて，[**❻**   ]に見える

　　　　　　範囲が広くなっている。

2 背骨がある動物

(1)　ヒトやイヌなどのように**背骨をもつ動物**を【**❼**　　　　　　**動物**】という。

　　→[**❽**　　　　類]，**両生類**(りょうせいるい)，**は虫類**(ちゅうるい)，**鳥類**(ちょうるい)，**哺乳類**(ほにゅうるい)に分けられる。

(2)・**卵を産んでなかまをふやす**ふやし方を【**❾**　　　　　　】という。

　　　→脊椎動物で卵を産むのは，**魚類**(ぎょるい)，**両生類**，**は虫類**，**鳥類**の４つのなかまである。

　　・**親と似た姿の子を産んでなかまをふやす**ふやし方を【**❿**　　　　　　】という。

　　　→脊椎動物で親と似た姿の子を産むのは，[**⓫**　　　　**類**]だけである。

(3)・**魚類**は，一生[**⓬**　　　　　]で呼吸する。

　　・**両生類**は，子のときは**えら**と**皮膚**(ひふ)，成長すると[**⓭**　　　　]と**皮膚**で呼吸する。

　　・**は虫類**，**鳥類**，**哺乳類**は，一生[**⓮**　　　　]で呼吸する。

(4)・**魚類**のからだは[**⓯**　　　　　　]でおおわれている。

　　・**両生類**のからだは**うすい湿った**[**⓰**　　　　　]でおおわれている。

　　・**は虫類**のからだは**うろこ**や**こうら**でおおわれている。

　　・**鳥類**のからだは[**⓱**　　　　]，**哺乳類**のからだは**毛**でおおわれている。

(5)・**魚類**，**両生類**，**は虫類**のように，**まわりの温度が変化する**と，**体温が変化する動物**を

　　　[**⓲**　　　　**動物**]という。

　　・**鳥類**，**哺乳類**のように，**まわりの温度が変化しても**，**体温をほぼ一定に保つことができ**

　　　る動物を[**⓳**　　　　**動物**]という。

(6) 　**脊椎動物の特徴**

特徴 ＼ 分類	脊椎動物				
	魚類	両生類	は虫類	鳥類	哺乳類
子の生まれ方	水中 卵に殻はない	[❷⓪　　]	陸上 卵に殻がある		[❷①　　　　]
呼吸器官	[❷②　　]	子…えらと皮膚 親…肺と皮膚	[❷③　　　　]		
体表	うろこ	湿った皮膚	うろこ	[❷④　　　]	[❷⑤　　　]
体温	[❷⑥　　　　　]			[❷⑦　　　　　]	
なかま	コイ メダカ イワシ	カエル イモリ サンショウウオ	ヘビ ヤモリ カメ	ハト スズメ ニワトリ	ウサギ クジラ ヒト

③ 背骨がない動物

(1) バッタやイカのように，**背骨をもたない動物**を【❷⑧　　　　　動物】という。

　　→**昆虫類，甲殻類，軟体動物**などがある。

(2) バッタやカブトムシなどのなかまを[❷⑨　　　　類]という。

　　→からだが**頭部，胸部，腹部**の３つに分かれ，胸部に[❸⓪　　　　　]のあしがある。

　　また，全身が**外骨格**でおおわれ，からだやあしが多くの**節**に分かれている。

　　例：バッタ，カブトムシ，ハチ，チョウ，カマキリ。

(3) エビやカニなどのなかまを[❸①　　　　類]という。

　　→からだが**頭部，胸部，腹部**の３つ，または**頭胸部，腹部**の２つに分かれている。

　　また，全身が**外骨格**でおおわれ，からだやあしが多くの**節**に分かれている。

　　例：エビ，カニ，ミジンコ，ダンゴムシ。

(4) **昆虫類**や**甲殻類**のように，全身が[❸②　　　　　]でおおわれ，からだやあしが多くの**節**に分かれている動物を【❸③　　　　動物】という。

　　→外骨格の内側に**筋肉**がついていて，**卵生**で，**変温動物**である。

　　例：昆虫類，甲殻類，クモ類(クモ，サソリ)，ムカデ類，ヤスデ類。

昆虫類(トノサマバッタ)

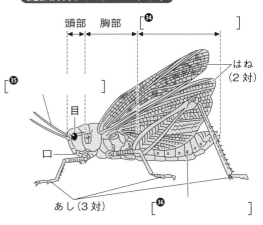

頭部　胸部　[❸④　　　　　]

はね(2対)

[❸⑤　　　　]

目

口

あし(3対)　[❸⑥　　　　]

(5)　イカやアサリなどのなかまを

【**❸**　　　　　　**動物**】という。

→あしには骨も節もなく，おもに**筋肉**でできている。

　内臓は筋肉でできた[**❸**　　　　　　　　　　]という膜によっておおわれていて，<ruby>卵生<rt>らんせい</rt></ruby>

で，<ruby>変温動物<rt>へんおん</rt></ruby>である。

　例：アサリ，ハマグリ，イカ，タコ，ウミウシ，マイマイ，ナメクジ。

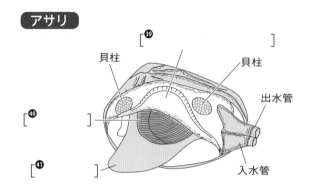

アサリ

[**❸**　　　　　　　　]

貝柱

貝柱

出水管

[**❹**　　　　]

[**❹**　　　　]

入水管

2章

生物のからだのつくりとはたらき

5 ▶細胞

➡解説編 p.30〜33

1 細胞のつくり

(1) 細胞を観察するときは，染色液で[❶　　　　　]を染めてから観察する。

植物と動物の細胞の観察

タマネギの表皮，オオカナダモの葉，ヒトのほおの内側の細胞に酢酸オルセイン溶液を1滴落としてから，それぞれを顕微鏡で観察したところ，すべての細胞に，[❷　　　色]に染まった[❸　　　　]が見られた。

オオカナダモの葉の細胞

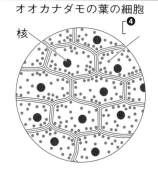

核　　　　　[❹　　　　　　]

(2) 植物の細胞と動物の細胞の共通点

　① 細胞には，その内部に1個の【❺　　　　　】がある。

　② 細胞のいちばん外側に[❻　　　　　　]といううすい膜がある。

植物の細胞だけに見られる特徴

　① 植物の細胞は細胞膜の外側に[❼　　　　　　]という厚いしきりがある。

　② 植物の[❽　　　色]をした部分の細胞には[❾　　　　　]という小さい粒が多くある。

　③ 多くの細胞の中には，不要物がとけた液体をたくわえる[❿　　　　　　]が見られる。

　・核以外の部分を細胞膜もふくめて[⓫　　　　　　]という。

植物の細胞と動物の細胞のつくり

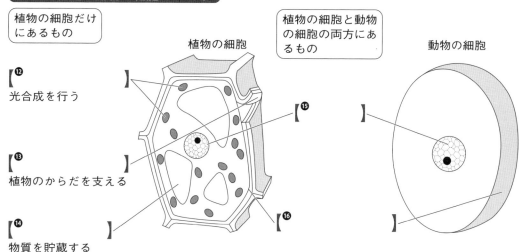

植物の細胞だけにあるもの

[⓬　　　　]
光合成を行う

[⓭　　　　]
植物のからだを支える

[⓮　　　　]
物質を貯蔵する

植物の細胞と動物の細胞の両方にあるもの

植物の細胞

[⓯　　　　]

[⓰　　　　]

動物の細胞

2 単細胞生物と多細胞生物

(1) からだが**1つの細胞**からできている生物を【❶⃝₁₇　　　　　生物】という。

　　例：ゾウリムシ，アメーバ，ミドリムシ，ミカヅキモ。

(2) からだがさまざまな種類の，**多くの細胞**からできている生物を【❶⃝₁₈　　　　　生物】という。

　　例：ヒト，ムラサキツユクサ，ミジンコ。

(3) 多細胞生物のからだでは，形やはたらきが同じ細胞が集まって【❶⃝₁₉　　　　　】をつくり，組織がいくつか集まって【❷⃝₀　　　　　】をつくる。

多細胞生物の成り立ち

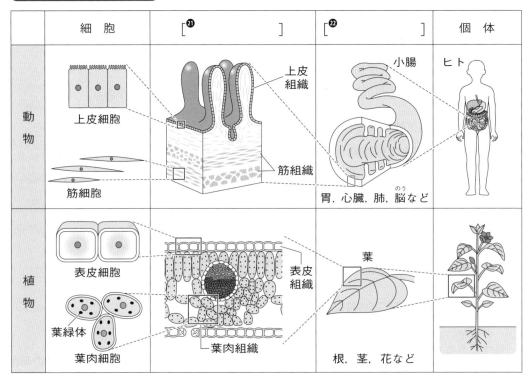

	細　胞	[❷⃝₁　　　　　]	[❷⃝₂　　　　　]	個　体
動物	上皮細胞／筋細胞	上皮組織／筋組織	小腸／胃，心臓，肺，脳など	ヒト
植物	表皮細胞／葉緑体／葉肉細胞	表皮組織／葉肉組織	葉／根，茎，花など	

6 ▶根・茎・葉のつくりとはたらき

➡解説編 p.34〜40

1 根・茎のつくりとはたらき

(1) 根から吸収した[❶　　　　　　]や水にとけた[❷　　　　　　　　]が通る管を
　　[❸　　　　　　　　]という。

(2) 葉でつくられた[❹　　　　　　　]が通る管を【❺　　　　　　　】という。

(3) 【❻　　　　　　　　　】：道管と師管が集まってつくっている束。
　　①双子葉類（そうしようるい）の茎の断面を見ると，維管束（いかんそく）が[❼　　　　　　]のように並んでいる。
　　②単子葉類（たんしようるい）の茎の断面を見ると，維管束が[❽　　　　　　　　]いる。

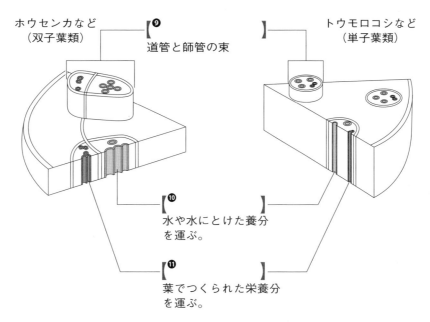

ホウセンカなど
（双子葉類）

【❾

道管と師管の束

トウモロコシなど
（単子葉類）

【❿

水や水にとけた養分
を運ぶ。

【⓫

葉でつくられた栄養分
を運ぶ。

2 葉のつくりとはたらき

(1) 生物のからだをつくっている小さな部屋のようなものを【⓬　　　　　　　】という。

・おもに葉の裏に見られる2つの[⓭　　　　　　　　]に囲まれた穴を【⓮　　　　　】
　といい，ここから水が水蒸気となって出る[⓯　　　　　　　]が起こる。

・ふつう，気孔（きこう）は葉の[⓰　　　　側]にたくさん見られる。

・植物の細胞の中に見られる緑色の粒を
　【⓲　　　　　　　】という。
　→葉の表皮の細胞では[⓳　　　　　　]
　　だけに見られる。

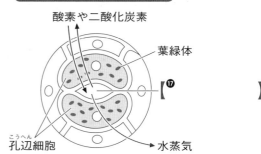

気孔のつくりとはたらき

酸素や二酸化炭素

葉緑体

【⓱

孔辺細胞（こうへん）

水蒸気

(2) 葉脈の部分には維管束が通っており，葉の表側に近い部分には［⑳　　　　　］，葉の裏側に近い部分には［㉑　　　　　　］が通っている。

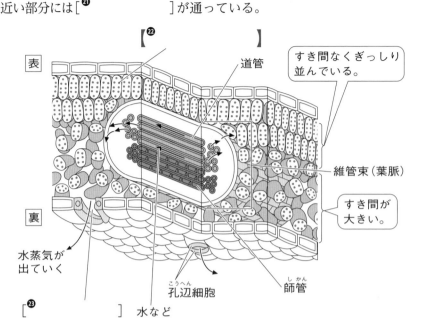

【㉒　　　　】

表

道管

すき間なくぎっしり並んでいる。

裏

維管束（葉脈）

すき間が大きい。

水蒸気が出ていく

孔辺細胞

師管

［㉓　　　　］　水など

(3) **葉のはたらき**

▶ 植物のからだから水が水蒸気となって出ていく現象を【㉔　　　　　　】という。

■ **蒸散量を調べる実験**

下の図のようにして蒸散量を調べる実験を行うとき，試験管や三角フラスコなどに入れた水に油を浮かべるときがある。

このような操作を行う理由は，水面からの［㉕　　　　　　　］を防ぐためである。

油

水

そのまま。

葉の表側にワセリンをぬる。

葉の裏側にワセリンをぬる。

葉をすべてとり，切り口にワセリンをぬる。

▶ 上の４つの蒸散量を調べると，葉の裏側からの蒸散がいちばんさかんであることがわかる。

　　→気孔の数は葉の**裏側**に多いといえる。

1 光合成のしくみ

(1) 【❶　　　　　　　　】：植物が光を受けて，**デンプン**などの栄養分をつくるはたらき。

(2)・光合成を行うための**材料**は，［❷　　　　　］と［❸　　　　　　　　　　　］である。

　・光合成を行うための**エネルギー**は［❹　　　　　　］である。

(3)　光合成は，細胞の中の［❺　　　　　　　　］で行われる。

(4)　光合成によってできる物質は，［❻　　　　　　　　　　］**などの栄養分**と［❼　　　　　　］である。

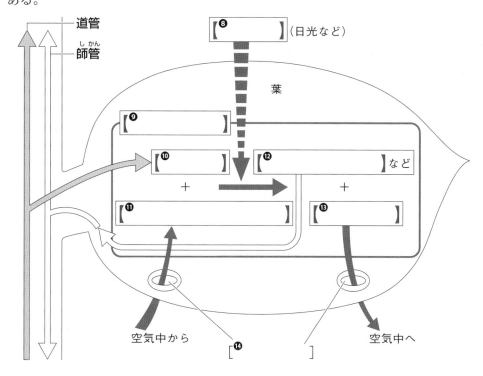

2 光合成の実験と観察

▌光合成には光と葉緑体が必要であることを調べる実験

　下の図のように，一部をアルミニウムはくでおおった葉を一晩暗室に入れた後，光に当て，温めた［❺　　　　　　　　　　　］で脱色した。その後，ヨウ素溶液にひたしたところ，**A**の部分は青紫色になったが，**B**と**C**の部分は青紫色にならなかった。

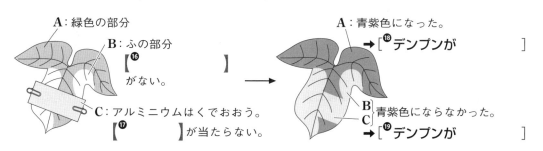

▶ この実験から，以下のことがわかる。

・**A** と **B** の部分を比較 ➡ 光合成には【^⑳　　　　　　　　　】が必要。

・**A** と **C** の部分を比較 ➡ 光合成には【^㉑　　　　　　】が必要。

▶ 実験操作のポイントは次の3つ。

1. この実験で，実験に使うアサガオの鉢植えを実験前日から**暗室に入れておく**。

その理由は，葉の中のデンプンを〔^㉒　　　　　　　　　〕ためである。

2. **エタノールを温めるとき**は，直接火にかけずに**湯に入れて温める**。

その理由は，エタノールがとても〔^㉓　　　　　**やすい**〕物質だからである。

3. ヨウ素溶液にひたす前に，エタノールに入れて葉を**脱色**するのは，ヨウ素溶液につけたときに〔^㉔　　　　〕の変化を見やすくするためである。

光合成が行われる場所を確かめる観察

A，**B** 2本のオオカナダモを一晩中暗室に置いた後，**A** のオオカナダモだけ数時間光を当て，**B** のオオカナダモはそのまま暗室に置いた。

次に，**A**，**B** の葉を顕微鏡(けんびきょう)で観察した後，熱湯に短時間つけ，エタノールにつけて〔^㉕　　　　　　〕した。湯で洗った後，ヨウ素溶液をつけて顕微鏡で観察したところ，下図のようになった。

A：光によく当てた葉

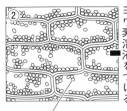 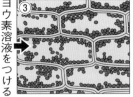

葉緑体

B：暗室に置いた葉

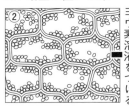 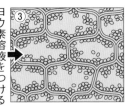

▶ 上の図の結果から，光合成は〔^㉖　　　　　　　〕で行われ，光合成を行うには〔^㉗　　　　　〕が必要であることがわかる。

▶ **B** のように **A** と比較するために行う実験を〔^㉘　　　　　　　　〕という。

光合成によって二酸化炭素が吸収されることを調べる実験（石灰水）

右の図のように，タンポポの葉を入れた試験管 **A** と何も入れていない試験管 **B** の両方に呼気(こき)をふきこみ，ゴム栓をして光を当てた。その後，試験管 **A**，**B** に石灰水を入れてふると，試験管 **B** だけ〔^㉙　　　　　　〕にごった。

 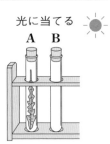

光に当てる

A　B

▶ 試験管 **A** の中の二酸化炭素はほとんど葉に〔^㉚　　　　　　　　〕ことがわかる。

▌光合成によって二酸化炭素が吸収されることを調べる実験（BTB 溶液）

　下の図のように，試験管 **A**，**B** に青色の BTB 溶液を入れ，呼気をふきこんで緑色にした。

　次に，試験管 **A** だけにオオカナダモを入れ，両方の試験管にゴム栓をして光を当てたところ，試験管 **A** の BTB 溶液は青色になり，試験管 **B** の BTB 溶液は変化しなかった。

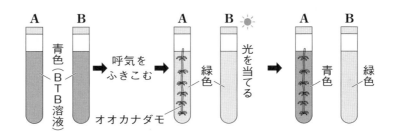

▶ この実験で，試験管 **A** の BTB 溶液が**青色にもどった**のは，オオカナダモが光合成によって BTB 溶液にとけていた [❸❶　　　　　　　　　] を吸収したためである。

　試験管 **B** の実験は，試験管 **A** の変化がオオカナダモのはたらきであることを示すための**対照実験**である。

▌光合成によって酸素が発生することを確かめる実験

　ペットボトルに入れた水に呼気をふきこみ，このペットボトルにオオカナダモを入れて数時間光を当てると気体が発生し始めた。

　そこで，下の図のようにして発生した気体を試験管に集め，集めた気体の中に火のついた線香を入れたところ，**線香が炎を上げて激しく燃えた。**

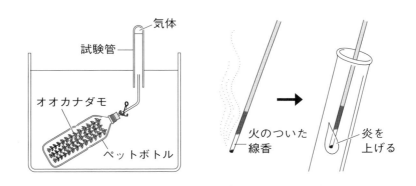

▶ 物を燃やすはたらき（助燃性）がある気体は [❸❷　　　　　　　　]。

　したがって，この実験で，オオカナダモの [❸❸　　　　　　　　] によって発生した気体は [❸❹　　　　　　　] である。

3 呼吸のしくみ

▶ 植物も，【㉟　　　　　　　　　】によって**酸素を吸収**し，**二酸化炭素を放出**する。

→十分に光が当たっているときは，[㊱　　　　　　　]による気体の出入りのほうが

大きいので，全体として[㊲　　　　　　　]を吸収して[㊳　　　　　　　]

を放出している。

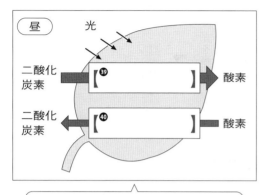
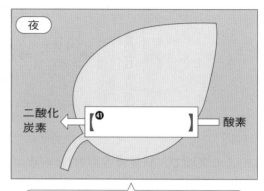

光合成のほうが呼吸より気体の出入りが大きいので，全体として酸素を放出し，二酸化炭素を吸収する。

呼吸しか行っていないので，酸素を吸収し，二酸化炭素を放出する。

4 呼吸の実験

植物の呼吸を確かめる実験

下の図のように，ポリエチレンの袋**A**，**B**を用意し，**A**だけに植物の葉を入れ，両方の袋に空気を入れて，一晩暗室に置いた。

A，**B**の中の空気を，それぞれ**石灰水**に通したところ，**A**の空気を通した石灰水は白くにごったが，**B**の空気を通した石灰水は変化しなかった。

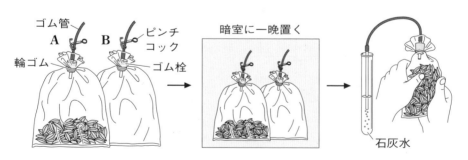

▶ **A**の中の空気を通した石灰水が白くにごったことから，**A**の植物は，呼吸によって

[㊷　　　　　　　　　　　]を放出したと考えられる。

Bの実験は，**対照実験**である。

下の図のように，試験管 **A**，**B** に**青色**の BTB 溶液を入れ，呼気をふきこんで
[⓫　　　色]にした。

試験管 **A** だけにオオカナダモを入れ，両方の試験管にゴム栓をして暗室に入れた。

しばらくして，BTB 溶液の色の変化を調べたところ，試験管 **A** の BTB 溶液の色は
[⓬　　　色]になり，試験管 **B** の BTB 溶液の色は[⓭　　　　　　　　　]。

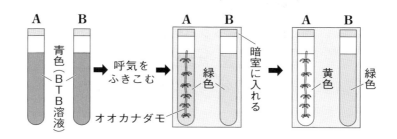

▶ 試験管 **A** では，オオカナダモの**呼吸**によって**二酸化炭素**がさらに[⓮　　　　　]した
ため，BTB 溶液が[⓯　　　　　　]になり，色が**黄色**に変化したと考えられる。

試験管 **B** の実験は，**対照実験**である。

5 植物のからだのつくりとはたらき

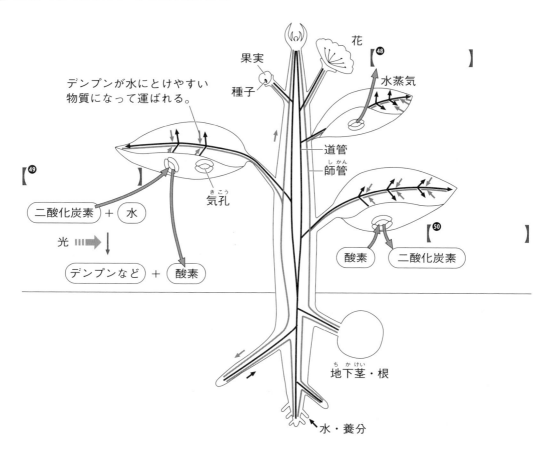

8 ▶ 消化と吸収

➡解説編 p.51〜56

1 食物の消化

(1) 食物が，**消化管**の運動で細かくくだかれたり，**消化液**にふくまれる
[❶　　　　　　　　　]のはたらきなどにより吸収されやすい物質になったりする過程
を【❷　　　　　　】という。

  ▶ 消化酵素により分解される食物の中の栄養分

  ・[❸　　　　　　　　]…炭水化物，タンパク質，脂肪

  ・[❹　　　　　　　　]…カルシウム，鉄など

(2) **唾液**は，[❺　　　　　　　　]を麦芽糖などのブドウ糖がいくつかつながったものに
分解する。

  ・唾液には[❻　　　　　　　　]という**消化酵素**がふくまれていて，これがデンプンを
分解している。

唾液によるデンプンの消化について調べる実験

試験管 **A**，**B** にデンプンのりを入れ，試験管 **A** には唾液を，試験管 **B** には水を少量ずつ入
れて 40℃の湯に 3〜5 分入れた。

試験管 **A**，**B** の液をそれぞれ半分に分け，一方には**ヨウ素溶液**(茶色)を加え，もう一方には
ベネジクト溶液(青色)を加えて加熱し，それぞれ反応を見た。

このとき，試験管 **B** にヨウ素溶液を加えたものは[❼　　　　　色]に，試験管 **A** にベネ
ジクト溶液を加えて加熱したものは赤かっ色に変わる変化が見られたが，他の 2 つでは反応
が見られなかった。

  ▶ この結果から，唾液のはたらきによって[❽　　　　　　　　　]が分解され，麦芽糖な
どのブドウ糖がいくつか結びついたものになったと考えられる。

2 消化の道すじ

(1) 消化・吸収に関係している器官を[❾　　　　　　　　]という。

  ・食べ物が通る「口→食道→[❿　　　　　]→小腸→大腸→肛門」という 1 本の管を
[⓫　　　　　　　　]という。

  ・唾液や胃液などのように，**食物の消化に関係する液**を[⓬　　　　　　　　]という。

  ・消化液などにふくまれ，**栄養分を分解する物質**を【⓭　　　　　　　】という。

  ・**唾液**にはデンプンを分解する[⓮　　　　　　　　]，**胃液**にはタンパク質を分解する
[⓯　　　　　　　　]，**すい液**には脂肪を分解する[⓰　　　　　　　　]など数種
類の**消化酵素**がふくまれている。

(2)・**デンプン**は，最終的に【❶❼　　　　　　　　　】に分解される。

　・**タンパク質**は，最終的に【❶❽　　　　　　　　　】に分解される。

　・**脂肪**は，最終的に【❶❾　　　　　　　　】と【❷⓪　　　　　　　　　　　】に分解される。

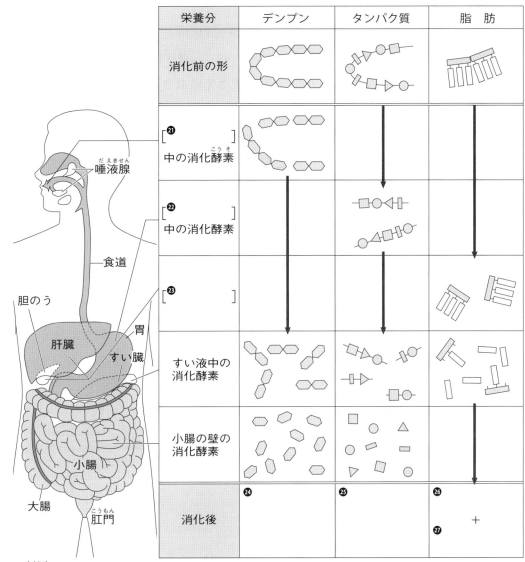

栄養分	デンプン	タンパク質	脂　肪
消化前の形			
[❷❶　　] 中の消化酵素			
[❷❷　　] 中の消化酵素			
[❷❸　　]			
すい液中の 消化酵素			
小腸の壁の 消化酵素			
消化後	❷❹	❷❺	❷❻　　＋　　❷❼

※胆汁は肝臓でつくられて，一時胆のうにたくわえられてから小腸に出される。

3 栄養分の吸収

(1) 小腸の内側の壁の表面に見られるたくさんの**小さな突起**を【㉘　　　　　】という。

・消化された栄養分が消化管の中から体内にとり入れられることを[㉙　　　　　]という。

・**ブドウ糖**や**アミノ酸**は，**柔毛**で吸収されて柔毛の内部の【㉚　　　　　　　　】の中に入り，**門脈**という血管を通って[㉛　　　　　　　]に運ばれた後，全身へ運ばれる。

・**脂肪酸**と[㉜　　　　　　　　　]は柔毛で吸収された後，再び脂肪にもどって【㉝　　　　　　　　】に入り，首のつけ根付近で血管と合流し，脂肪はここで血管に入って全身へ運ばれる。

・水分は，おもに[㉞　　　　　　]で吸収されるが，**小腸で吸収しきれなかったもの**は[㉟　　　　　　]で吸収される。吸収されないまま残ったものは，[㊱　　　　　　]として[㊲　　　　　　]から排出される。

小腸のつくりと吸収された栄養分のゆくえ

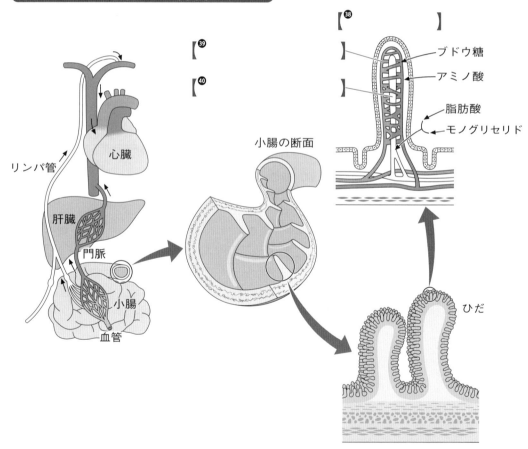

リンパ管

心臓

肝臓

門脈

小腸

血管

小腸の断面

ひだ

ブドウ糖

アミノ酸

脂肪酸

モノグリセリド

9 ▶呼吸と循環

➡解説編 p.57～62

1 呼吸

(1) 肺による**呼吸**では，[❶   ] をとり入れて，[❷   ] を出す。

・鼻や口から吸いこまれた空気は [❸   ] を通って肺に入る。

肺は，細かく枝分かれした [❹   ] と，その先につながっている

[❺   ] という小さな袋が集まってできている。

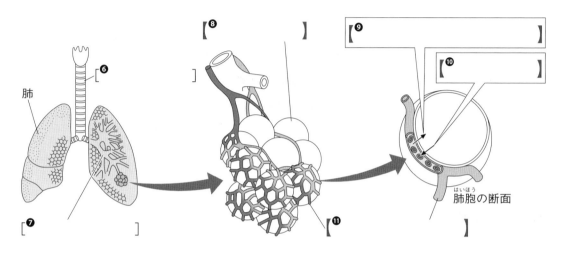

肺胞の断面

・肺には筋肉がないので，肺の**呼吸運動**は，肺の下にある [❷   ] や，肺のま

わりにある**ろっ骨**を動かして，胸腔の容積を変えることによって行われる。

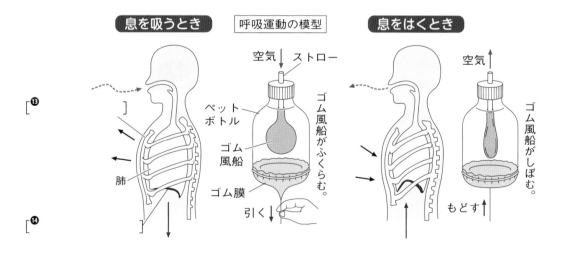

(2) [❶⑤   ]：全身の細胞で，血液によって運ばれてきた栄養分を，酸素を

使って水と二酸化炭素に分解し，**エネルギーをとり出すはたらき**。

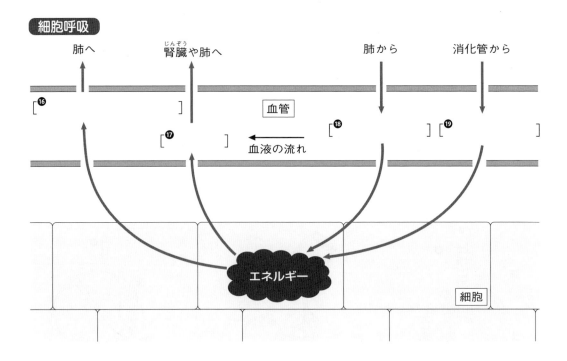

細胞呼吸

肺へ　　　　　腎臓や肺へ　　　　　肺から　　　　消化管から

[⑯　　　　　　　　　　　　]　　血管
　　　　　　　[⑰　　　　　　　　　　　　　　[⑱　　　　　　　[⑲　　　　　　　　　]
　　　　　　　　　　　　　血液の流れ

エネルギー

細胞

② 血液の循環

(1)　血液の流れは，【⑳　　　　　　　　　】のはたらきによるものである。

　　心臓は厚い**筋肉**でできていて，血液を送り出す**ポンプ**のはたらきをしている。

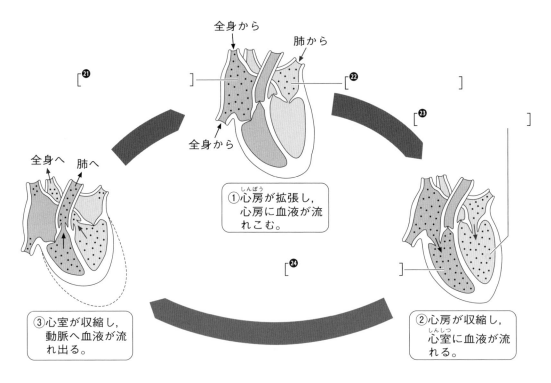

全身から　　　　肺から

[㉑　　　　　　　　　　　　　]　　　　　[㉒　　　　　　　　　]

[㉓　　　　　　　]

全身から

全身へ　肺へ

①心房が拡張し，
　心房に血液が流
　れこむ。

[㉔　　　　　　　]

③心室が収縮し，
　動脈へ血液が流
　れ出る。

②心房が収縮し，
　心室に血液が流
　れる。

(2) 心臓から送り出された血液が流れる血管を
【㉕　　　　　　】といい，心臓へもどってくる血
液が流れる血管を【㉖　　　　　　】という。

・**動脈**…壁が厚くて弾力性があり，枝分かれしてい
くと細い**毛細血管**となる。

・**静脈**…動脈より壁がうすくて，ところどころに逆
流を防ぐ**弁**がある。

[㉗　　　　　　][㉘　　　　　　]

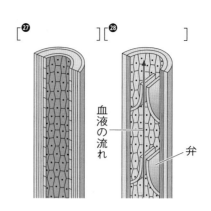

血液の流れ

弁

(3) 心臓から出た血液が肺を通って心臓へもどってく
る循環を【㉙　　　　　　】，心臓から出た血液
が全身をめぐって心臓へもどってくる循環を
【㉚　　　　　　】という。

・酸素を多くふくんだ血液を[㉛　　　　　　]，
酸素が少なく二酸化炭素を多くふくんだ血液を
[㉜　　　　　　]という。

・**体循環**では**大動脈**に**動脈血**，**大静脈**に**静脈血**が流
れているが，**肺循環**では[㉝　　　　　　]に**静
脈血**，[㉞　　　　　　]に**動脈血**が流れている。

[㉟　　　　　　]

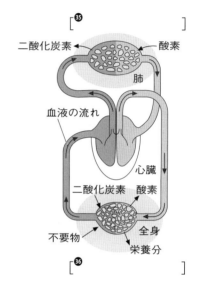

二酸化炭素　　酸素

肺

血液の流れ

心臓

二酸化炭素　酸素

不要物　　全身

栄養分

[㊱　　　　　　]

脳

肺動脈　　肺　　肺静脈

大動脈

大静脈

心臓

【㊲　　　　　　】
酸素が少なく
二酸化炭素が
多い血液

肝臓

①

門脈

【㊳　　　　　　】
酸素を多く
ふくむ血液

②

[㊴　　　　　　]

[㊵　　　　　　]

全身の細胞

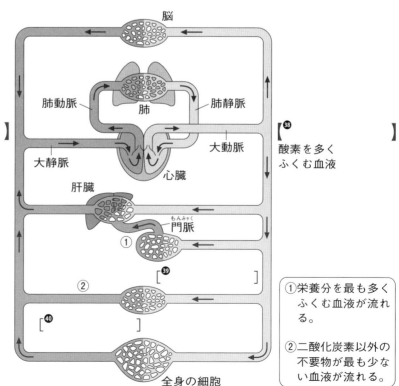

①栄養分を最も多く
ふくむ血液が流れ
る。

②二酸化炭素以外の
不要物が最も少な
い血液が流れる。

(4) 血液の成分のなかで，**酸素を運んでいる円盤形の粒**を【㊶　　　　　　　】という。
赤血球にふくまれる[㊷　　　　　　　　　]という赤い物質が酸素と結びついて，
酸素を運ぶ。

・血液中に入ってきた**細菌や異物などを食べて，病気の侵入を防ぐ**のは
[㊸　　　　　　　]である。

・**出血したときに血液を固めて止血する役割をする**のは[㊹　　　　　　]である。

・**血液中の液体成分で，栄養分や不要物をとかして運ぶ**のは[㊺　　　　　　]である。

・血しょうの一部が毛細血管からしみ出して[㊻　　　　　　　]となる。

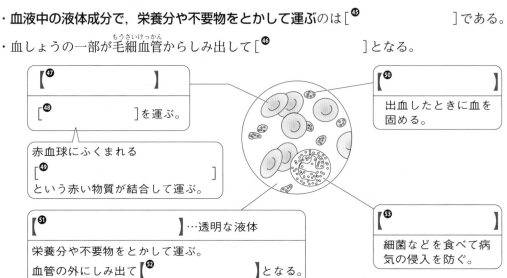

【㊼　　　　　　　　】
[㊽　　　　　　　　]を運ぶ。

赤血球にふくまれる
[㊾　　　　　　　　　]
という赤い物質が結合して運ぶ。

【㊿　　　　　　　　】
出血したときに血を固める。

[51　　　　　　　　　]…透明な液体
栄養分や不要物をとかして運ぶ。
血管の外にしみ出て【52　　　　　】となる。

【53　　　　　　　　】
細菌などを食べて病気の侵入を防ぐ。

(5) 血液の流れは，ヒメダカの[54　　　　　　　]を観察することによって確認できる。

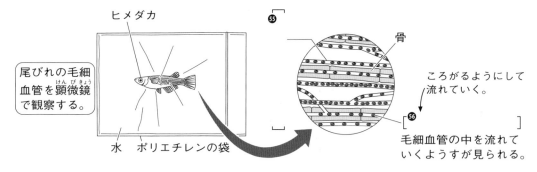

ヒメダカ

尾びれの毛細血管を顕微鏡（けんびきょう）で観察する。

水　　ポリエチレンの袋

55

骨

ころがるようにして流れていく。

[56　　　　　　　　]
毛細血管の中を流れていくようすが見られる。

❸ 不要物の排出

▶ 血液中の二酸化炭素以外の**不要物**は[❺❼   ]でこし出され，**尿**として排出される。

・血液中の**アンモニア**は，**肝臓**で害の少ない[❺❽   ]に変えられる。

・尿素などの血液中の不要物は，水分とともに**腎臓**でこし出され，輸尿管を通って[❺❾   ]にためられた後，[❻⓿   ]として排出される。

・腎臓と同じように，皮膚の近くにある[❻❶   ]でも血液中の不要物がこし出され，[❻❷   ]として排出される。

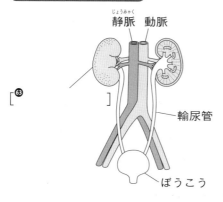

ヒトの腎臓のつくり

静脈　動脈

[❻❸   ]

輸尿管

ぼうこう

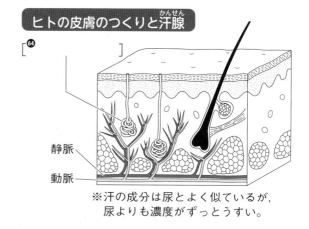

ヒトの皮膚のつくりと汗腺

[❻❹   ]

静脈

動脈

※汗の成分は尿とよく似ているが，尿よりも濃度がずっとうすい。

---

10 ▶ 感覚と運動のしくみ

➡解説編 p.63〜67

❶ 感覚器官のつくりとはたらき

(1) 光や音のような外界からの刺激を受けとる**目**や**耳**などを【❶   **器官**】という。

・光，音，におい，味，あたたかさ，冷たさ，痛み，圧力などのように，生物にはたらきかけて，何らかの反応を起こさせるものを【❷   】という。

・感覚器官には，光や音などの刺激を受けとる【❸   **細胞**】が集まっている。

ここで受けとった刺激は信号に変えられて，神経を通して[❹   ]に伝えられる。

・刺激を受けとる感覚器官によって，[❺   ]（目），**聴覚**(耳)，**嗅覚**(鼻)，**味覚**(舌)，**触覚**(皮膚)などの感覚が脳で生じる。

ヒメダカの体表や目のはたらきを調べる実験

・円形の水そうにヒメダカを数匹入れ，棒を一方向に回して水の流れをつくった。

▶ ヒメダカは水の流れる向きと[❻   **向き**]に泳ぎ始めた。

・同じ水そうの外側で縦じま模様の紙を回した。

▶ ヒメダカは紙が回転する向きと[❼   **向き**]に泳ぎ始めた。

(2) ヒトの目と耳のつくり

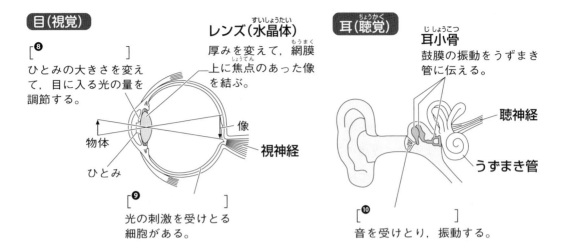

目（視覚）

レンズ（水晶体）
厚みを変えて，網膜上に焦点のあった像を結ぶ。

[⑧　　　　　　]
ひとみの大きさを変えて，目に入る光の量を調節する。

物体

ひとみ

像

視神経

[⑨　　　　　　]
光の刺激を受けとる細胞がある。

耳（聴覚）

耳小骨
鼓膜の振動をうずまき管に伝える。

聴神経

うずまき管

[⑩　　　　　　]
音を受けとり，振動する。

2 刺激の伝わり方

(1) ・感覚器官で受けとった刺激を**脳**や**脊髄**に伝える神経を【⑪　　　　　神経】という。

　・脳や脊髄からの命令を筋肉などの運動器官に伝える神経を【⑫　　　　　神経】という。

　・脳や脊髄という重要な部分を【⑬　　　　　神経】という。

　・脳や脊髄を中枢神経というのに対して，感覚神経や運動神経などを
　【⑭　　　　　神経】という。

(2) 刺激に対して**無意識に起こる反応**を【⑮　　　　　】という。

　　→この反応は刺激や命令の信号が[⑯　　　　　]に伝わらずに起こる。

3 運動のしくみ

　・骨格についている筋肉は，両端が**けん**になっていて[⑰　　　　　]をはさんで２つの
　骨についている。

　・ヒトの骨格のように，からだの内部にある骨格を[⑱　　　　　]という。
　これに対して，昆虫やエビ・カニなどは内骨格をもたないが，からだの外側に**外骨格**と
　よばれる丈夫な殻があり，からだをおおっている。

3章 生命の連続性と進化

11 ▶ 細胞分裂と生物の成長

➡解説編 p.68〜73

1 細胞分裂と生物の成長

(1) 1つの細胞が2つに分かれることを，【❶　　　　　　　】という。

細胞が分かれて2つになるとき，核の中から【❷　　　　　　　】という**ひものようなも
の**が現れる。

(2) 根の先端付近で細胞分裂がさかんに行われているところを[❸　　　　　　　]という。

ここで分裂して数をふやした細胞は一時的に小さくなるが，これらがもとの大きさ(ある
いはそれ以上)まで大きくなることによってからだが成長する。

2 細胞分裂のようす

(1) 細胞分裂の観察を行うときのポイントは以下の2つ。

1. 試料の根の先端などを温めた**塩酸**にひたすのは(**塩酸処理**)，観察する細胞どうしを
[❹　　　　　　　]やすくするためである。

この後，指で押（お）しつぶすことによって細胞どうしを広げて，細胞どうしの重なりを少な
くして，顕微鏡（けんびきょう）による観察を行いやすくしている。

2. 試料の根に**染色液**（さくさん）(酢酸オルセイン溶液など)を落とすのは，染色液によって
[❺　　　　]や[❻　　　　　　　]を染め，顕微鏡による観察を行いやすくするためで
ある。

(2) からだをつくる細胞の細胞分裂を【❼　　　　　　　】という。

(3) **植物の体細胞分裂の順番**

① 細胞分裂の準備が行われる。

細胞分裂が始まる前には[❽　　　　　]の中の染色体（せんしょくたい）が[❾　　　　　　　]され，同じもの
が[❿　　　　　]ずつでき，総数が[⓫　　　　　]倍になる。

② 核の中に[⓬　　　　　　　]が見えてくる。

③ 染色体が細胞の[⓭　　　　　　　]付近に並ぶ。

④ 染色体が縦に分かれ，細胞の両端に移動する。

⑤ 分かれた染色体はかたまりになり，細胞の中央にしきりができ始める。

⑥ 染色体のかたまりは[⓮　　　　　]になり，2つの細胞になる。

⑦ それぞれの細胞が大きくなる。

(4) 動物の体細胞分裂の過程では，分かれた染色体の間がくびれて分裂する。

12 ▶ 生物のふえ方

【❶　　　　　　　】：生物が，自分と同じ種類の子をつくること。

1 雌雄に関係しない生殖

雌雄に関係しない生殖を【❷　　　　　生殖】という。

無性生殖には，次のようなものがある。

① [❸　　　　　　　]…単細胞生物は，**体細胞分裂**をすることによって２個体となり，なかまをふやす。

例：アメーバ，ゾウリムシ，ミカヅキモ，ハネケイソウ。

② [❹　　　　　生殖]…植物において，からだの一部から新しい個体をつくる生殖。

例：ジャガイモやサツマイモの**いも**，ヤマノイモなどの[❺　　　　　　　]，スイセンなどの[❻　　　　　　　]，セイロンベンケイなどの**葉**，オランダイチゴなどの**ほふく茎**，サツマイモやブドウなどの**さし木**，リンゴなどの**接ぎ木**。

2 雌雄に関係する生殖

(1) 雌雄に関係する生殖を【❼　　　　　生殖】という。

めしべ(動物では**雌**)でつくられた**卵細胞**(動物では[❽　　　　　])や**おしべ**(動物では**雄**)でつくられた**精細胞**(動物では[❾　　　　　　　])のことを【❿　　　　　細胞】という。

(2) 卵細胞(卵)の中に精細胞(精子)が入り，**卵細胞の核と精細胞の核が合体すること**を【⓫　　　　　】という。

→これによってできた新しい１つの細胞を【⓬　　　　　　】といい，この細胞は体細胞分裂をくり返して【⓭　　　　　】になり，さらに体細胞分裂をくり返して生物のからだとなっていく。

3 植物の有性生殖

(1) 植物の有性生殖で，植物の花粉がめしべの[⓮　　　　　　]につくと(**受粉**)，花粉から[⓯　　　　　　　]という管がのびて，その中を花粉から出てきた精細胞が移動する。

次のページの図は，**ホウセンカ**の花粉から**花粉管**がのびるようすを観察したものである。

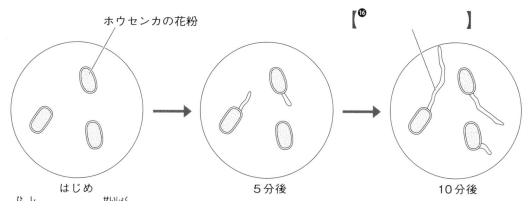

ホウセンカの花粉

【⑯   】

はじめ   5分後   10分後

(2) **被子植物の有性生殖のようす**

・めしべの柱頭に花粉がつくと，花粉から胚珠に向かって［⑰   ］がのびる。

・花粉管が［⑱   ］の中の**卵細胞**に達すると，花粉管の中を移動してきた

　　［⑲   ］**の核と卵細胞の核が合体する。**これを［⑳   ］といい，受精

　によってできた新しい細胞を［㉑   ］という。

・受精卵は細胞分裂をくり返して［㉒   ］になり，胚珠は種子に，子房は果実になる。

・受精卵が胚になり，新しい個体に成長する過程を【㉓   】という。

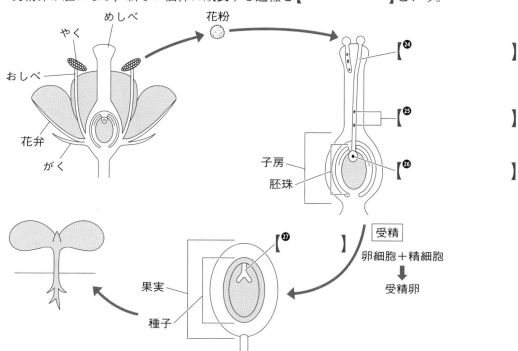

めしべ
やく
花粉
おしべ
花弁
がく

【㉔   】

【㉕   】

子房
胚珠
㉖

【㉗   】

果実
種子

受精

卵細胞＋精細胞
↓
受精卵

4 動物の有性生殖

▶ **動物の有性生殖**で，**雌の卵巣**でつくられた【㉘   】の核と**雄の精巣**でつくられた

　　【㉙   】の核が**受精**して，［㉚   ］をつくる。

　受精卵は体細胞分裂をくり返して［㉛   ］になり，胚がからだに成長して成体となる。

　この受精卵から成体になるまでの過程を**発生**という。

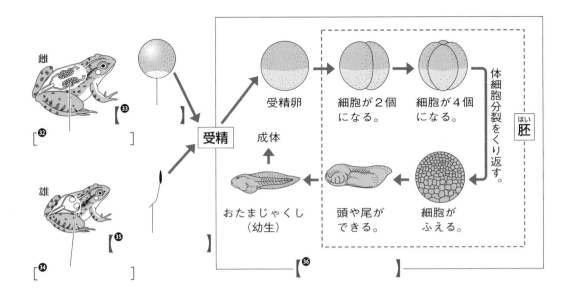

雌

【㉜】 【㉝】

雄

【㉞】 【㉟】

受精

受精卵 → 細胞が2個になる。 → 細胞が4個になる。

成体

おたまじゃくし（幼生） ← 頭や尾ができる。 ← 細胞がふえる。

体細胞分裂をくり返す。

胚

【㊱】

5 減数分裂

(1) 生物がもつ形や性質などの特徴を【㊲　　　　　】という。

形質が，子やそれ以後の世代に伝わることを【㊳　　　　　】といい，**遺伝**する形質のもとになるものを【㊴　　　　　】という。

遺伝子は，細胞の核の中の[㊵　　　　　　]にある。

(2) **生殖細胞**をつくるときに行われる特別な細胞分裂を【㊶　　　　　　　】という。

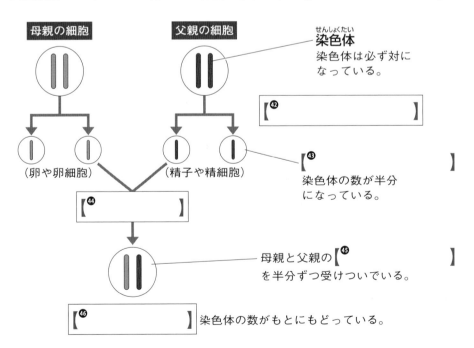

母親の細胞　　父親の細胞

染色体
染色体は必ず対になっている。

【㊷　　　　　　　】

（卵や卵細胞）　（精子や精細胞）

【㊸　　　　　】
染色体の数が半分になっている。

【㊹　　　　　】

母親と父親の【㊺　　　　　】を半分ずつ受けついでいる。

【㊻　　　　　】染色体の数がもとにもどっている。

6 無性生殖と有性生殖での染色体の移動

・**無性生殖**…体細胞分裂によって**子が親とまったく**[⑰   ]**遺伝子を受けつぐ**ので，**子には親とまったく同じ**[⑱   ]**が現れる**。

・**有性生殖**…雌雄の生殖細胞が受精することによって，**両親の遺伝子を**[⑲   ]**受けつぐ受精卵**ができ，**両親の形質が子に伝わる**。

　しかし，１つの形質に注目すると，**両親のどちらかの形質が子に現れたり，両親のどちらの形質も子に現れなかったりする**。

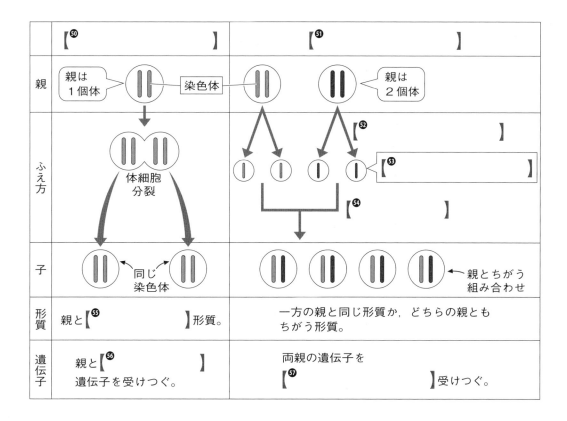

	[⑳]	[㉑]
親	親は1個体　染色体	親は2個体
ふえ方	体細胞分裂	[㉒] [㉓] [㉔]
子	同じ染色体	親とちがう組み合わせ
形質	親と[㉕]形質。	一方の親と同じ形質か，どちらの親ともちがう形質。
遺伝子	親と[㉖]遺伝子を受けつぐ。	両親の遺伝子を[㉗]受けつぐ。

13 ▶ 遺伝

1 遺伝の規則性

(1)・生物の特徴となる**形や性質**を【❶   】といい，これが親から子や孫の世代に受けつがれることを【❷   】という。

　・**形質**を現すもとになるものを【❸   】といい，これは細胞の核の中の【❹   】にふくまれている。

(2)・**自家受粉**や**自家受精**によって親，子，孫と代を重ねたときすべて同じ形質を現すものを[❺   ]という。

　・1つの形質について，どちらかしか現れない対をなす形質を[❻   ]という。たとえば，エンドウの種子の形の「丸」と「しわ」など。

(3)・対立形質をもつ純系どうしを交配させたとき，**子に現れる形質**を【❼   】といい，**子に現れない形質**を【❽   】という。

　・オーストリアの司祭でもあった生物学者[❾   ]は，エンドウを使って遺伝の規則性について調べた。

　対立形質をもつ純系どうしを交配させてできた子を自家受粉させると，孫の世代に現れる形質は，およそ，顕性形質：潜性形質＝[❿   ：　1　]となる。

メンデル

2 遺伝子の伝わり方

(1)　減数分裂を行うとき，対になっている遺伝子が分かれて別々の生殖細胞に入ることを【⓫   】という。

　顕性形質を現す遺伝子をA，**潜性形質**を現す遺伝子をaとすると，顕性形質を現す純系の遺伝子の組み合わせは[⓬   ]，潜性形質を現す純系の遺伝子の組み合わせは[⓭   ]となる。この純系どうしを交配させたときにできた子の代の遺伝子の組み合わせは，すべて[⓮   ]となり，形質は，すべて顕性形質となる。

(2)　次に，子(Aa)どうしを交配させたときに生じる孫の代の遺伝子の組み合わせの比率は，およそ AA：Aa：aa ＝[⓯   ：   ：   ]

　形質は，顕性形質：潜性形質＝[⓰   ：   ]。

エンドウの種子の形で，顕性形質である丸い種子を現す遺伝子をA，潜性形質であるしわのある種子を現す遺伝子をaとしたとき，純系の丸い種子(AA)と純系のしわのある種子(aa)を親としたときの親→子，さらに，子の種子をまいて育て，花をさかせて自家受粉させたときの子→孫の遺伝子の伝わり方や形質の現れ方をまとめると，次の図のようになる。

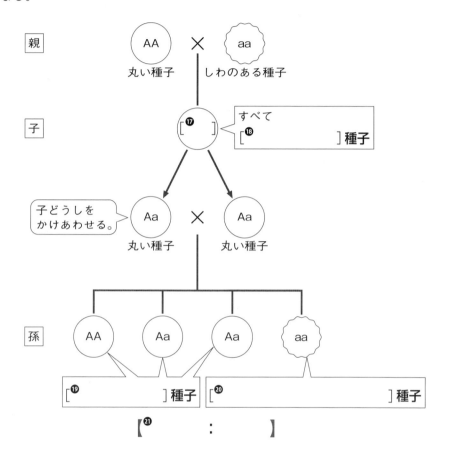

3 遺伝子の本体と研究

▶ 遺伝子の本体は【❷　　　　　　　】(デオキシリボ核酸)という物質である。

現在は，**遺伝子組換え**などの技術が進み，農業や医療などへ応用されるようになっている。

14 ▶ 生物の進化

1 脊椎動物と植物の進化

(1) 脊椎動物の5つのなかまの特徴を，背骨の有無，呼吸方法，卵や子を産む場所，変温か恒温か，卵生か胎生か，という観点で，共通点の数を右の表のようにまとめる。この表から，魚類に最も近いなかまは[❶　　　　　類]であることがわかる。

	魚類	両生類	は虫類	鳥類
哺乳類	1	1.5	3	4
鳥類	2	2.5	4	
は虫類	3	3.5		
両生類	4.5			

(2) 生物は長い時間をかけて代を重ねる間にしだいに変化し，新しい生物が生じる。このような変化を，生物の【❷　　　　　　】という。
生物の進化の道すじを表した図を[❸　　　　　　]という。

2 進化の証拠

(1) 現在は異なる形やはたらきをしているが，もとは同じ形やはたらきをしていたものが変化してできたと考えられる器官を【❹　　　　器官】という。
脊椎動物の前あしにあたる部分がこれにあたる。

(2) **は虫類と鳥類の両方の特徴をもつ**[❺　　　　　　]という動物の化石が発見されたことは，**鳥類がは虫類から進化した**ことを示す証拠と考えられる。
[❻　　　　　]**の特徴：羽毛をもち，翼やくちばしがある。**
[❼　　　　　]**の特徴：歯があり，翼の先に爪があり，尾には骨がある。**

(3) 現在生存している生物のなかにも，次の①〜③のような進化の証拠となる動物がいる。

① **シーラカンス**…数千万年前に絶滅したと考えられていた，原始的な形をした魚類。「**生きている化石**」とよばれている。

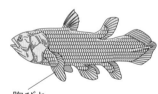
[❶❶　　　　　　　]
胸びれ

② **カモノハシ**…オーストラリアに生息し，からだは毛でおおわれ，子に[❽　　　　]**を与えて育てる**ので哺乳類とされているが，うまれ方は[❾　　　　　]で，**変温動物**であるなど，哺乳類とは異なる特徴をもつ。

③ **ハイギョ**…肺の機能がある[❿　　　　　　]をもち，うきぶくろで空気呼吸をすることもあるため，**両生類の特徴をもつ魚類**であるといえる。

(4) イギリスの博物学者[❶❷　　　　　　　　]は，進化に関する研究を[❶❸　　　　　　　]という本にまとめて発表した。
この本は，生物は多くの代を重ねていくと，その間に特徴が変化し，その結果，新しい種が生じてきたのではないか，という考え方を唱えたものである。

4章 大地の変化

15 ▶ 火山と火成岩

➡解説編 p.94〜99

1 火山

(1) [**❶**   ]：火山の下にある，地球内部の熱によって岩石がとけてできた物質。

→この中の高圧なガスが火口付近の岩石などをふき飛ばして**噴火**が起こる。

・このとき，高温の**マグマ**が地表にふき出したもの，また，それが地表で冷え固まったものを[**❷**   ]という。

・[**❸**   ]：噴火が起こったときに，火口からふき出した物質。

→溶岩，[**❹**   ]，[**❺**   ]，火山れき，[**❻**   ]，**軽石**などがふき出す。

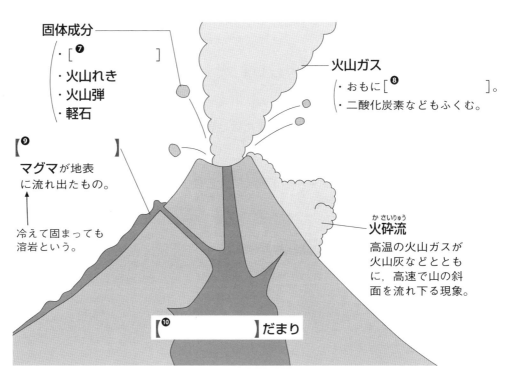

固体成分
・[**❼**   ]
・火山れき
・火山弾
・軽石

火山ガス
・おもに[**❽**   ]。
・二酸化炭素などもふくむ。

[**❾**   ]
マグマが地表に流れ出たもの。
↑
冷えて固まっても溶岩という。

火砕流（かさいりゅう）
高温の火山ガスが火山灰などとともに，高速で山の斜面を流れ下る現象。

[**❿**   ]だまり

(2)・マグマのねばりけが[**⓫**   ]➡傾斜がゆるやかな形の火山になる。

例：キラウエア，マウナロア。

・マグマのねばりけが中間程度➡**円錐形**（えんすいけい）**の火山**になる。

例：桜島，浅間山。

・マグマのねばりけが[**⓬**   ]➡傾斜が急なドーム状の形の火山になる。

例：雲仙普賢岳（うんぜんふげんだけ），平成新山，昭和新山，有珠山（うすざん）。

マグマの性質と火山の特徴

マグマのねばりけ	[⑬	] ⟵⟶	[⑭	]
噴火のようす	[⑮	] ⟵⟶	[⑯	]
おもな火山噴出物	[⑰]っぽい 溶岩・火山灰	灰色の溶岩 ・火山灰	[⑱]っぽい 溶岩・火山灰	
火山の例	キラウエア	桜島・浅間山	雲仙普賢岳・有珠山	
火山の形	傾斜がゆるやかで **うすく広がった形**	**円錐形**	傾斜が急な **ドーム状の形**	

2 火成岩

(1) 【⑲　　　　　　　　】：**マグマ**が冷え固まってできた岩石。

　これは，次の①，②に分けられる。

①　【⑳　　　　　　　　】：マグマが地表または地表付近で短い時間で冷え固まった火成岩。
　例：流紋岩，安山岩，玄武岩。

②　【㉑　　　　　　　　】：マグマが地下深くで大変長い時間をかけて冷え固まった火成岩。
　例：花こう岩，せん緑岩，はんれい岩。

マグマの冷え方と火成岩のでき方

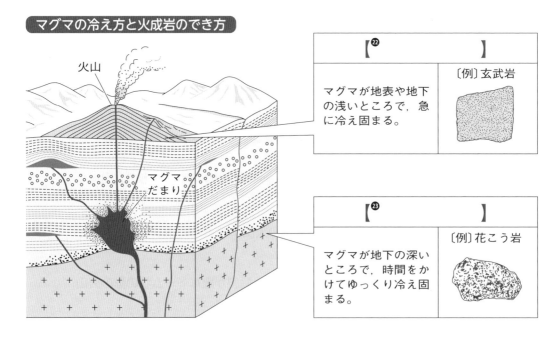

火山

マグマ
だまり

【㉒　　　　　　　】
〔例〕玄武岩

マグマが地表や地下の浅いところで，急に冷え固まる。

【㉓　　　　　　　】
〔例〕花こう岩

マグマが地下の深いところで，時間をかけてゆっくり冷え固まる。

(2)・火山岩に見られる，形がわからないほどの小さな粒である【㉔　　　　　　　】の間に，比較的大きな鉱物である【㉕　　　　　　　】が散らばって見える岩石のつくり。

　➡【㉖　　　　組織】。

・深成岩に見られる，大きくて，同じくらいの大きさの鉱物のみが組み合わさった岩石のつくり。

　➡【㉗　　　　組織】。

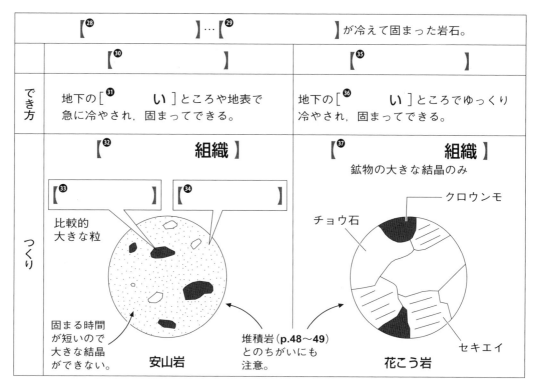

【㉘　　　　　】…【㉙　　　　　　　　】が冷えて固まった岩石。		
	【㉚　　　　　　】	【㉟　　　　　　】
で き 方	地下の[㉛　　い]ところや地表で急に冷やされ，固まってできる。	地下の[㊱　　い]ところでゆっくり冷やされ，固まってできる。
つ く り	【㉜　　　　組織】 【㉝　　　　　】　【㉞　　　　　】 比較的 大きな粒 固まる時間が短いので大きな結晶ができない。 安山岩 堆積岩（p.48〜49）とのちがいにも注意。	【㊲　　　　組織】 鉱物の大きな結晶のみ チョウ石　クロウンモ セキエイ 花こう岩

3 火成岩や火山噴出物をつくる成分

(1) 火山灰などの火山噴出物や火成岩は，おもに数種類の【^㊳　　　　】からできている。

→鉱物は，次のように［^㊴　　　　鉱物 ］と［^㊵　　　　鉱物 ］に分けられる。

鉱物	無色鉱物		有色鉱物				
	㊶	㊷	㊸	カクセン石	キ石	カンラン石	磁鉄鉱
鉱物							
特徴	無色か白色で，不規則に割れる。	白色かうす桃色で，決まった方向に割れる。	黒色で，決まった方向にうすくはがれる。	暗かっ色か緑黒色で，長い柱状の形。	暗緑色で，短い柱状の形。	緑かっ色で，ガラス状の小さい粒。	黒色で，表面がかがやいている。磁石につく。

(2) 火成岩の色と鉱物の関係について，次の表のようにまとめた。

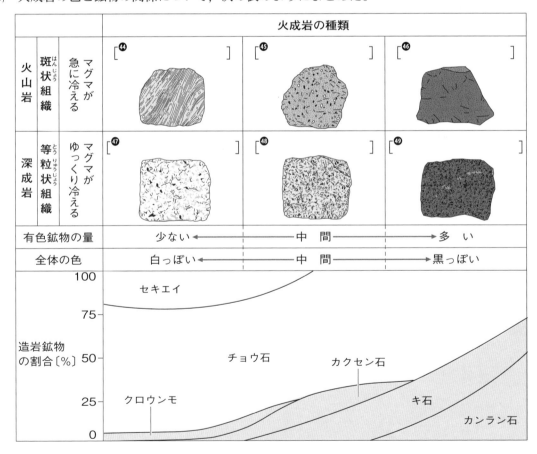

16 ▶ 地震

➡解説編 p.100〜106

1 地震のゆれの伝わり方

(1)・地震が発生した[❶　　　　　　　　]の場所 ➡【❷　　　　　　　】。

　・震源の[❸　　　　　　　　]の地表の地点 ➡【❹　　　　　　　】。

　・地震の**波**は，水面にできた波紋のように，地中や地表面に広がっていく(地表面に限って
　　いえば，震央を中心としてほぼ**同心円状**に広がっていく)。

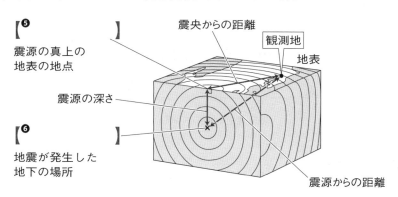

【❺　　　　　　　】
震源の真上の
地表の地点

震央からの距離
観測地
地表

震源の深さ

【❻　　　　　　】
地震が発生した
地下の場所

震源からの距離

(2)・はじめに起こる[❼　　　　　　　]ゆれ ➡【❽　　　　　　　】。

　・後から起こる[❾　　　　　　　]ゆれ ➡【❿　　　　　　　】。

(3)　下の図は，ある地震計の記録である。

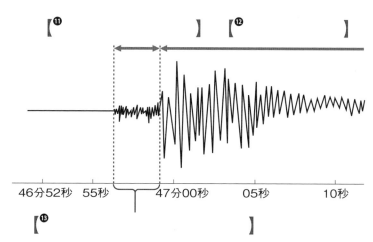

【⓫　　　　　】【⓬　　　　　　　　】

46分52秒　55秒　　47分00秒　　05秒　　　10秒

【⓭　　　　　　　】

・**初期微動**のゆれ…伝わる速さの[⓮　　　　　　]**P波**によるゆれ。

・**主要動**のゆれ…伝わる速さの[⓯　　　　　　]**S波**によるゆれ。

・初期微動が始まってから主要動が始まるまでの時間

　➡【⓰　　　　　　　　　　　】

(4) 初期微動継続時間は震源からの距離に，およそ[❶⑰   ]する。

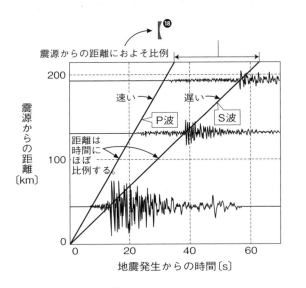

震源からの距離におよそ比例

・地震の波の伝わる速さ＝ $\dfrac{[❶⑲\qquad\qquad\qquad]}{[❷⑳\qquad\qquad\qquad]}$

2 ゆれの強さと地震の規模

・地震による**ゆれの強さ**は【㉑   】によって表す。

・地震の**規模(エネルギーの大きさ)**は【㉒   】(記号：M)によって表す。

・震度は 0～7 の[㉓   ]階級に分けられている(5と6は，それぞれ強と弱がある)。

3 地震のしくみ

・[㉔   ]：地球の表面をおおっている，厚さ数十～100km 程の板状の岩盤。

　→日本付近には4枚のプレートがあるが，プレートどうしの境界は地震が発生しやすく，
　　火山も多い。

・太平洋プレートが北アメリカプレートの下に沈みこむ所にできた溝を
　[㉕   ]という。

・プレートの押し合いによって，地下の岩盤に大規模な破壊が起こり，[㉖   ]
　が生じる。
　　このうち，今後も活動して地震を起こす可能性があるものを[㉗   ]という。

4 地震による大地の変化と災害

(1) 大地がもち上がることを[㉘   ]，大地が沈むことを[㉙   ]という。

(2) **海底を震源とした大地震**が発生したとき，[㉚   ]が発生することがある。

17 ▶ 地層と化石

➡解説編 p.107〜113

1 地層のでき方

(1) 【❶　　　　　　　　】：がけや切り通しなどに見られるしまもよう。

・地表の岩石が**自然のはたらき**(気温の変化・酸化・雨水・流水・風のはたらきなど)に
よって，表面からくずれていくことを【❷　　　　　　　】という。

・雨水や流水が風化した岩石を[❸　　　　　　　　　]はたらきを【❹　　　　　　　】という。

・流水が，けずりとられた土砂を[❺　　　　　　　　]はたらきを【❻　　　　　　　】という。

・流水が，運ばれてきた土砂を流れがゆるやかな河口付近などで
[❼　　　　　　　　　　　]はたらきを【❽　　　　　　　】という。

(2) 流水の3つの作用で下の図のような地形がつくられる。

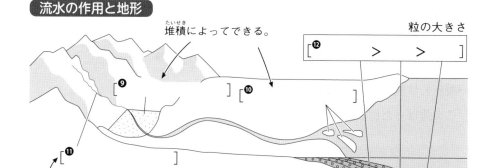

流水の作用と地形

(3) 大地の[❸　　　　　　　　]・[❹　　　　　　　　]や海水面の[❺　　　　　　　]・
[❻　　　　　　　　]が長い間にくり返されることによって，地層ができる。

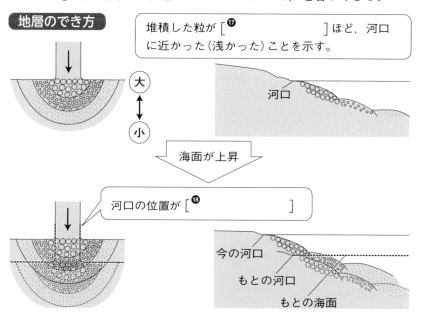

地層のでき方

堆積した粒が[❼　　　　　　　　　]ほど，河口に近かった(浅かった)ことを示す。

海面が上昇

河口の位置が[❽　　　　　　　　]

今の河口
もとの河口
もとの海面

2 堆積岩

(1) 【 ⑲　　　　　　　　　　　】：地層をつくっている堆積物が，その上の層の重みなどによって押し固められ，長い年月をかけてできた岩石。

・れきをふくんだ層が押し固められてできた堆積岩 ➡ [⑳　　　　　　　]

・おもに砂が押し固められてできた堆積岩 ➡ [㉑　　　　　　]

・おもに泥が押し固められてできた堆積岩 ➡ [㉒　　　　　　]

　→これらは，流水によって運ばれている間に角がけずられているため，**丸みを帯びている。**

・貝殻やサンゴの死がいなどが堆積してできた堆積岩 ➡ [㉓　　　　　　]

　→主成分は**炭酸カルシウム**なので，うすい塩酸をかけると [㉔　　　　　　　]が発生する。

・ホウサンチュウの死がいなどが堆積してできた堆積岩 ➡ [㉕　　　　　　　]

　→二酸化ケイ素をふくみ，うすい塩酸をかけても反応しない。

　→ハンマーでたたくと火花が出るほど [㉖　　　　　]岩石。

・**火山灰**などの火山噴出物が堆積してできた堆積岩 ➡ [㉗　　　　　　]。

　→凝灰岩は**角ばった粒によってできている。**

　　この角ばった粒は，鉱物の結晶。

(2) 6種類の堆積岩について，下のようにまとめた。

いろいろな堆積岩の特徴

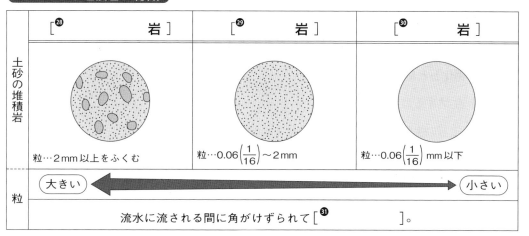

[❷⁸ 岩]	[❷⁹ 岩]	[❸⁰ 岩]
粒…2mm以上をふくむ	粒…0.06$\left(\frac{1}{16}\right)$～2mm	粒…0.06$\left(\frac{1}{16}\right)$mm以下

土砂の堆積岩

粒　大きい ⟵ 小さい

流水に流される間に角がけずられて[❸¹　　　　　]。

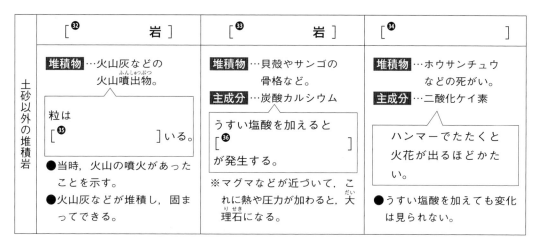

土砂以外の堆積岩

[❸² 岩]	[❸³ 岩]	[❸⁴]
堆積物…火山灰などの火山噴出物。 粒は[❸⁵　　　　　]いる。 ●当時，火山の噴火があったことを示す。 ●火山灰などが堆積し，固まってできる。	**堆積物**…貝殻やサンゴの骨格など。 **主成分**…炭酸カルシウム うすい塩酸を加えると[❸⁶　　　]が発生する。 ※マグマなどが近づいて，これに熱や圧力が加わると，大理石になる。	**堆積物**…ホウサンチュウなどの死がい。 **主成分**…二酸化ケイ素 ハンマーでたたくと火花が出るほどかたい。 ●うすい塩酸を加えても変化は見られない。

(3) **堆積岩と火成岩のちがい**

① 火成岩をつくる粒は角ばっているが，**れき岩・砂岩・泥岩の堆積岩をつくる粒は**

[❸⁷　　　　　　　]いる。

② 火成岩は[❸⁸　　　　　　]をふくむことはないが，堆積岩は**化石をふくむことがある。**

③ 堆積岩の多くは，地層の中で平行な層をつくっている。

3 化石

▶ [³⁹　　　　　　　　]：大昔の生物の死がいやあしあと，すみかのあとなどが，地層の中に

残されたもの。

(1) [⁴⁰　　　　　　　　]：地層が堆積した当時の**環境を知る手がかりとなる**化石。

・示相化石となるための条件

① 生活する環境が [⁴¹　　　　　　　　　　] こと。

② 化石の生物がどのような環境にすんでいたか推定できること。

代表的な示相化石

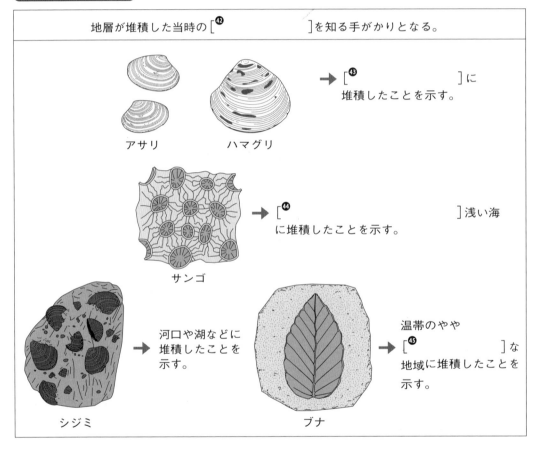

地層が堆積した当時の [⁴²　　　　　　　] を知る手がかりとなる。

アサリ　　ハマグリ　→ [⁴³　　　　　　　] に堆積したことを示す。

サンゴ　→ [⁴⁴　　　　　　　] 浅い海に堆積したことを示す。

シジミ　→ 河口や湖などに堆積したことを示す。

ブナ　→ 温帯のやや [⁴⁵　　　　　　] な地域に堆積したことを示す。

(2) 【⁴⁶   】：地層が堆積した**年代**を知る手がかりとなる化石。

・示準化石となるための条件

　① [⁴⁷   ]期間に栄えて絶滅したことが（栄えていた年代もふくめて）わかって

　　　いること。

　② 世界中の[⁴⁸   ]範囲でたくさん発見されていること。

・**地質年代**は，次のように決められている。

　① [⁴⁹   ]…約5億4100万年前～約2億5200万年前

　② [⁵⁰   ]…約2億5200万年前～約6600万年前

　③ [⁵¹   ]…約6600万年前～現在

代表的な示準化石

地層が堆積した[⁵²]を知る手がかりとなる。		
古生代	中生代	新生代
約5億4100万年前 ～約2億5200万年前	約2億5200万年前 ～約6600万年前	約6600万年前～現在
[⁵³] フズリナ シダ	[⁵⁴] ティラノサウルス	貨幣石　メタセコイア [⁵⁵] ナウマンゾウ

4 地層の観察

・1枚1枚の層の重なり方を柱状に表した図を[❺❻   ]という。

・機械で垂直に穴を掘って，堆積物や岩石をとり出す調査方法を[❺❼   ]

といい，とり出された堆積物や岩石などの試料をボーリング試料という。

各地点の柱状図を対比することによって，地層の広がりを知ることができる。

・火山灰の層や示準化石をふくむ層のように，地層の広がりを知る手がかりとなる層を

[❺❽   ]という。

18 ▶ 大地の変動

→解説編 p.114～117

1 大地の変動のしくみ

・[❶   ]：太平洋，大西洋，インド洋などの海底に見られる大山脈。

→新しい海洋プレートはここでつくられ，ここでは海底火山ができている。

・[❷   ]：海洋プレートが大陸プレートの下に沈みこんでいるところにできる

深い溝。

→海嶺から広がっていった海洋プレートは，いずれ大陸プレートと衝突し，大陸プレー

トの下に沈みこんで消滅する。

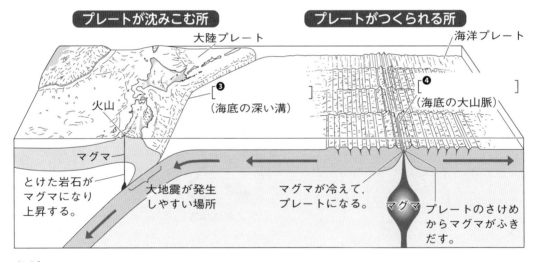

・海溝と同じような地形で深さが浅いものは[❺   ]とよばれる。

・北海道，東北地方の太平洋側で，太平洋プレートが北アメリカプレートの下に沈みこん

でいるところに見られる海溝を[❻   **海溝**]という。

・東海・近畿地方および四国や九州の太平洋側で，フィリピン海プレートがユーラシアプ

レートの下に沈みこんでいるところに見られるトラフを[❼   **トラフ**]という。

2 大地の変動によってできた地形

(1) 【⑧　　　　　　　　】：地下の岩石に巨大な力がはたらいて破壊されることによって生じた

大地のずれ。

→断層のなかで，過去に何度もずれた形跡が見られ，今後もずれて地震を起こす可能性
があある断層を【⑨　　　　　　　　】という。

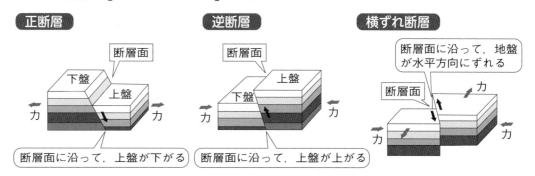

(2) 【⑩　　　　　　　　　　　】：プレートの衝突などによって，長期間大きな力を受け続け，
地層が波打つように曲げられたもの。

→ヒマラヤ山脈やアルプス山脈などの世界的に大きな山脈は，しゅう曲によってできた
山脈である。

(3) 〔⑪　　　　　　　　　　〕：急な土地の隆起や，急な海面の低下が何度も起こったことに
よってできた，海岸付近に見られる階段状の地形。

19 ▶ 空気中の水蒸気と雲のでき方　⟶解説編 p.118〜127

1 圧力と大気圧

(1) 【❶　　　　　　　】：一定面積あたりの面を垂直に押す力の大きさ。

・同じ大きさの力でも，力のはたらく面積が小さいほど，**同じ面積あたりにはたらく力が**
[❷　　　　　　　　　　]。

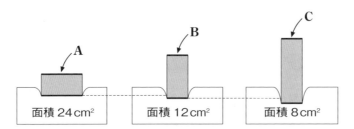

A　B　C

面積 24 cm²　面積 12 cm²　面積 8 cm²

・圧力の単位…[❸　　　　　　　　　](記号：[❹　　　　　　　])
またはニュートン毎平方メートル(記号：**N/m²**)。

$$1\ \mathrm{Pa} = 1\ \mathrm{N/m^2}$$

・圧力の式…圧力〔Pa(または N/m²)〕 = $\dfrac{面を垂直に押す力〔N〕}{力がはたらく面積〔m²〕}$

(2) 【❺　　　　　　　】：大気の重さによって生じる圧力。

・大気圧の大きさは[❻　　　　　　　　　　　　　](記号：**hPa**)という単位で表す
(1 hPa = 100 Pa)。

・大気圧は，**物体の各面に対して垂直なあらゆる向き**にはたらく。

・標高が高くなる→上空の空気が少なくなるので，**大気圧は**[❼　　　　　　　]なる。

2 空気中の水蒸気

(1) 【^❽   】：空気 **1m³** 中にふくむことのできる水蒸気の質量〔g/m³〕。

→この値は，温度が高くなるほど大きくなる。

【^❾   】：空気の温度を下げていったとき，空気中の水蒸気が冷やされて水滴に変わる（凝結する）ときの温度。

→一定の体積の空気中にふくんでいる水蒸気の量が多いほど，この値は高くなる。

・下の図は，1 m³ 中に 17.3 g の水蒸気をふくむ 30℃ の空気の温度を，10 ℃まで下げたときのようすである。

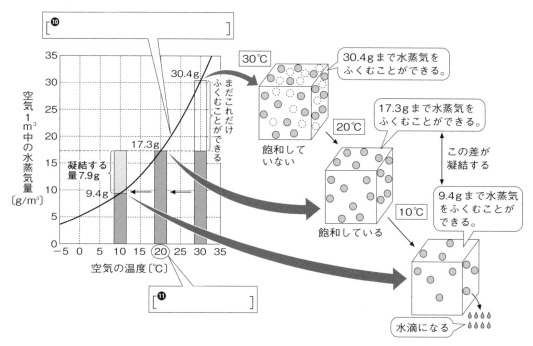

(2) 【^❿   】：空気 1 m³ 中の水蒸気量の，その温度の飽和水蒸気量に対する割合を百分率で表したもの。

・湿度は，次のような式によって求められる。

$$湿度〔\%〕 = \frac{空気〔^{⓭}\qquad\qquad〕中にふくまれている水蒸気量〔g/m³〕}{その温度の〔^{⓮}\qquad\qquad〕〔g/m³〕} \times 100$$

・空気 1m³ 中の水蒸気量が変化しなければ，温度を下げるほど湿度は高くなり，露点に達すると，湿度は〔^⓯   ％〕になる。

その後，さらに温度を下げても湿度は変わらない。

3 雲のでき方

(1)・上昇する空気の動き➡[**⓰** 　　　　　　　　]。

　・下降する空気の動き➡[**⓱** 　　　　　　]。

　・次の①～④のような[**⓲** 　　　　　 **気流**]が生じている所では，**雲**ができやすくなる。

　① 強い日射によって地面が熱せられている所。

　② 風が[**⓳** 　　　　]にぶつかって，空気が山の斜面に沿って上昇している所。

　③ [**⓴** 　　　　　　]空気（暖気）と[**㉑** 　　　　　]空気（寒気）がぶつかって，
　　 あたたかい空気が冷たい空気の上にはい上がったり，冷たい空気があたたかい空気を
　　 押し上げたりしている所。

　④ 低気圧の中心付近。

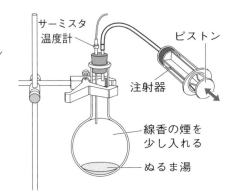

　・右の図のような装置をつくり，注射器のピストン
　　を押したり引いたりすると下の図のようになる。

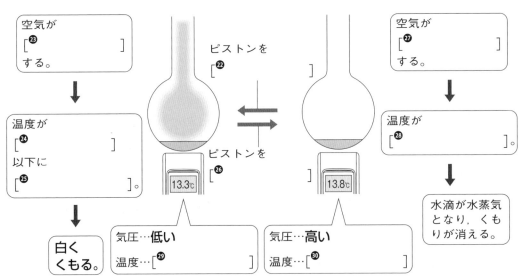

空気が
[**㉓** 　　　　　]
する。

↓

温度が
[**㉔** 　　　　　]
以下に
[**㉕** 　　　　　]。

↓

白く
くもる。

ピストンを
[**㉒** 　　　]

ピストンを
[**㉖** 　　　]

13.3℃

気圧…**低い**
温度…[**㉙** 　　　]

13.8℃

気圧…**高い**
温度…[**㉚** 　　　]

空気が
[**㉗** 　　　　　]
する。

↓

温度が
[**㉘** 　　　　　]。

↓

水滴が水蒸気
となり，くも
りが消える。

(2)・空気が上昇すると，まわりの気圧が[**㉛**   ]ため膨張して温度が下がる。

　　よって，上昇した空気の温度は下がっていき，やがて[**㉜**   ]よりも低くなる

　　と空気中の水蒸気の一部が**小さな水滴**や**氷の結晶**となって[**㉝**   ]ができる。

・雲をつくっている小さな水滴や氷の結晶がぶつかって合体すると，粒が大きくなって落
　ちてくる。

　　これが**雨**や**雪**で，雨や雪などをまとめて[**㉞**   ]という。

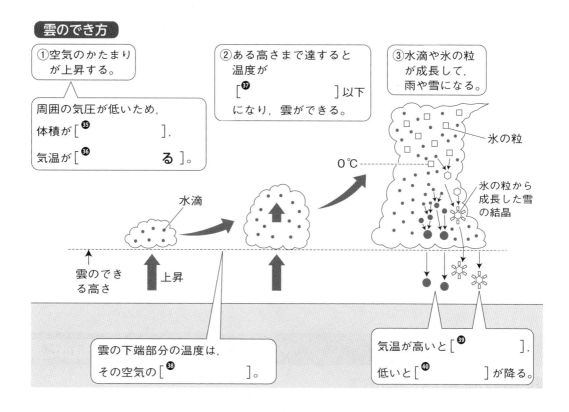

雲のでき方

①空気のかたまり
　が上昇する。

周囲の気圧が低いため，
体積が[**㉟**   ]，
気温が[**㊱**　　る**]。

②ある高さまで達すると
　温度が
　[**㊲**   ]以下
　になり，雲ができる。

③水滴や氷の粒
　が成長して，
　雨や雪になる。

氷の粒

氷の粒から
成長した雪
の結晶

0℃

水滴

雲のでき
る高さ　　上昇

雲の下端部分の温度は，
その空気の[**㊳**   ]。

気温が高いと[**㊴**   ]，
低いと[**㊵**   ]が降る。

(3) 地球上の水の循環や大気の動きのもとになっているのは [⑪ 　　　　　　 のエネルギー] である。

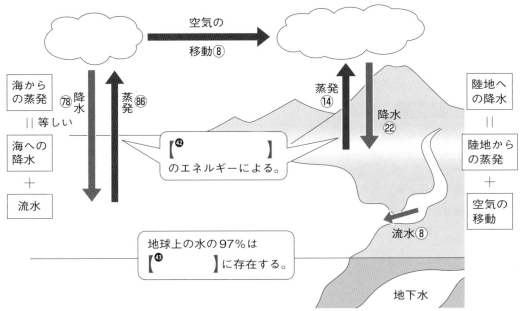

地球上の水の循環

空気の
移動⑧

海から
の蒸発

⑦⑧ 降水　蒸発 ⑧⑥

‖ 等しい

海への
降水

＋

流水

【㊷　　　　　　　】
のエネルギーによる。

蒸発
⑭

降水
㉒

陸地へ
の降水

‖

陸地から
の蒸発

＋

空気の
移動

流水⑧

地球上の水の97%は
【㊸　　　　　】に存在する。

地下水

※図中の数字は，全降水量を100としたときの値である。

---

20 ▶ 気象の観測

❶ 気象の観測方法と表記方法

(1) 降水がなく，空全体を 10 としたときの雲が空をしめる割合が 0〜1 のときは [❶　　　　　　]，
2〜8 のときは [❷　　　　　　]，9〜10 のときは [❸　　　　　　] としている。
天気を示す**天気記号**は下の表のようになっている。

記号	○	◐	◎	●	⊗
天気	❹	❺	❻	❼	雪

(2) **風がふいてくる向き**を [❽　　　　　　] という。
→**風向**や**風力**は，図1のような**風向風速計**で測定し，風向は [❾　　　　　 **方位**] で表す。

図1　風向風速計　　図2　16方位 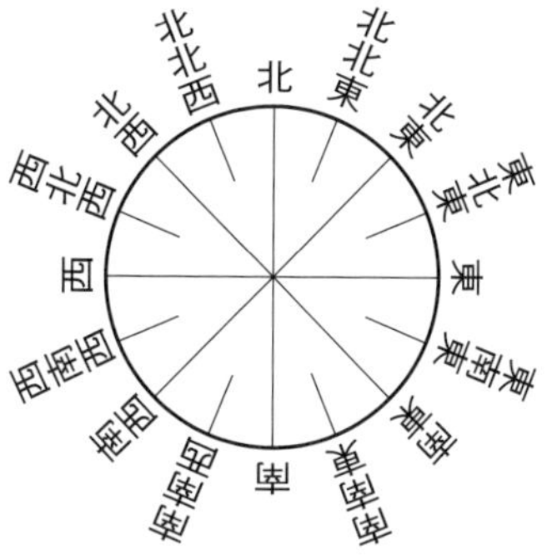　　図3　天気・風向・風力の表し方

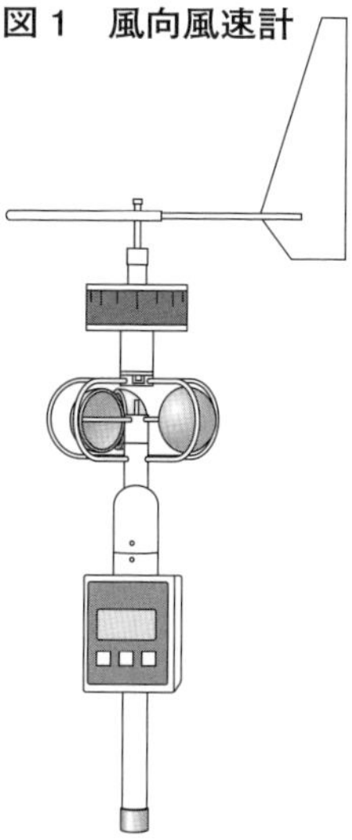

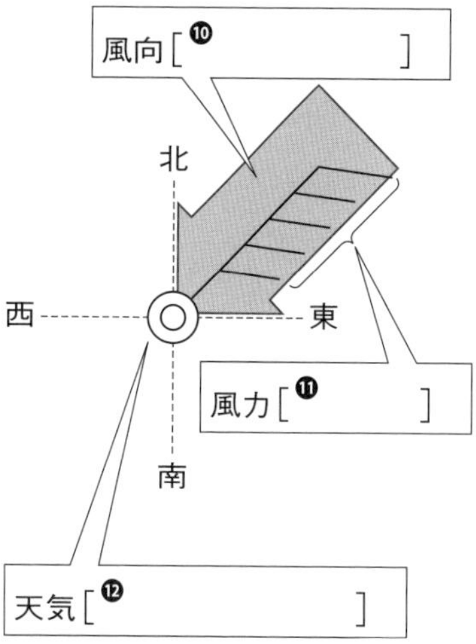

風向 [❿　　　　]

風力 [⓫　　　　]

天気 [⓬　　　　]

(3) [⓭　　　　　　　　]は，**アネロイド気圧計**や**水銀気圧計**を用いて測定し，単位は
[⓮　　　　　　　　](記号：**hPa**)を用いて表す。

(4) **気温**は，**地上 1.5 m** の高さで，温度計の球部に**直射日光を当てない**ようにして測定する。

(5) 乾湿計で，乾球温度計の示度が 12.0 ℃，湿球温度計の示度が 10.0 ℃であったとき，下
の湿度表の縦の 12 の行と横の 2.0 の列(12.0 － 10.0 ＝ 2.0)との交点の値が湿度となる。
このときの湿度は [⓯　　　 ％] である。

乾湿計

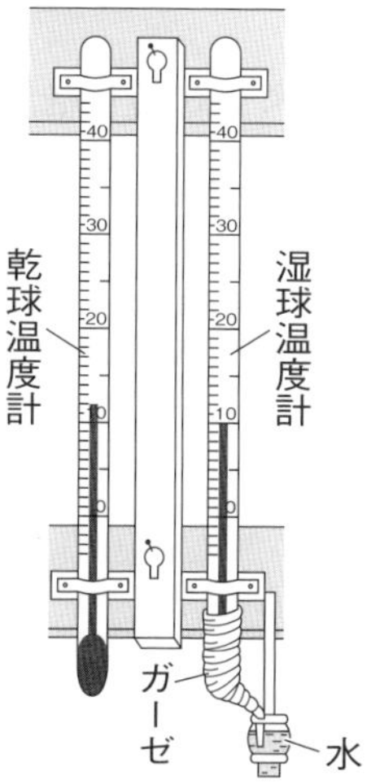

湿度表（一部）

		乾球と湿球の示度の差〔℃〕					
		0.0	0.5	1.0	1.5	2.0	2.5
乾球の示度〔℃〕	15	100	94	89	84	78	73
	14	100	94	89	83	78	72
	13	100	94	88	82	77	71
	12	100	94	88	82	76	70
	11	100	94	87	81	75	69
	10	100	93	87	80	74	68

(6) **降水量**は，**雨量計**で測定する。

→一定時間に降った雨の量を雨量といい，雨だけではなく雪やあられなどもふくめたも
のを降水量という。

→雨量は，雨水が流れたり，地面にしみこんだりしない場合にたまる水の**深さ〔mm〕**で
表す。

20. 気象の観測　59

2 気温・気圧・湿度の変化のグラフ

・晴れた日の**気温**と**湿度**の1日の変化は，まったく〔❶   〕の変化をする。

・下図のような連続した6日間の気温，気圧，湿度の変化の記録から，以下のようなことが読みとれる。

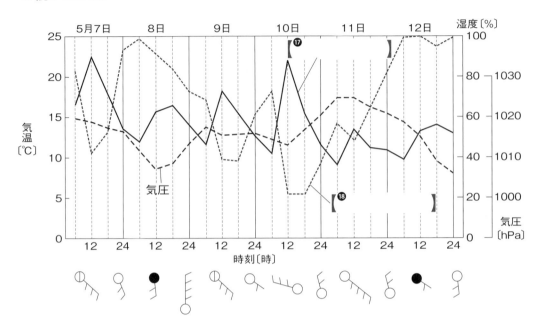

① 9日の24時，10日の12時，24時の天気記号がすべて快晴であることから，10日は晴れていたと推測できる。

10日の記録から，**晴れた日の気温と湿度は，まったく逆の変化を示し**，気温と湿度の1日の変化はどちらも〔❶   〕ことがわかる。

また，気温は昼過ぎに最高になり，〔❷   〕ごろに最低となっている。

さらに，湿度は昼過ぎに最低になり，明け方ごろに最高になっている。

② 8日は，天気記号から昼間は雨であったことがわかる。

8日の記録から，雨の日の気温の変化は〔❷   〕，湿度は1日中〔❷   〕ことがわかる。

③ 全体の天気の変化と気圧の変化から，気圧が〔❷   〕なると天気は晴れになり，気圧が〔❷   〕なると天気はくもりや雨になることがわかる。

1 気圧配置と風

(1) 【❶   】：まわりより**気圧が高い**所。

   【❷   】：まわりより**気圧が低い**所。

   【❸   】：気圧が等しい地点を結んだなめらかな曲線。

   ・気圧の分布のようすを[❹   ]という。

(2) **等圧線**や**高気圧・低気圧**の位置に加えて，天気記号などを用いて各地の**天気・風向・風力**などを地図上に記入したものを[❺   ]という。

(3) 風は，[❻   **気圧**]の中心から[❼   **気圧**]の中心に向かってふく。

   ・高気圧の中心では[❽   **気流**]，低気圧の中心では[❾   **気流**]が発生する。

   ・天気図の等圧線の間隔が[❿   ]所ほど，強い風がふく。

【⓫   **気圧** 】   【⓮   **気圧** 】

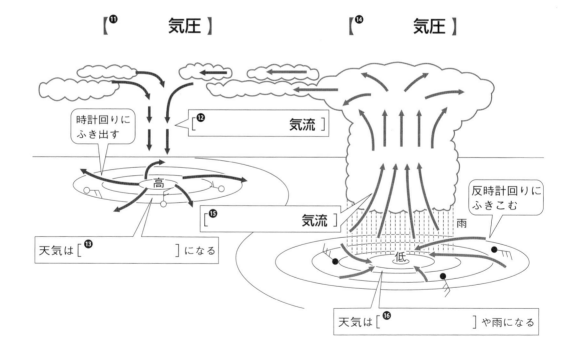

時計回りにふき出す

[⓬   **気流**]

反時計回りにふきこむ

[⓯   **気流**]

雨

天気は[⓭   ]になる

天気は[⓰   ]や雨になる

2 気団と前線

(1) 【⑰　　　　　　　】：性質が一様の，大規模な大気のかたまり。

→日本の**北側**には[⑱　　　　　　　　　]気団ができ，

日本の**南側**には[⑲　　　　　　　　　　]気団ができる。

また，**大陸上**では[⑳　　　　　　　　]気団ができ，

海洋上では[㉑　　　　　　　]気団ができる。

【㉒　　　　　　　】：**寒気団**と**暖気団**が接したときの境界面。

【㉓　　　　　　　】：前線面と地面が交わってできる線。

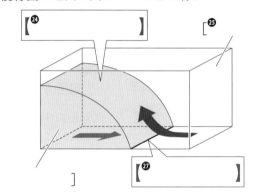

【㉔　　　　　　　　】　　　[㉕　　　　　　　　　　　]

[㉖　　　　　　　]　　【㉗　　　　　　　　】

→前線面では，暖気が寒気の上に上がろうとして[㉘　　　　気流]が起こるため，
雲が発生しやすく，前線付近では[㉙　　　　　]が降りやすくなる。

(2) 【㉚　　　　前線 】：寒気が暖気を押し上げながら進んでいる前線。

→寒冷前線を示す記号は ▼▼▼▼▼ である。

・前線付近でははげしい[㉛　　　　気流]が生じ，[㉜　　　　　　]や積雲ができやすく，前線通過時に強い[㉝　　　　　　　]が降ることが多い。

・雲ができる範囲はせまいので，雨の降る時間は[㉞　　　　　　]，前線通過後は天気が急速に回復するが，**気温は急速に**[㉟　　　　　]，**風向は南より**から[㊱　　より]に変わる。

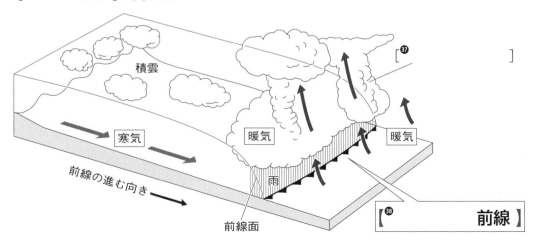

積雲

[㊲　　　　　　　　]

寒気　　　暖気　　　暖気

前線の進む向き ▶

雨

前線面

【㊳　　　　前線 】

(3) 【^{❸❾}　　　　　前線 】：暖気が寒気の上にはい上がりながら寒気を押して進んでいる前
線。

　　→温暖前線を示す記号は ‒◠◠◠◠◠‒ である。

・前線付近では**ゆるやかな**[^{❹⓪}　　　　　気流]が生じ，[^{❹①}　　　　　　　　]や高層雲が
できやすく，前線が近づいてくると[^{❹②}　　　　　　　　　　]が降り始める。

・層状の雲が広い範囲にわたってできるので，**雨が降り続く時間は**[^{❹③}　　　　　]，前
線通過後は，**気温は**[^{❹④}　　　　　]，[^{❹⑤}　　　　　 より]の風がふくようになる。

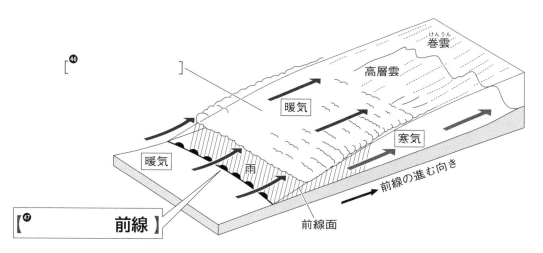

(4) 【^{❹❽}　　　　　前線 】：寒気と暖気の勢力がほぼ等しく，**あまり動かない前線**。

　　→停滞前線を示す記号は ‒◠▼◠▼‒ で，ほぼ**東西方向にのび**，ほとんど動かない。

・6月から7月の雨やくもりの日が多くなる時期を**つゆ(梅雨)**といい，このときにできる
停滞前線を[^{❹❾}　　　　　前線]という。

・9月から10月の**初秋**にできる停滞前線を[^{❺⓪}　　　　　前線]という。

(5) [^{❺①}　　　　　前線]：**寒冷前線が温暖前線に追いついてできる前線**。

　　→閉塞前線を示す記号は ‒▲◠▲◠ である。

・低気圧の中心から南西に寒冷前線がのび，南東に温暖前線がのびた温帯低気圧では，**寒
冷前線のほうが温暖前線より**[^{❺②}　　　　　　　　]ので，2つの前線はしだいに接近し，
やがて低気圧の中心付近から順に追いついてくる。

　　すると，次のページの図のように，暖気が2種類の寒気の上に押し上げられ，地表面は
[^{❺③}　　　　　]だけにおおわれる。

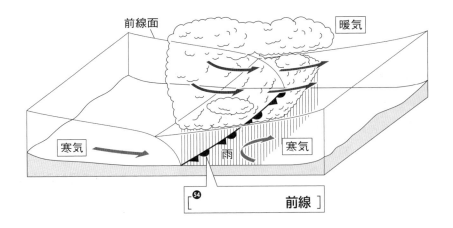

前線面　暖気

寒気　　寒気

雨

[⁵⁴　　　　　　　　] 前線

前線の種類

種　類	でき方など	記　号
寒冷前線	寒気が暖気の下にもぐりこみ，暖気を激しく押し上げる。	▼▼▼▼
温暖前線	暖気が寒気の上にはい上がりながら，寒気を押して進む。	▲▲▲
停滞前線	寒気と暖気の勢力が等しいときにできる。動きにくい。	▲▼▲▼
閉塞前線	寒冷前線が温暖前線に追いついたときにできる。	▲▲▲

温帯低気圧の構造の模式図

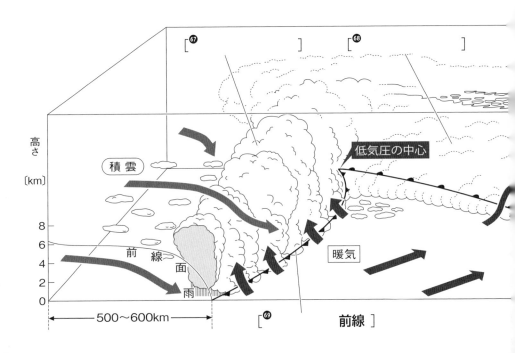

[⁶⁷　　　　　] [⁶⁸　　　　　]

低気圧の中心

高さ
〔km〕

積雲

8
6
4
2
0

前　線
面

雨

暖気

500〜600km

[⁶⁹　　　] 前線

3 低気圧と前線

(1) 寒冷前線や温暖前線をともなって日本付近をおとずれる低気圧は[**⑤⑤**　　　　　　**低気圧**]である。

(2) **温帯低気圧と熱帯低気圧のちがい（北半球）**

　・**温帯低気圧**…[**⑤⑥**　　　　　　　　]（北緯30°～60°付近）で発生する低気圧。

　　① 低気圧の中心から[**⑤⑦**　　　　　　]にのびた**寒冷前線**，[**⑤⑧**　　　　　　]にのびた**温暖前線**をともなう。

　　② 日本付近の上空では1年中，**偏西風**という強い**西風**がふいているので，日本付近を通過する**低気圧や移動性高気圧**は[**⑤⑨**　　　から　　　]へ移動していく。

　・**熱帯低気圧**…[**⑥⓪**　　　　　　　　]（北緯5°～20°付近）で発生する低気圧。

　　① [**⑥①**　　　　　　]をともなわない。

　　② 等圧線はほぼ円形で，中心に近いところほど密になっている。

　　③ 熱帯低気圧が発達し，最大風速が17.2 m/s以上になったものを[**⑥②**　　　　　]という。

(3) 下の図は，温帯低気圧の断面図である。

寒冷前線と温暖前線にはさまれた部分には[**⑥③**　　　　　　]があり，それ以外の部分には[**⑥④**　　　　　　]がある。

雨が降る範囲は，**温暖前線**の[**⑥⑤**　　　　　　]の広い範囲（乱層雲が見られる200～300 km）と，**寒冷前線**の[**⑥⑥**　　　　　　]のせまい範囲（積乱雲が見られる50～60 km）である。

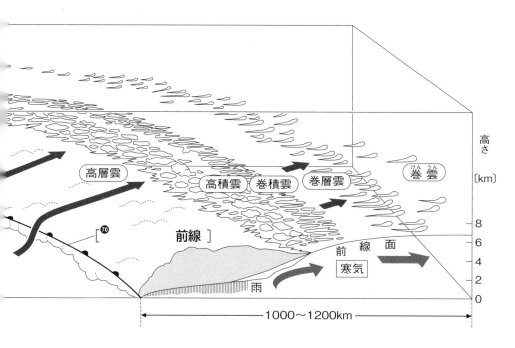

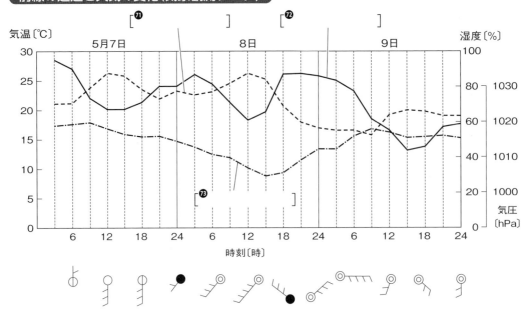

・上のグラフで，5月8日の12時から18時の間で**気温が急激に**[❼④   ]，**湿度は上がって，風向が南より**から急に[❼⑤   より]に変化して，18時ごろには**一時的に雨が降っている**。

　→このことから，このとき[❼⑥   前線]が通過したと考えられる。

・[❼⑦   ]は5月8日の15時まで下がり続け，そのあと上がっている。

　→このとき**低気圧の中心に最も近いところが通過した**と考えられる。

　これは，寒冷前線が通過したときとも，ほぼ一致する。

　日本付近を温帯低気圧が通過するとき，およそ東または東北東へ向かって移動するので，寒冷前線が通過するころに気圧も最低となることが多い。

22 ▶ 日本の天気

➡解説編 p.140〜145

1 日本付近の大気の動き

(1) 【❶ 　　　　　　　】：日本などの中緯度付近の上空でふく**西風**。

下の図のように，全体として南北に蛇行しながら，西から東へ大気の流れが移動する。

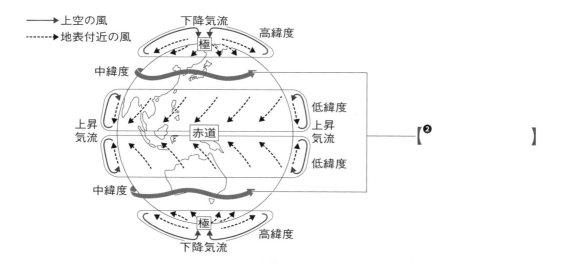

(2) 【❸ 　　　　　　　】：**季節によって生じる**特徴的な風。

→冬は[❹ 　　　　　　　]**の季節風**がふき，夏は[❺ 　　　　　　　]**の季節風**がふく。

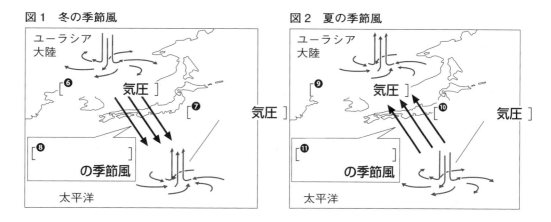

図1　冬の季節風

図2　夏の季節風

(3) 【❶⓭   】：季節風と同じようなしくみで，海に面した地域でふく風。

・海に面した地域で，晴れた日の**昼**に**海から陸**に向かってふく風 ➡[❶⓭   ]。

・海に面した地域で，晴れた日の**夜**に**陸から海**に向かってふく風 ➡[❶⓮   ]。

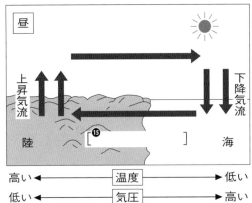

図3 / 図4

・朝方と夕方に風が一時的に止まる現象 ➡[❶⓱   ]。

　→特に，朝方に起こるなぎを**朝なぎ**，夕方に起こるなぎを**夕なぎ**という。

2 四季の天気

▶ 日本の四季の天気の変化には，日本のまわりにできる3つの気団が影響している。

　気団の性質については，次の2つのことを頭に入れておくと，3つの気団の性質がわかりやすくなる。

① 日本より[❶⓲　　　　側]には**冷たい気団**ができ，日本の[❶⓳　　　　側]には**あたたか**

　い気団ができる。

② [❷⓪　　　　　　　]上には**乾燥した気団**ができ，[❷①　　　　　　　]上には**湿った気団**が

　できる。

▶ 下の表と次のページの図は，3つの気団の特徴をまとめたものである。

気団名	発達する時期	温度・湿度	その他の関連事項
❷② 　　　　気団	おもに冬	冷たい 乾燥している	冬の北西の季節風は，この気団の空気が流れ出したものである。
❷③ 　　　　気団	おもに夏	あたたかい 湿っている	夏の南東の季節風は，この気団の空気が流れ出したものである。
❷④ 　　　　気団	つゆの時期 秋雨の時期	冷たい 湿っている	梅雨前線や秋雨前線は，この気団と小笠原気団がぶつかった所にできる。

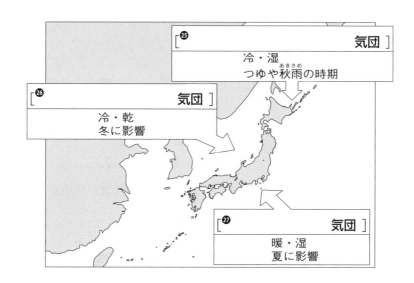

[㉕ 　　　　　　　気団]
冷・湿
つゆや秋雨（あきさめ）の時期

[㉖ 　　　　　　気団]
冷・乾
冬に影響

[㉗ 　　　　　　気団]
暖・湿
夏に影響

(1) **冬の天気**：大陸上で【㉘ 　　　　　　高気圧】が発達し，この高気圧の中心付近には，**冷たくて乾燥した**【㉙ 　　　　　　気団】ができる。

→日本の[㉚ 　　　側]で高気圧が発達し，[㉛ 　　　側]に低気圧ができるので，このような気圧配置を[㉜ 　　　　　　　]**の気圧配置**という。

・天気図を見ると，**図1**のように間隔の[㉝ 　　　　　　　]等圧線が[㉞ 　　　　　　]方向に走っている。

→日本では冷たくて強い[㉟ 　　　　　　]の季節風がふく。

→[㊱ 　　　側]では雪や雨が多く，[㊲ 　　　側]では**乾燥した晴れ**の日が続く。

図1　冬の天気図

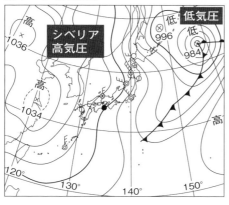

図2　冬の衛星画像

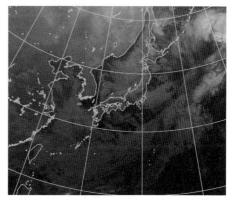

(2) **夏の天気**：太平洋上で[**㊳**　　　　　　高気圧]が発達し，日本列島は，**あたたかくて湿った**【**㊴**　　　　　気団】におおわれる。

　　→日本の[**㊵**　　　　側]で高気圧が発達し，[**㊶**　　　　側]に低気圧ができるので，このような気圧配置を[**㊷**　　　　　　　　]の気圧配置という。

・天気図を見ると，図3のように太平洋高気圧に日本がおおわれるため，日本ではあたたかくて湿ったゆるやかな[**㊸**　　　　　　]の季節風がふく。

　　→そのため，**全国的に蒸し暑い日が続く**が，ときどき積乱雲が発達して**夕立**や[**㊹**　　　　　　]が発生する。

図3　夏の天気図

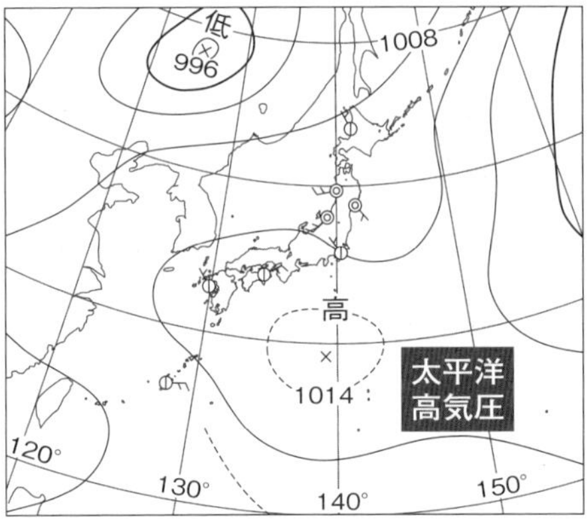

図4　夏の衛星画像

(3) **春と秋の天気**：**移動する高気圧**がよく見られ，これを[**㊺**　　　　　　　　　　]という。

　　→春や秋は，**高気圧と低気圧**が，およそ**1週間周期**で日本付近を[**㊻**　　　から　　　]**へ移動する**ため，日本では**周期的に天気**が[**㊼**　　　　　　　　　]なる。

(4) 夏の前のぐずついた天気が続く時期を[**㊽**　　　　　](**梅雨**)，夏の後のぐずついた天気が続く時期を[**㊾**　　　　　　]という。

　　→[**㊿**　　　　　気団]と[**51**　　　　　　気団]の勢力がほぼつり合い，その間に[**52**　　　　前線]ができる。
　　この停滞前線のうち，夏の前にできる停滞前線を[**53**　　　　　　前線]，夏の後にできる停滞前線を[**54**　　　　前線]という。

図5 春や秋の天気図

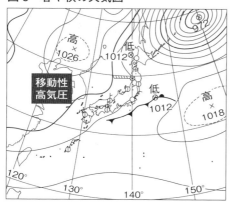

図6 つゆ（梅雨）や秋雨の天気図

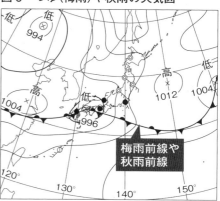

(5) 【 ❺　　　　　　　　 】：**熱帯低気圧**が発生して，最大風速が 17.2 m/s 以上になったもの。

　→前線はともなわず，中心のまわりでは激しい〔 ❻　　　　　気流 〕が生じるため**積乱**

　　雲が発達するが，中心では〔 ❼　　　　　気流 〕が生じ，雲がほとんど分布しない

　　〔 ❽　台風の　　　　〕という部分がある。

図7 台風の構造

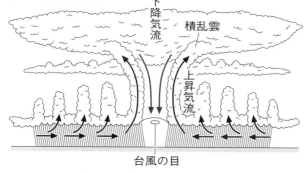

図8 台風の一般的な進路

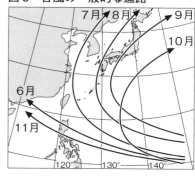

図9 台風の天気図

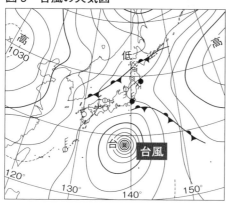

図10 台風の衛星画像

23 ▶ 太陽の日周運動 　　→解説編 p.146〜149

1 地球の自転

(1) 【❶　　　　　　　】：天体の動きを説明するための**見かけ上の球形の天井**。

　　→天球の中心は，**観測者**の位置である。

(2) 地球は**地軸**を中心に，**1日1回，西から東へ（北極側から見て反時計回り）**

　　【❷　　　　　　　】している。

・図1のように，地球の**北極と南極を結ぶ軸**を【❸　　　　　　　】という。

・地軸は，公転面に対して垂直な方向から，約［❹　　　　　°］傾いていて，この地軸を

　北と南に延長して天球と交わるところを，それぞれ［❺　　　　　　　］と

　［❻　　　　　　　］といい，地球の赤道面を延長して天球と交わってできる円を

　［❼　　　　　　　］という。

・図2のように，北極点の真上（天の北極）から地球を見ると，地球のどの地点にいても**中心に向かう方向が**［❽　　　　　］となる。

　これを基準として，各地点で方位が定められている。

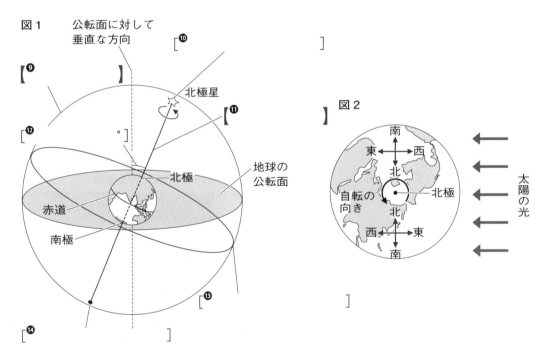

図1　公転面に対して垂直な方向

北極星

地球の公転面

赤道

北極

南極

図2

太陽の光

2 太陽の日周運動

太陽の1日の動きの観測

　下の図のような装置を，方位を合わせて水平な台に固定し，**フェルトペンの先の影が中心にくるような位置**を探して印(•)をつけ，観測時刻を記録した。

朝から夕方まで，1時間ごとに同様の操作を行い，記録した印(•)をなめらかな線で結び，その線を透明半球のふちまで延長した。

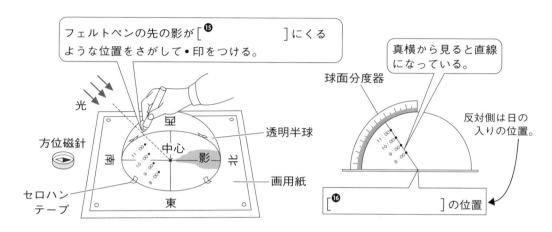

フェルトペンの先の影が[❺ 　　　　　　　]にくるような位置をさがして•印をつける。

光

方位磁針

セロハンテープ

空
中心
影
北
南
東

透明半球
画用紙

真横から見ると直線になっている。

球面分度器

反対側は日の入りの位置。

[❻ 　　　　　　　]の位置

観測した印は，東→南→西へと移動し，**各印間の長さは一定**になっていた。

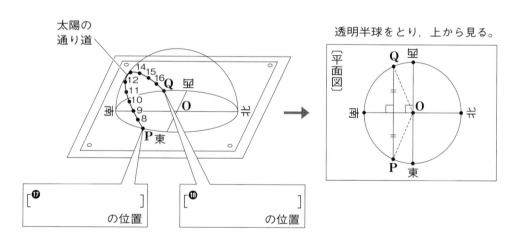

太陽の通り道

透明半球をとり，上から見る。

(平面図)

Q 空
O
P 東
南
北

[❼ 　　　　　　　]の位置　　　　[❽ 　　　　　　　]の位置

▶ 印を結んだなめらかな線が，[❾ 　　　　　　　]を表していて，この線がふちと交わる点で，東側は[⓴ 　　　　　　　]の位置，西側は[㉑ 　　　　　　　]の位置である。

　印の間隔が等しいことから，太陽の動く速さが[㉒ 　　　　　　　]であることがわかる。また，太陽の高さは，**真南を通るとき**に最も[㉓ 　　　　　　　]なる。

(1) 太陽の【❷⁴   】：地球の自転による太陽の 1 日の見かけの動き。

・太陽は，[❷⁵   ]の地平線からのぼり，南の空を通って，[❷⁶   ]の地平線に
沈_{しず}む。

このとき，太陽の動く速さは一定で，実際は**図 1**のように**天球上を 1 日に**
[❷⁷   ]**(360°)**している。

これは，**地球が西から東へ自転**していることによる見かけの動きである。

・太陽などの天体の高度が真南の空で最も高くなることを【❷⁸   】といい，そのと
きの時刻を[❷⁹   ]，高度を【❸⁰   】という。

図 1　天球上の太陽の動き（春分・秋分）　　**図 2　地球の自転による太陽の見かけの動き**

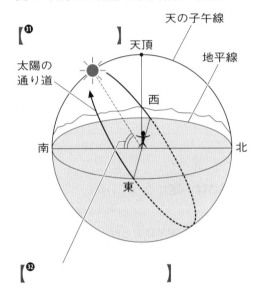

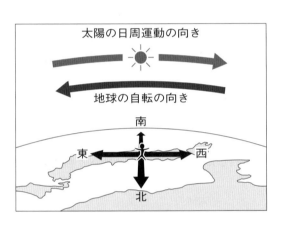

(2)・地球上では，子午線にそって北極の方位が[❸³   ]，南極の方位が[❸⁴   ]と
なる。

それに垂直な方向で，太陽がのぼってくる方位が[❸⁵   ]，太陽が沈んでいく方位
が[❸⁶   ]となる。

・次のページの図のように，北極の真上(天の北極)から地球を見ると，**地球の自転の向き
は**[❸⁷   ]となる。

・これから太陽の光が当たり始めるところ➡[❸⁸   ]の地域。

・これから太陽の光が当たらなくなるところ➡[❸⁹   ]の地域。

・太陽の側にあるところ➡太陽が**南中**している[❹⁰   ]の地域。

・太陽と反対側にあるところ➡[❹¹   ]の地域。

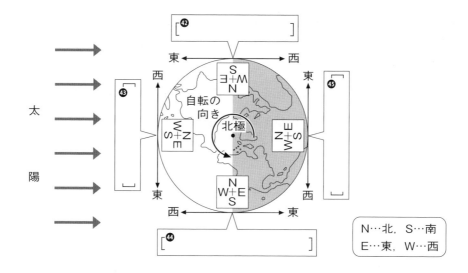

| N…北，S…南 |
| E…東，W…西 |

参考 太陽の1日の動きは，各地点によってちがうが，それには規則性がある。

太陽の日周運動の**回転の軸は天の北極と天の南極を結んだ線**となるが，地点によって天の北極や天の南極の位置がちがうので，太陽の日周運動のようすも変化する。

天の北極や天の南極の高度は，緯度に等しくなる。

各地の太陽の日周運動 （春分・秋分）

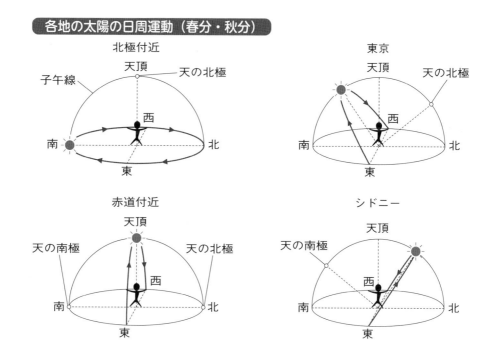

24 ▶ 星の日周運動

➡解説編 p.150～154

1 天体の位置と天球

・【❶　　　　　　　】：太陽や星座をつくる星のように，自ら光を出して輝いている天体。

・地球から星までの距離は，**光が１年間に進む距離**を単位とした［❷　　　　　　　］で表す。

図1　オリオン座と天球　　　　　　図2　天球

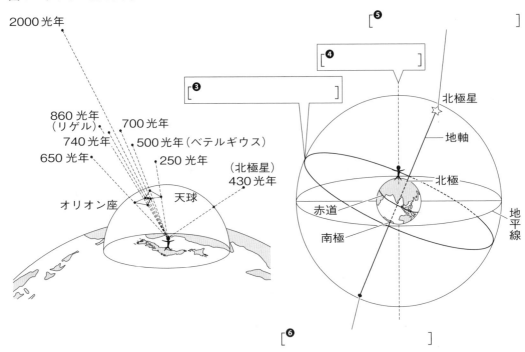

2000光年

860光年
（リゲル）　700光年
740光年　500光年（ベテルギウス）
650光年・　250光年
（北極星）
430光年
オリオン座　　天球

［❺　　　　　　］
［❹　　　　　　］
［❸　　　　　　　　　　　］

北極星
地軸
北極
赤道
南極
地平線

［❻　　　　　　　　　］

〔天球の各部の名称〕

① ［❼　　　　　　　　　　　］…観測者の位置。

② ［❽　　　　　　　　　　　］…地軸を延長した線が北側で天球と交わる点。

　［❾　　　　　　　　　　　］…地軸を延長した線が南側で天球と交わる点。

③ ［❿　　　　　　　　　　　］…地球の赤道面を延長したものが天球と交わっている線。

④ ［⓫　　　　　　　　］…観測者の真上の天球上の点。

⑤ ［⓬　　　　　　　　　　］…観測地点の地平面を延長したものと天球が交わった線。

2 星の日周運動

(1)・北の空の星は，［⓭　　　　　　　　　］を中心にして，［⓮　　　　　　　　　　］に回転する。

・東の空の星は，［⓯　　　　　　　　　　　　］向きに動いていく。

・南の空の星は，大きな弧をえがくように，［⓰　　　から　　　　］へ動いていく。

・西の空の星は，［⓱　　　　　　　　　　　］向きに動いていく。

注意 すべての星は，たがいの位置を変えずに，東から西へ弧をえがきながら動いている。

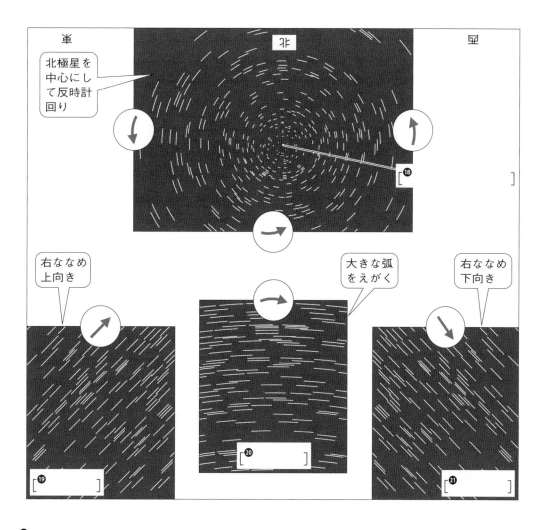

(2) 【^㉒   】：星や太陽などの天体の 1 日の動き。

→星や太陽などの**日周運動**は，地球が【^㉓   】していることによって起こる見かけの動きである。

→地球は [^㉔   から   ]へ向かって **1 日に 1 回自転している**ので，星や太陽などの天体は [^㉕   から   ]へ向かって **1 日に 1 回転**して見える。

1 時間では [^㉖   °]**回転**して見える。

・北の北極星のまわりの星は，[^㉗   ]を中心にして
[^㉘   ]に **1 日に 1 回転**している。

(3) 空全体の星の動きを考えると，[^㉙   ]を延長した軸を中心として，天球が
[^㉚   から   ]へ回転しているように見える。

北極星の高度は緯度に等しいので，天球上の地軸の傾きもそれに合わせて変わるため，世界各地の星の動きもそれに合わせて変わる。

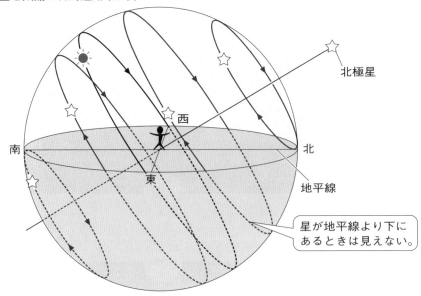

星と太陽の日周運動（日本）

北極星

西

南

北

東

地平線

星が地平線より下に
あるときは見えない。

---

25 ▶ 太陽と星の年周運動

➡解説編 p.155〜160

1 地球の公転

(1)　【❶　　　　　　　　　　】：地球などの天体が，他の天体のまわりを回ること。

　　→図1のように，地球は，[❷　　　　　　　　]に1回太陽のまわりを北極側から見て

　　　[❸　　　　　　　　　　]（自転の向きと同じ）に公転している。

　　→図2のように，地球の公転の道すじがつくる面を公転面といい，自転の軸である**地軸**

　　は**公転面に対して66.6°（公転面に垂直な向きに対して23.4°）の傾きをつねに保ったま**

　　ま自転や公転をしている。

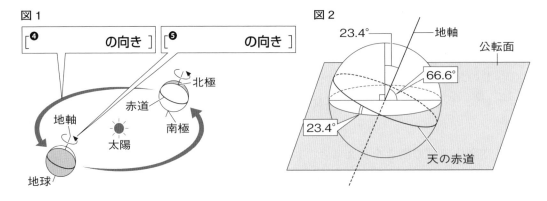

図1

[❹　　　　の向き]　[❺　　　　の向き]

北極
赤道
南極
地軸
太陽
地球

図2

23.4°
地軸
公転面
66.6°
23.4°
天の赤道

2 太陽の年周運動

(1) 太陽と星座の位置を観察すると，太陽は星座の中を[❻　　　から　　　]へ毎日少しずつ移動していき，1年後にはもとの星座の位置にもどってくる。

(2) 太陽が星座の中を**西から東へ移動し**，[❼　　　　　　　]**かけて1周する**ことを，**太陽の**【❽　　　　　　　　】という。

・太陽が年周運動によって天球上を移動していく道すじのことを【❾　　　　　　】という。

・黄道にそって並んでいる12の星座を，[❿　　　　　　　　　]という。

　図2のように，太陽は，これらの黄道12星座の中を順に移動しているように見える。

図1　地球の公転と太陽の年周運動

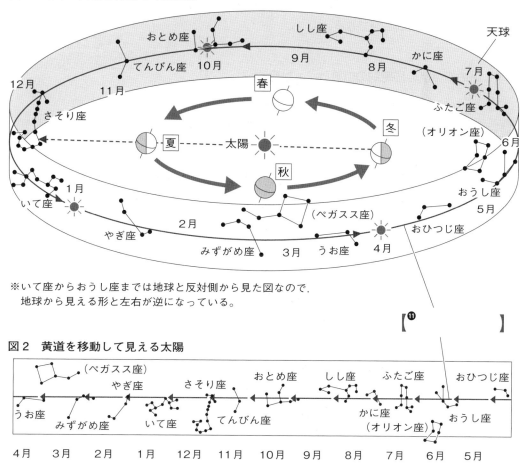

※いて座からおうし座までは地球と反対側から見た図なので，
　地球から見える形と左右が逆になっている。

【⓫　　　　　　　　　　　】

図2　黄道を移動して見える太陽

4月　3月　2月　1月　12月　11月　10月　9月　8月　7月　6月　5月

3 星の年周運動

(1) 星の**同時刻の位置**は，1か月に約30°［⓬　　　　　］から　　　　　］へ移動し
［⓭　　　　　　　　］で1周する。このことを，星の［⓮　　　　　　　　　　　　　］という。
→地球の公転の向きと自転の向きが同じなので，**星の年周運動の向きと日周運動の向き
は同じになる。**

(2) 北の空の星の**同時刻の位置**は，［⓯　　　　　　　　　　］
を中心にして，**1か月で約**［⓰　　　°］ずつ
［⓱　　　　　　　　　　　］（日周運動と同じ向き）
に回転する。
→北の空の星(北斗七星など)は，ほとんどのものを
1年中見ることができる。

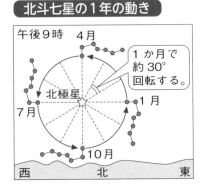

北斗七星の1年の動き

午後9時　4月

1か月で
約30°
回転する。

北極星

7月　　　　　1月

10月

西　　　北　　　東

(3) 南の空の星の**同時刻の位置**は，**1か月で約**
［⓲　　　°］ずつ，弧をえがくように
［⓳　　　から　　　］へ（日周運動と同じ向き）移動する。

(4) **星の年周運動は，**［⓴　　　　　　　　］**が公転することによって起こる。**
下の図のように，1か月で約30°公転することによって，同じ星座の同時刻の位置は
［㉑　　　から　　　］へ約30°移動する。

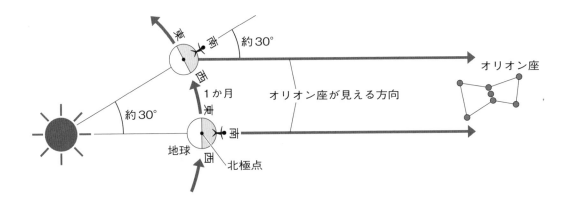

約30°

オリオン座

1か月

オリオン座が見える方向

約30°

地球

北極点

・下の図は，地球の公転と，各季節に見られる星座の向きを表したモデル図である。
　この図から，季節と時刻と方位によって，見える星座を読みとることができる。

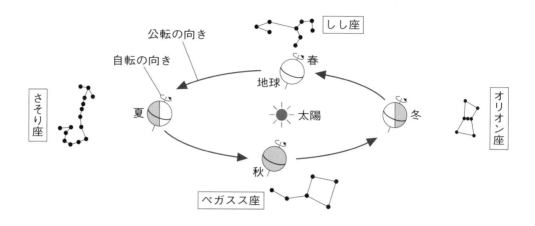

各季節・各時刻・各方位に見える星座　( )の星座は太陽と同じ向きにあるため，明るくて見えません。

		東の空	南の空	西の空
春	夕　方	㉒	㉓	（ペガスス座）
	真夜中	㉔	㉕	㉖
	明け方	（ペガスス座）	㉗	㉘
夏	夕　方	㉙	㉚	（オリオン座）
	真夜中	㉛	㉜	㉝
	明け方	（オリオン座）	㉞	㉟
秋	夕　方	㊱	㊲	（しし座）
	真夜中	㊳	㊴	㊵
	明け方	（しし座）	㊶	㊷
冬	夕　方	㊸	㊹	（さそり座）
	真夜中	㊺	㊻	㊼
	明け方	（さそり座）	㊽	㊾

26 ▶ 太陽の動きの１年の変化と季節の変化 ➡解説編 p.161〜166

1 太陽の１日の動きの１年の変化

(1) 太陽の**南中高度**は[❶　　　　　　]の日に最も高く，[❷　　　　　　　]の日に最も低くなる。

(2)・**夏至の日**には，日の出と日の入りの位置は最も[❸　　　　　より]となる。

　　→太陽の１日の通り道が最も[❹　　　　　より]となるため。

　　また，**太陽の南中高度は最も高くなり，昼の長さは最も長くなる。**

　・**冬至の日**には，日の出と日の入りの位置は最も[❺　　　　　より]となる。

　　→太陽の１日の通り道が最も[❻　　　　　より]となるため。

　　また，**太陽の南中高度は最も低くなり，昼の長さは最も短くなる。**

　・**春分・秋分の日**には，太陽は[❼　　　　　　]から出て，[❽　　　　　　　]に沈む。

　　→夏至と冬至の太陽の１日の通り道のちょうど[❾　　　　　　　]を太陽が通るため。

　　昼の長さはおよそ**12時間**くらいである。

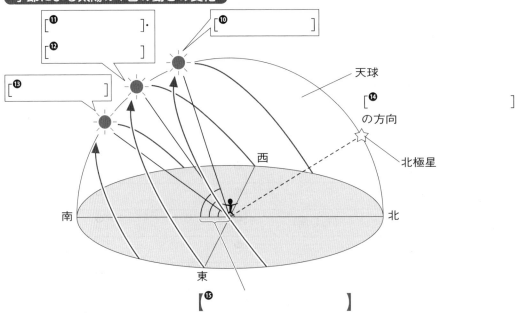

季節による太陽の１日の動きの変化

[⓫　　　　].・
[⓬　　　　]
[⓪　　　　　　　]
[⓭　　　　　]
天球
[⓮　　　　　　　　　]の方向
北極星
西
南　　　　　　　北
東
【⓯　　　　　　　　　　】

2 地球の公転と季節の変化

(1) 太陽の１日の動きが毎日少しずつ変化するのは，地球が【⓰　　　　　　　】を公転面に垂直な向きに対して23.4°（公転面に対して66.6°）傾けたまま【⓱　　　　　　】しているためである。

・地球が公転しているだけでは同じ地点での太陽の動きは1年中変化しない。

地球が**地軸を傾けたまま**【❽　　　　　　　　】しているため，太陽の動き方は1年間で変化する。

図1

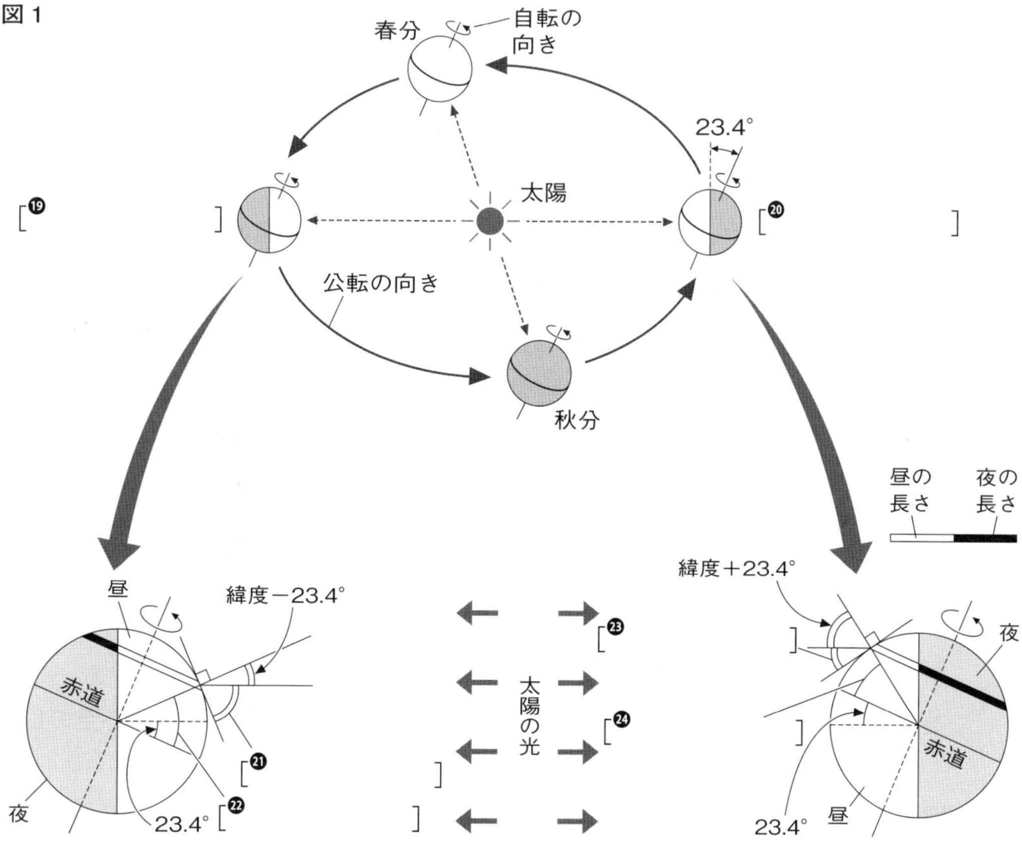

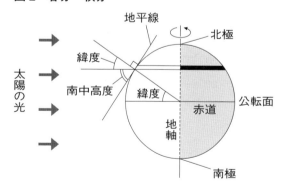

自転の向き
春分
太陽
23.4°
【⑲　　　　】
【⑳　　　　　】
公転の向き
秋分

昼の長さ　夜の長さ

昼
緯度−23.4°
赤道
【㉑】
【㉒】
夜
23.4°

←→【㉓】
←→太陽の光【㉔】
←→
←→

緯度＋23.4°
夜
赤道
昼
23.4°

・夏は日本のある北半球が太陽のほうへ傾くため，太陽の南中高度が【㉕　　　　　　】なり，昼の長さが【㉖　　　　　　】なる。

・冬は北半球が太陽と反対側に傾くため，太陽の南中高度が【㉗　　　　　　】なり，昼の長さが【㉘　　　　　　】なる。

・春分・秋分の日は，地軸が太陽に対して傾いていないので，昼の長さと夜の長さが【㉙　　　　　　】なる。

図2　春分・秋分

地平線
北極
緯度
太陽の光
南中高度
緯度
赤道
公転面
地軸
南極

(2) 上の**図1**，**図2**より，春分・秋分・夏至・冬至の**太陽の南中高度**を次の式で求めることができる。

春分・秋分＝90°−その土地の【㉚　　　　　　】

夏至＝90°−（その土地の緯度−23.4°）＝90°−その土地の緯度【㉛　　　　】23.4°

冬至＝90°−（その土地の緯度＋23.4°）＝90°−その土地の緯度【㉜　　　　】23.4°

(3) 季節の変化は，[㉝　　　　　　　　]の**南中高度**や[㉞　　　　　　　　]が変化すること

によって起こる。

→太陽の動きが季節によって変化するのは，**地球が**[㉟　　　　　　　]**を傾けたまま**

[㊱　　　　　　　]**している**ため。

・太陽の光の当たる角度が[㊲　　　　　　　]に近いほど，単位面積当たりの面が受けとる

熱量が大きくなり，あたたまりやすくなる。

・図1のように，月平均気温の1年間の変化は，太陽の南中高度の変化を1～2か月遅らせ

たような変化となる。

→太陽の南中高度が最高になるのは[㊳　　　月]であるが，月平均気温が最高になるの

は2か月後の8月となる。

→太陽の南中高度が最低になるのは[㊴　　　月]であるが，月平均気温が最低になるの

は1～2か月後の1月か2月となる。

・図2のように，日の出の時刻と日の入りの時刻の変化をグラフにすると，昼の長さの変

化がわかりやすくなる。

昼の長さとは，日の出の時刻から日の入りの時刻までの長さのことである。

昼の長さが最も長くなるのは夏至（げし）の日で，昼の長さが最も短くなるのは冬至（とうじ）の日である。

図1　太陽の南中高度と月平均気温の変化

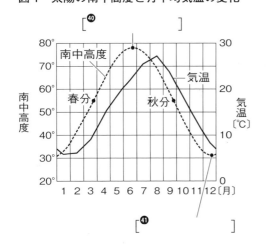

図2　季節による昼夜の長さの変化

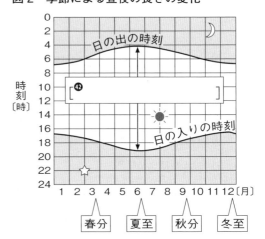

27 ▶ 太陽系の天体

➡解説編 p.167～173

1 太陽系

(1) 【❶　　　　　　　】：太陽を中心とした**惑星(わくせい)**などの天体の集まり。

→太陽と惑星以外にも，**小惑星(しょうわくせい)，太陽系外縁天体(がいえん)，すい星，衛星(えいせい)**などもふくんでいる。

(2) 【❷　　　　　　　】：恒星のまわりを公転していてある程度の大きさと質量をもつ天体。

→太陽系では［❸　　　　つ］ある。

→太陽から近い順に，［❹　　　　　・　　　・　　　・　　　・　　　
　　　　　・　　　・　　　　　］。

太陽系の構造図

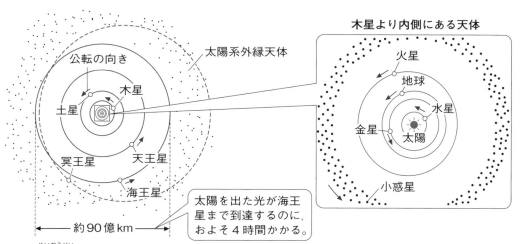

公転の向き
太陽系外縁天体
木星
土星
冥王星
天王星
海王星
約90億km

太陽を出た光が海王星まで到達するのに，およそ4時間かかる。

木星より内側にある天体
火星
地球
水星
金星
太陽
小惑星

参考 **冥王星(めいおうせい)**は，かつて惑星とされていたが，月よりも小さいことなどを理由に2006年に国際天文学連合(IAU)の総会で惑星からはずされ，**太陽系外縁天体**とされた。

(3) 【❺　　　　　　　】：惑星のまわりを公転している天体。

→衛星も惑星と同じように太陽の光を［❻　　　　　　　］して光っている。

・地球の衛星は［❼　　　　　］の1つだけだが，惑星によっては数十個の衛星をもつものもある。

・表面に大気や水がないため，いん石が衝突したときにできたくぼみである
　［❽　　　　　　　　　］などの地形が変化せずに残っている。

(4) 【❾　　　　　　　】：おもに，**火星と木星の間**で太陽のまわりを公転する小天体。

→小惑星［❿　　　　　　　］は日本の探査機**はやぶさ**によって，また，小惑星**リュウグウ**は，日本の探査機［⓫　　　　　　　　　］によって，さまざまな調査がされた。

(5) かつて, 惑星(わくせい)とされていた [⑫　　　　　　　　] など, 海王星の近くやその外側を公転している天体を, [⑬　　　　　　　　] という.

→おもに, [⑭　　　　　] と岩石からできていて, 現在 1800 個以上発見されている. そのなかで, **冥王星・ハウメア・マケマケ・**[⑮　　　　　　　] の 4 つは比較的大きく, **冥王星型天体**とよばれている.

(6) 氷のかたまりや小さいちりが集まってできた小さな天体を [⑯　　　　　　　] という.

→だ円軌道で太陽のまわりを公転しているものが多く, 太陽に近づくと, 蒸発したガスやちりを放出し, **尾を引いて見える**ものもある.

→すい星には, 1997 年に地球に最接近した [⑰　　　　　　　　**すい星**] などがある.

・おもに, すい星から放出されたちりが地球に飛びこんできて, 大気とぶつかって高温になり, ガスとなって光るものを [⑱　　　　　] という (「流れ星」ともよばれる).

→このなかで, 大きくて燃えつきずに地上に落ちてきたものを [⑲　　　　　] という.

・また, すい星から小さなかけらが大量に飛ばされて, それが地球の大気圏に飛びこんできて, たくさんの流星が見られることがあるが, これを [⑳　　　　　] という.

→流星群には, **しし座流星群**や**ふたご座流星群**などがある.

② 太陽系の惑星

[㉑　　　　　　**型惑星**] : おもに岩石でできていて, 大きさは小さいが密度が大きい.

[㉒　　　　　　**型惑星**] : 厚いガスにおおわれていて, 大きさは大きいが密度が小さい.

(1) **地球型惑星**

・[㉓　　　　　　] : 太陽系の惑星のなかで, 大きさが**最も**[㉔　　　　　　] 惑星である.

・[㉕　　　] : [㉖　　　　　　] に西の空に見え (よいの明星(みょうじょう)),
[㉗　　　　　] に東の空に見える (明けの明星).
[㉘　　　　　] に見ることはできない.
望遠鏡で観察すると, 大きく [㉙　　　　　　] することがわかる.

・[㉚　　　　　] : **大気・水・適当な温度**などの条件から, 太陽系の惑星のなかで
[㉛　　　　　　] **が可能である唯一(ゆいいつ)の惑星**である.

・[㉜　　　　　] : 地表は酸化鉄をふくむ [㉝　　　　**色**] の土でおおわれている.

(2) **木星型惑星(わくせい)**

・【㉞　　　　】：太陽系の惑星のなかで，大きさが**最も**[㉟　　　　]惑星であり，アンモニアの雲がしま模様をつくり，**大赤斑(だいせきはん)**とよばれる巨大な大気のうずが見られる。

・【㊱　　　　】：氷や岩石の粒でできた大きな[㊲　　　　]をもち，これは，望遠鏡で観測できる。
また，60 個をこえる[㊳　　　　]をもち，なかでも**タイタン**は水星より大きい衛星(えいせい)である。

・【㊴　　　　】：**地軸が公転面に対してほとんど横倒し**の状態で自転している。

・【㊵　　　　】：太陽系の惑星のなかで**最も**[㊶　　　　]を公転していて，大気中のメタンの影響で青色に見える。

3 金星の見え方

(1) [㊷　　　　]：地球より内側を公転する惑星。真夜中に観察できない。
[㊸　　　　]：地球より外側を公転する惑星。真夜中に観察できるときがある。

(2) 明け方に東の空に見える金星 ➡ [㊹　　　　]
夕方に西の空に見える金星 ➡ [㊺　　　　]

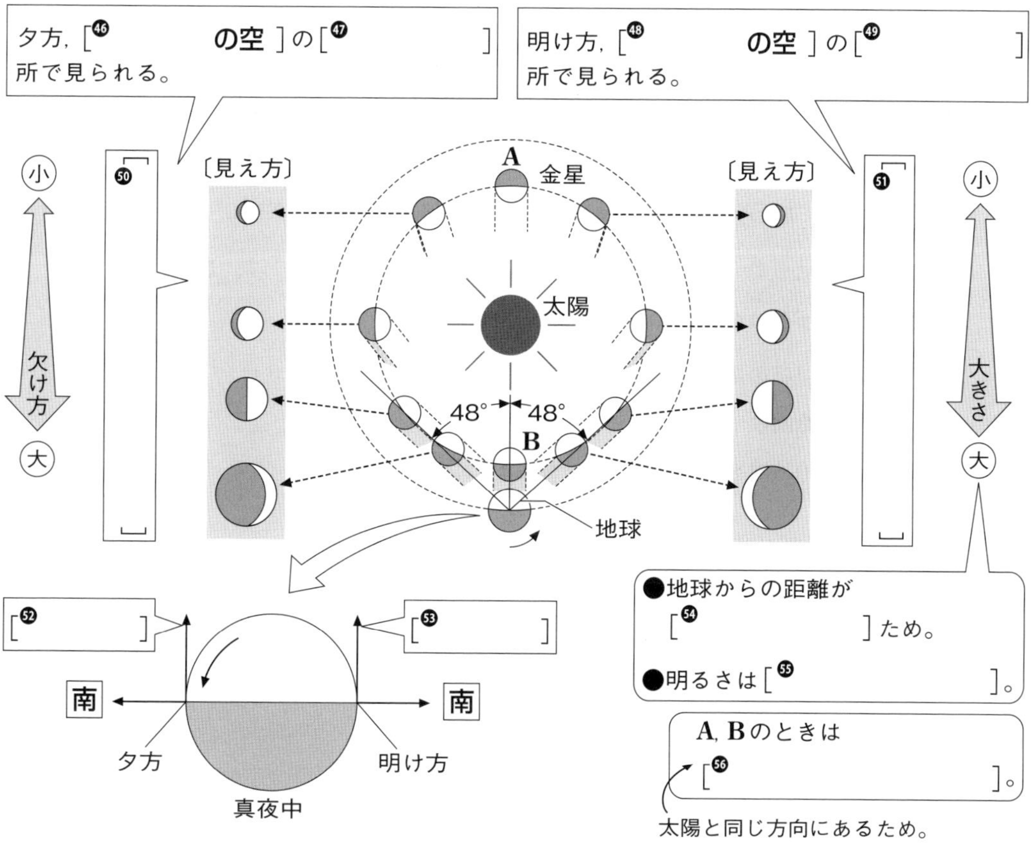

夕方，[㊻　　　　**の空**]の[㊼　　　　]所で見られる。
明け方，[㊽　　　　**の空**]の[㊾　　　　]所で見られる。
小
欠け方
大
㊿
〔見え方〕
A
金星
太陽
48°
48°
B
地球
〔見え方〕
(51)
小
大きさ
大
●地球からの距離が[(54)　　　　]ため。
●明るさは[(55)　　　　]。
A, Bのときは[(56)　　　　]。
太陽と同じ方向にあるため。
[(52)　　　　]
[(53)　　　　]
南
南
夕方
明け方
真夜中

・「太陽・地球・金星」の位置関係が少しずつ変化しているため，金星は月と同じように大きく[❺⁷　　　　　　　]して見える。

また，地球と金星の距離も大きく変わるので，**金星の見かけの大きさも大きく変わる。**

→金星が地球に近づいたとき…欠け方：[❺⁸　　　　　　]なる。

　　　　　　　　　　　見かけの大きさ：[❺⁹　　　　　　]なる。

　　　　　　　　　　　明るさ：[❻⁰　　　　　　]見える。

→金星が地球から遠ざかったとき…欠け方：[❻¹　　　　　　]なる。

　　　　　　　　　　　見かけの大きさ：[❻²　　　　　　]なる。

　　　　　　　　　　　明るさ：[❻³　　　　　　]見える。

28 ▶ 月の動きと満ち欠け
➡解説編 p.174〜179

1 月の満ち欠け

(1) 月は，**地球のまわりを公転する**唯一の【❶　　　　　　　】である。

→月の直径は地球の直径の**約**[❷　　　　　　　　]で，太陽の直径の

約[❸　　　　　　　　]である。

また，地球から月までの距離は，地球から太陽までの距離の**約**[❹　　　　　　　]である。

(2) **月の満ち欠けの周期(新月から新月まで)は約**[❺　　　　　日]である。

→地球を基準にして月を見ると，**同じ時刻に見られる月の位置は，1日につき約12°ずつ**[❻　　　から　　　]へ移動していく(360° ÷ 29.5 = 約12°)。

・**同じ地点に見られる時刻(月の出の時刻や月の入りの時刻)は，1日に約**[❼　　　分]**ずつ遅くなっていく。**

参考 月は，自転の周期と公転の周期が等しい(どちらも約27.3日)ので，地球に対してつねに同じ面を向けている。

そのため，地球から月の裏側を見ることはできない。

月の満ち欠けの順序

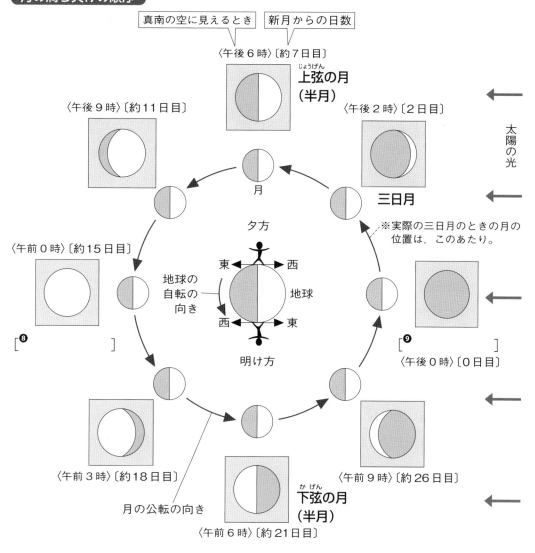

真南の空に見えるとき　新月からの日数

〈午後6時〉〔約7日目〕

上弦の月（じょうげん）
（半月）

〈午後9時〉〔約11日目〕

〈午後2時〉〔2日目〕

三日月

太陽の光

月

夕方

東　西

地球の自転の向き

地球

西　東

明け方

※実際の三日月のときの月の位置は，このあたり。

〈午前0時〉〔約15日目〕

[8　]

〈午後0時〉〔0日目〕

[9　]

〈午前3時〉〔約18日目〕

月の公転の向き

下弦の月（かげん）
（半月）

〈午前6時〉〔約21日目〕

〈午前9時〉〔約26日目〕

〔注意〕三日月とは，新月から3日後の月ではなく，新月から2日後の月のことである。

〔おまけ〕与謝蕪村（よさぶそん）の俳句（はいく）で**「菜の花や　月は東に　日は西に」**という句があるが，月と太陽が観察者をはさんで反対側にあることから，そのときの月がほぼ**満月**であったと推測される。

❷ 日食

(1)　【❿　　　　　　　　　】：[⓫　　　　　・　　　・　　　　　]の順に一直線上に並び，太

　陽全体，または一部が月にかくされる現象。

　　→このとき，月は必ず[⓬　　　　　　　]であるが，新月のときに必ずこの現象が起こる

　　わけではない。

　　それは，月の公転面が地球の公転面に対して少し傾いているためである。

(2)・[⓭　　　　　　　　　　　]：太陽全体が月にかくされる日食。

　・[⓮　　　　　　　　　　　]：太陽と月が完全に重なっているのに，月の外側に太陽がはみ

　出して**細い光の輪**が見える日食。

　・[⓯　　　　　　　　　　　]：太陽の一部がかくされる日食。

　　→**皆既日食**では，**地球から見た太陽と月が，ほぼ同じ大きさに見える**ため，このとき太

　　陽と月がほぼ完全に重なって，太陽のまわり（月の影のまわり）から，ふだんは見られ

　　ない[⓰　　　　　　　]や[⓱　　　　　　　　　　]（紅炎）が見られる。

　　→**金環日食**は，月が地球から少し遠ざかっていて，太陽と完全に重なるときに起こる。

　　月の大きさが太陽より少し小さく見えるため，太陽をすべてかくすことができず，ま

　　わりに細い光の[⓲　　　　　]ができる。

　　→皆既日食や金環日食が起こっている地域のまわりでは，**部分日食**が起こっている。

日食のしくみ

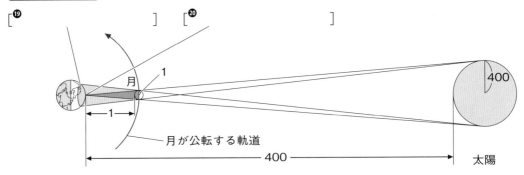

[⓳　　　　　　　　　　]　[⓴　　　　　　　　　　　　]

・月の日周運動より太陽の日周運動のほうが[㉑　　　　　　　　　]ので，太陽が月の後ろを東

　から西へ通過する。

　そのため，**太陽は**[㉒　　　　　]（右）側から欠け始める。

❸ 月食

(1) 【㉓　　　　　　　】：[㉔　　　　　　　・　　　　　　・　　　　　　]の順に一直線上に並び，月
が地球の影に入って欠ける現象。

→このとき，月は必ず[㉕　　　　　　　]であるが，満月のときに必ずこの現象が起こる
わけではない。

それは，月の公転面が地球の公転面に対して少し傾いているためである。

→また，日食は限られた範囲でしか見られなかったが，この現象は地球の半分以上の地
域で観測することができる。

(2)・[㉖　　　　　　　　]：月全体が地球の影に入る月食。

　・[㉗　　　　　　　　]：月の一部が地球の影を通過し，月の一部が欠ける月食。

→**皆既月食**のとき，月に直接太陽の光は当たらないので明るく光る部分はないが，地球
のふちを通ったわずかな太陽の光が当たっているので，月全体が暗い

[㉘　　　　色　]に見えるのである。

注意 月全体が見えなくなるのではない。

・月食は，長いときは3～4時間続くこともある。

月食のしくみ

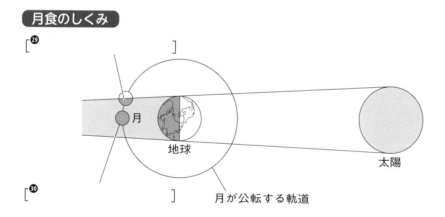

[㉙　　　　　　　]

月

地球

月が公転する軌道

太陽

[㉚　　　　　　　]

・月は地球のまわりを北半球から見て[㉛　　　　　　　　　　]に公転しているため，
地球の影を西から東へ通過する。そのため，**月は**[㉜　　　　]**（左）から欠け始める。**

1 太陽のようす

(1)・太陽の表面には,【❶　　　　　　　】とよばれる**黒い斑点**が見られる。

・太陽は, 直径約 140 万 km (地球の約 109 倍, 月の約 400 倍)の[❷　　　　　形]で, 自ら光り輝く【❸　　　　　　　】である。

・地球からは約[❹　　　　　　**km**]離れていて, 水素やヘリウムなどの気体からできている。

・太陽の**表面温度は約**[❺　　　　　℃]であるが, **黒点の温度は約**[❻　　　　　℃]であり, **まわりより温度が**[❼　　　　　　　]ので, **黒く見えている**。

(2)・太陽をとり巻く高温(100 万℃以上)のガスの層を[❽　　　　　　　]という。

・太陽の表面に見られる炎のような高温のガスの動きを[❾　　　　　　　　]という。

　→コロナやプロミネンス(紅炎)は, ふだんは太陽の光が強すぎて見ることができないが, **皆既日食が起こっているとき**は太陽の光がさえぎられるので, コロナや表面のプロミネンスも見られる。

太陽のようす

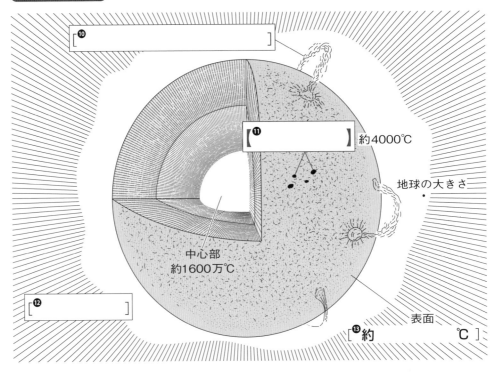

[❿　　　　　　　　　　　　]

【⓫　　　　　　　　　】約4000℃

地球の大きさ

中心部
約1600万℃

[⓬　　　　　　　]

[⓭約　　　　　　　℃]

表面

❷ 太陽の観測

図1のような装置をつくり，太陽の像を記録用紙にうつし，ピントを合わせた。

図2のように，黒点を記録用紙にスケッチし，**太陽の像が動いていくほうを西**として記録用紙に方位を記入した。

2日後と4日後に，同様の操作を行った。

注意 ファインダーや望遠鏡で，直接太陽を見てはいけないので，ファインダーの対物レンズや接眼レンズには，**必ずふたをしておく。**

図1

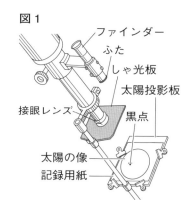

図2

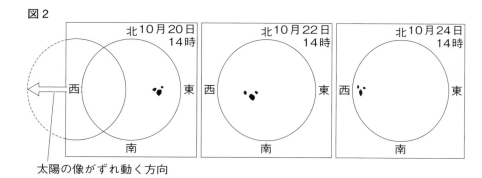

太陽の像がずれ動く方向

結果は以下のようになった。

① 黒点は**東から西へ**移動した。

② 記録用紙上では，中央付近の黒点のほうが端付近の黒点より移動距離が長かった。

③ 中央部で円形に見えていた黒点が，周辺部に移動するにつれて縦長のだ円形になっていった。

▶ この結果から，以下のことがわかる。

1. ①より，**太陽が**[⓮　　　　　　　]**している**ことがわかる。

2. ②，③より，**太陽が**[⓯　　　　　**形**]**である**ことがわかる。

3 銀河系

- 【^⑯　　　　　】：太陽系をふくむ, うずを巻いた凸レンズ状の恒星の大集団。
- [^⑰　　　　　]：銀河系の中で見られる**恒星の集団**。

  例：プレアデス星団。
- [^⑱　　　　　]：銀河系の中で見られる**ガスのかたまり**。

  例：オリオン大星雲。
- 太陽系は銀河系の端に近い所にある。
- [^⑲　　　　　]：凸レンズ状に分布した銀河系の恒星が帯状に集まって, 川のように見えるもの。

  →特に, 銀河系の中心方向を向いたときに見えるのが夏の天の川, 銀河系の外側方向を向いたときに見えるのが冬の天の川である。
- 【^⑳　　　　　】：銀河系と同じような天体の大集団。

  →多数存在する。

  例：アンドロメダ銀河。

  →銀河どうしが引き合って合体したり, **銀河の集団**をつくったりする。

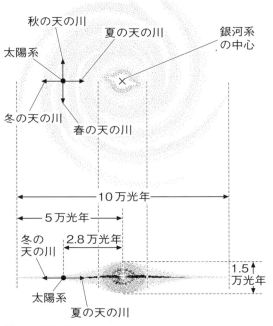

銀河系の構造

上から見た図

横から見た図

※光が1年かかって進む距離を1光年という。
　1光年は約9兆5千億km。

宇宙の広がり

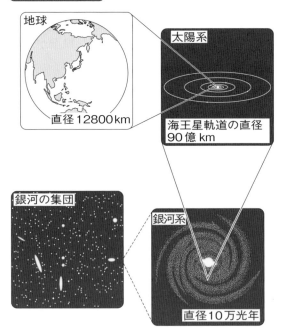

7章 自然と人間

30 ▶ 自然界のつり合い

➡解説編 p.184〜187

1 「食べる・食べられる」という関係

(1)・ある地域の生物とまわりの環境(水，空気，土など)を1つのまとまりとしてとらえたものを【❶　　　　　　】という。

・自然界の生物どうしの「**食べる・食べられる**」という関係の一連のつながりを【❷　　　　　　】という。

(2)・植物のように，光合成によって**無機物から有機物をつくる生物**を【❸　　　　　　】という。

・動物のように，**植物や他の動物を食べる生物**を【❹　　　　　　】という。

(3)　自然界の動物は数種類の生物を食べているので，食物連鎖のつながりは1本の鎖のようなつながりにならず，複雑に絡み合う。

このような，**食物連鎖による網の目のようなつながり**を【❺　　　　　　】という。

2 生物の数量的な関係

(1)　ある生態系の生物を生産者といくつかの段階の消費者に分け，[❻　　　　　　]を一番下として食物連鎖の順に積み上げていくと，上位の[❼　　　　　　]ほど個体数が少ないので，下の図のような**ピラミッドの形**となる。

食物連鎖と個体数の関係

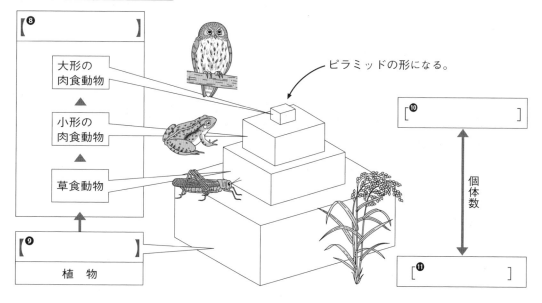

[❽　　　　　　]

大形の
肉食動物

小形の
肉食動物

草食動物

[❾　　　　　　]

植　物

ピラミッドの形になる。

[❿　　　　　　]

個
体
数

[⓫　　　　　　]

(2) 生産者と消費者の個体数は，増減をくり返しながら[❿   ]のなかでそ

のつり合いが保たれている。

下の図は，ある地域のオオヤマネコとカンジキウサギの個体数の変化を表したものである。

カンジキウサギの減
少でオオヤマネコも
[⓭   ]。
→
オオヤマネコの減少
でカンジキウサギが
[⓮   ]。
→
カンジキウサギの増
加でオオヤマネコも
[⓯   ]。
→
オオヤマネコの増加
でカンジキウサギが
[⓰   ]。

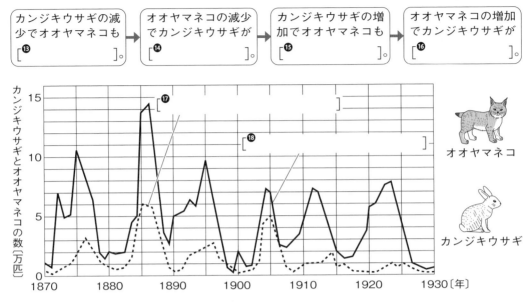

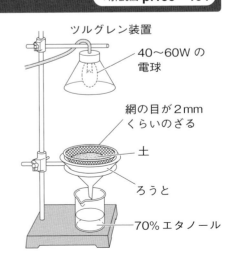

ある[⓳   ]のなかで生物の数量のつり合いが一時的にくずれると，生物の
個体数の関係を示すピラミッドの各段階も一時的に増減しながら，つり合った状態にも
どる。

3 生物濃縮

食物にふくまれた分解されにくい物質は体内にとどまるため，生物をとりまく環境より高
い濃度で物質が体内に蓄積されることがある。これを[⓴   ]といい，食物
連鎖の上位へいくほど濃度が[㉑   ]なっていく。

31 ▶ 分解者のはたらきと物質の循環　　→解説編 p.188〜191

1 土の中の小動物

(1) 右の図の**ツルグレン装置**は，**土の中の小動物が**
[❶   ]**や熱を嫌って電球と反対方向へ移
動する性質**を利用して，土の中の小動物を集める
装置である。

集まった小動物は，ルーペや顕微鏡で観察する。

(2) 土の中では，[❷   ]**や生物の死が**
いを出発点とした食物網が見られる。

2 土の中の微生物

生物の死がいや排出物などの有機物を無機物に分解する生物を【❸   】という。

分解者には，**土の中の小動物**や[❹   ]（カビ，キノコのなかま）・[❺   ]

（乳酸菌や大腸菌などで，バクテリアともいう）などの**微生物**がいる。

▌微生物のはたらきを調べる実験

　水を入れたビーカーに森林の落ち葉の下の土を入れてしばらく置き，その上ずみ液を，デンプンをふくんだ寒天培地 **A** に加えた。また，上ずみ液を煮沸して冷ましたものを，デンプンをふくんだ寒天培地 **B** に加えた。25～30 ℃の暗室に 5 日間置いた後，寒天培地にヨウ素溶液を加えた。

このとき，**A** では培地の表面にかたまりができ，その周辺ではヨウ素溶液の色が

[❻   ]が，**B** では表面全体が青紫色に[❼   ]。

　▶ この結果から，**土の中の微生物が寒天培地にふくまれていたデンプンの一部を**

　　[❽   ]したことがわかる。

3 自然界での物質の循環

(1)　**炭素**は，**二酸化炭素**として[❾   ]によって空気中から植物にとりこまれたり，[❿   ]によって空気中に放出されたりする。

　　また，**有機物**として**食物連鎖**によって生物間を移動する。

(2)　**酸素**は，生物の[⓫   ]によって消費され，水となって自然界を移動したり，植物の[⓬   ]によって体外へ放出されたりする。

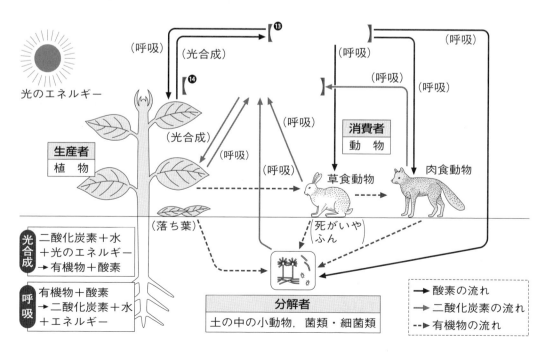

32 ▶ 人間と環境

解説編 p.192〜194

1 身近な環境の調査

(1) 川の水質調査

川の石の表面などについている[❶　　　　　　　　　　]（下図など）を採集して種類と数を調べ，どのような水に生息する指標生物が多いかによって水質階級を決定する。

きれいな水	少しきたない水	きたない水	大変きたない水
[❷　　　　　]	ゲンジ ボタル	タニシ	[❸　　　　　]
カワゲラ，ウズムシ	カワニナ，ヤマトシジミ	ヒル，ミズムシ	セスジユスリカ

(2) 空気のよごれの調査

マツの葉の気孔やカイヅカイブキの葉のよごれの度合いを調べる。

交通量が多く，高さが低いところほど，よごれの度合いが[❹　　　　　]なっている。

マツの葉の気孔を顕微鏡で観察するときは，光を[❺　　　　　]から当て，100倍程度で観察する。

2 人間の活動と自然界のつり合い

(1) [❻　　　　　　　　　　]：地球規模で気温が上昇すること。

近年，**石油**や**石炭**などの[❼　　　　燃料]の大量消費や森林の樹木の大量伐採・大量燃焼によって，大気中の[❽　　　　　　　　]の割合が年々高くなっている。

二酸化炭素やメタンなどには[❾　　　　効果]があるため，それらの気体が増加することによって，**地球温暖化**が起こっていると考えられている。

(2) [❿　　　　　]・**アオコ**：海や湖に生活排水が大量に流れこみ，これらを栄養分としてプランクトンが大量発生することにより，魚が大量に死ぬことがある。

(3) [⓫　　　　　　　　]：大気中の窒素酸化物が太陽光の紫外線によって化学変化を起こし，目やのどを強く刺激する光化学スモッグの原因となる物質に変化する。

(4) [⓬　　　　　　　　]：工場や車からの排出ガスにふくまれる硫黄酸化物や窒素酸化物が雨水にとけて，強い酸性を示す雨となったもの。

(5) [⓭　　　　　　　]**の破壊**：上空で有害な紫外線を吸収するオゾンという気体の層（オゾン層）が，過去に冷却材やスプレーなどに使われていた[⓮　　　　　　]という気体によってうすくなり，そこから強い紫外線が地表へ届くことで，皮膚がんの増加などが心配されている。

98　7章　自然と人間

(6) **種の絶滅**…近年，人間の活動による環境の変化の影響で生態系が変化することによって，野生の生物の種の絶滅が進んでいる。日本で**絶滅危惧種**の調査をもとに

[❻   ]（国際自然保護連合が作成した絶滅のおそれのある野生生物のリスト）が公表されており，2020年の日本では3700種以上の野生生物に絶滅のおそれがあるとされている。

(7) [❻   ]：本来分布していない地域に他の地域から持ちこまれて定着した生物のこと。

これに対して，昔からその地域に生息していた生物のことを**在来種（在来生物）**という。

外来種は，その地域の生態系をこわし，在来種の絶滅の原因となるおそれがある。

例：オオクチバス，アライグマ，ヌートリア，セイタカアワダチソウ，ボタンウキクサ。

(8) [❼   ]：農村の集落とその周辺の雑木林や田畑等をふくめたその地域一帯。

3 自然と人間

・さまざまな自然災害を想定して，さまざまな防災がなされている。

① [❽   ]：地震の主要動が届く前に，大きなゆれが起こることをすばやく知らせる情報。

② [❾   ]：地震や津波，火山の噴火，洪水などが起こったときに予測される被害の程度や範囲，緊急避難場所や避難経路などを示した地図。